广西师范大学文学院/新闻与传播学院广西一流学科（中国语言文学）建设专项经费资助

形象美学与礼仪

主编　周　斌

编者　伍媚扬　毕权飞　李　健　高　薇
黄　瑶　陈笑进　王　冬　沈　韬
刘伊曼　张棋林　唐梅樑　王　婷
马淑慧　唐志云　廖世钰

苏州大学出版社

图书在版编目(CIP)数据

形象美学与礼仪 / 周斌主编. --苏州: 苏州大学出版社, 2024.6(2025.8 重印). -- ISBN 978-7-5672-4851-9

Ⅰ. B83; K891.26

中国国家版本馆 CIP 数据核字第 202475P3W5 号

Xingxiang Meixue yu Liyi

书　　名: 形象美学与礼仪

主　　编: 周　斌
责任编辑: 杨　华
装帧设计: 吴　钰

出版发行: 苏州大学出版社(Soochow University Press)
社　　址: 苏州市十梓街 1 号　**邮编**: 215006
印　　装: 江苏凤凰数码印务有限公司
网　　址: www. sudapress. com
邮　　箱: sdcbs@ suda. edu. cn
邮购热线: 0512-67480030
销售热线: 0512-67481020

开　　本: 787 mm×1 092 mm　1/16　**印张**: 15.5　**字数**: 340 千
版　　次: 2024 年 6 月第 1 版
印　　次: 2025 年 8 月第 2 次印刷
书　　号: ISBN 978-7-5672-4851-9
定　　价: 49.00 元

前言

什么是美?《说文解字》将汉字“美”解释为“从羊从大”，也就是“羊大”为美，可见，“美”是古人从羊的肉味鲜美这一感性体验中提出的。蔚蓝的天空，挺拔的树干，鲜艳的花朵……这是自然之美；健康的体魄，得体的举止，合适的妆容……这是人之美。对于什么是“美”，我们可以罗列出成百上千种美的现象和感受，而这些现象和美感总会与其他的事物或感觉联系在一起。为了帮助我们解决“什么是美”这一问题，美学应运而生。

“美学”一词源于希腊文，原义指感官所感知的。德国美学家鲍姆嘉通的专著《美学》中提到，相对于研究知性认识的，应有专门研究审美的科学。此后，美学正式成为一门独立的学科。美学是关于美的体验、思考和研究的结果，是研究审美意识、美感和审美活动的一般规律的科学。美学的研究对象包含形象和形象学的内容。形象是美的审美对象，美是形象追求的目的。形象美学是美学众多的分支学科之一，是专门研究形象美的科学。随着社会的发展，人们对形象美的思考越来越深刻，形象美学越来越受到人们的关注。形象，传统意义上是指能够引起人的思想或感情活动的具体形状或姿态，就人的形象而言，则主要包括人的外在仪表、精神面貌及性格特征等方面的内容。形象美学是从美学角度对人的形象塑造进行系统化的研究与解析，是人与物和谐统一内在规律的总结和运用。礼仪是形象塑造的重要内容，在社会交往活动中展现出来的礼仪修养是衡量个体精神风貌及个人形象的重要指标。无论是人的客观形象还是人的主观形象都与礼仪有着密切的关系，礼仪是构成个人形象美的主要内容。提高礼仪修养，按照礼仪规范进行社会生活、参与社会交往活动就是在塑造美好的个人形象。

作为一个全面发展的现代人，不仅要有远大的理想、丰富的科学文化知识和健全的体魄，还应该具有崇高的审美理想、正确的审美观念和良好的礼仪修养。形象美学与礼仪教育是道德教育的重要部分，能促进社会成员在智力上、政治上、道德上和体格上的发展，完善他们对美好事物的感觉，激发他们按照美的规律进行创造的愿望，从而实现全面发展。我们应该更多地了解形象美学与礼仪的相关知识，并落实在自己的生活实践中，让自己成为全面发展的现代人。

本教材深入挖掘美学、形象美学、礼仪学等相关学科的知识与技能，集实用性、综合性和应用性于一体，重点强调现代人的形象美塑造和礼仪技能培养，实训项目明确，操作性和指导性突出，比较全面地介绍了形象美学与礼仪相关的知识与技能。

具体而言，本教材的特色主要体现在以下三个方面。

1. 落实立德树人根本任务，融入课程思政元素

为了落实立德树人根本任务，本教材在选材方面注重知识传授、价值观塑造和能力培养的多元统一，自然地融入课程思政元素。在案例分析、知识介绍、项目训练上，不仅突出专业性、实用性，提高学生专业技能，还注重培养良好的职业道德和职业素养，将中国传统礼仪文化和社会主义核心价值观融入课程内容，提升学生的文化素养，培养学生的文化自信，增强学生的爱国主义情怀。

2. 打破学科界限，多板块、多层次、多接口融合

本教材打破学科界限，通过项目化、任务式的编写体系，融合美学、形象学与礼仪学等多学科知识，形成“多板块、多层次、多接口”特色，一是系统阐述美学、形象美学、礼仪学的基础理论；二是兼顾知识结构与综合应用能力考查，关注现代社会对形象美学、礼仪规范方面的综合运用能力；三是融入形象美学知识与现代礼仪规范。本教材适合多专业、不同层次的学生和读者使用。

3. 以理念渗透为主线，以任务驱动为导向

本教材在文献收集整理和教学实践调研的基础上，对形象美学与礼仪学的知识体系进行了结构优化，补充了更多富有价值的资料，通过生动有趣的礼仪案例介绍，在不知不觉中将形象美学的理念融入礼仪知识中，给人以耳目一新的感觉。以任务驱动为导向，每一个项目都是教、学、练相结合，自成体系，内容适度、够用，循序渐进地培养学习者的形象美学与礼仪素养，实践项目丰富、详尽，可操作性强。

概括起来，本教材的创新性主要体现在以下三个方面。

1. 选题创新，体例新颖灵活

本教材将形象美学与礼仪学融合为一体，自成体系，系统地介绍了与形象美学和礼仪学有关的基础理论、基本技能及其在日常生活和工作中的应用，具有选题上的创新性。改革同类代表性教材按文体、章节排列的旧体例和教材呈现形式单一的特点，采用项目化、任务模块化教学与训练的新体例，蕴含思考练习、案例分析和模拟实训等内容，融“教、学、思、做”于一体，打造生动、立体课堂，提高学生的学习兴趣及主动性。

2. 内容时效性强，融知识性与实用性于一体

本教材编写顺应新形势需要，吸收形象美学和礼仪学方面的最新研究成果，将形象美学和礼仪学的现代理念和最新规范要求融入相关内容，全书内容与时俱进，贴近现实，时效性强。从形象美学和礼仪的多角度和现实生活出发，融知识性与实用性于一体，力争做到深入浅出、形象生动、内容翔实、具体实用、易于掌握。

3. 案例典型，精准实用

本教材系统地阐述形象美学与礼仪的基本知识、技巧和规则，有针对性地分析、解答了日常生活中经常遇到的各种关于形象和礼仪的问题，选用的案例典型，针对性强，聚焦现代社会生活和现代职场关注的重点、难点。大量案例来自现实生活，现场感较强，是实际生活、工作中发生概率较高的事件，具有典型性，精准实用。

本教材由周斌进行整体策划与设计，负责全书的内容框架、体例要求、内容审阅和校对修改，具体编写分工如下：项目一，唐梅樑；项目二，刘伊曼、张棋林；项目三，李健；项目四，高薇；项目五，王婷；项目六，毕权飞；项目七，沈韬；项目八，伍媚扬、毕权飞；项目九，陈笑进；项目十，王冬；项目十一，马淑慧；项目十二，黄瑶；唐志云、廖世钰负责统稿、审稿和校对。

本教材在编写过程中得到了广西师范大学文学院/新闻与传播学院樊中元教授的关心、指导和大力支持。本教材参考了国内教材的一些有益材料，在此一并表示感谢！

由于编写时间仓促，错漏和不妥之处在所难免，敬请各位专家、同行和广大读者批评指正，在此谨致以诚挚的谢意！

周　斌

2024 年 5 月

目 录

项目十一 中国礼俗

项目十二 外国礼俗

项目一　美学概述

案例导入

什么是“美”?《说文解字》将汉字“美”解释为“从羊从大”，也就是“羊大”为美，可见“美”是古人从羊的肉味鲜美这一感性体验中提出的。《诗经》之《关雎》篇有云“关关雎鸠，在河之洲。窈窕淑女，君子好逑”，则以雎鸟相向而鸣来比喻男女间的美好爱情。可见，对于什么是“美”，我们可以罗列出成百上千种美的现象和感受，而这些现象和美感总会与其他的事物或感觉联系在一起。我国著名的美学家朱光潜曾以人们对于古松所产生的三种态度来说明这个问题:“假如你是一位木商，我是一位植物学家，另外一位朋友是画家，三人同时来看这棵古松。我们三人可以说同时都‘知觉’到这一棵树，可是三人所‘知觉’到的却是三种不同的东西。你脱离不了你的木商的心习，你所知觉到的只是一棵做某事用值几多钱的木料。我也脱离不了我的植物学家的心习，我所知觉到的只是一棵叶为针状、果为球状、四季常青的显花植物。我们的朋友——画家——什么事都不管，只管审美，他所知觉到的只是一棵苍翠劲拔的古树。我们三人的反应态度也不一致。你心里盘算它是宜于架屋或是制器，思量怎样去买它，砍它，运它。我把它归到某类某科里去，注意它和其他松树的异点，思量它何以活得这样老。我们的朋友却不这样东想西想，他只在聚精会神地观赏它的苍翠的颜色，它的盘屈如龙蛇的线纹以及它的昂然高举、不受屈挠的气概。”① 由此，我们初步感知到相对于其他态度的判断，审美判断显然有着更少的功利心和更多的情感投入。

礼仪提醒: 朱光潜的这段话出自《我们对于一棵古松的三种态度——实用的、科学的、美感的》一文，常用来说明不同的人甚至同一个人在不同时间里会对同一事物产生不一样的想法。我们看到，一些人身上无疑有着更好的审美天赋，但审美也是一种后天可以培养提升的能力。了解关于“美”的知识，掌握提升审美能力的方法，我们会发现生活之中时时处处都隐藏着未曾注意到的“美”。

① 朱光潜. 谈美［M］. 北京：中国青年出版社，2021：6.

引言

美学属人文学科，在有其独立的研究对象之前，曾经历了一个漫长的发展过程。在人类早期，生产工具上的纹饰图案、祭祀仪式里的歌舞形式和神话传说中的神人形象无不流露出原始人对于美的思考。随着人类文明进程的加快，我们从过往美学思想的记载文字中得以看到美的概念、形态与观念在不断丰富和成熟，最终在哲学、伦理学、心理学及艺术学等学科的综合影响下，一门新的学科——美学得以诞生。如今，美学研究的领域得到了前所未有的扩展，形成了一系列研究美的边缘学科和分支学科，从而对现实产生了更为深广的指导意义和实践意义。

形象美学作为美学众多的分支学科之一，无论是在西方还是在我国都有着深厚的生长土壤。在形象美学越来越受到学界关注的当今社会，我们要想对它进行深刻的把握和研究，首先得对美学的基础知识有所了解。基于此，我们将主要探讨四个问题，即美学的产生与发展、美的内涵与本质、美的类型与审美形态和审美素养与能力的提高。

任务一　美学的产生与发展

孟子曰："爱美之心，人皆有之。"人人都可以谈美，但并非人人都了解美学，哪怕在美学早已成为一门显学的今天，若想给"美学"下一个放之四海皆准的定义也并非易事。关于美学的学科性质，将其归入人文学科已几无争议。由于人文学科的研究对象在不同历史时期是处于不断变化发展之中的，我们不妨先对中外历史上美学的产生与发展脉络进行梳理，在学科具体的发展历史中将会看到人们对美学对象的认识有一个逐步深入的过程，进而有助于接下来对美的根源、本质与形态等问题的探讨。

美学界有一句老话："美学是一门既古老又年轻的学科。"从感知层面上说，"美"的意识自人类诞生起就伴随着各种实践活动出现在人脑之中。至于学理层面，时间回到2500多年前的奴隶社会，世界各地的思想家们开始对美与艺术问题进行哲学上的探讨，而"美学"作为一门独立学科的历史篇章直到250多年前的西方近代社会才真正开启。可见，美学有着古老而悠久的学科思想史，但从这一学科正式产生的历史来看，美学仍是一门年轻的学科。美普遍存在于人类现实之中，美学的故乡在西方。

一、美学的故乡在西方

1750年，德国著名哲学家鲍姆嘉通出版了专著《美学》第一卷，将"美学"（Aesthetica）一词作为一门独立学科的名称正式提出。这被公认为美学学科宣告成立，鲍姆嘉通也因此获得了“美学之父”的称号。“但是我们不能说，西方美学的历史是从鲍姆加通开始的，在鲍姆加通之前没有美学。”① 通过对西方古代至近代重要美学思想展开溯源，我们将对美学的产生与发展有更深刻的理解。

古代美学思想是美学理论的萌芽和起点，自古希腊起，西方对于美与文艺的种种追问就在哲学家的手中获得了理论的生命。在古希腊高度民主的城邦社会中，古希腊文化的灿烂辉煌是有史可稽的，由于它在政治、经济、哲学与艺术等领域所取得的成就对后世产生了本源性的影响，古代希腊被称誉为“欧洲文明的摇篮”。而古希腊文学也为世界文学宝库贡献了众多的典范之作，其中极具代表性的，无疑是凝聚着希腊人民集体智慧的《荷马史诗》及在三大悲剧作家、三大喜剧作家的创作中日渐成熟的戏剧文学。此外，古希腊人民在音乐、绘画、雕刻和建筑等艺术门类里也留下了许多富有表现力的作品，如著名的维纳斯雕塑和帕特农神庙。它们与古希腊文学一道给欣赏者带来了深邃而隽永的艺术享受，西方古代的美学思想也在这丰厚文艺雨露的不断浇灌下获得了相应的实践基础。“不过，古希腊早期的美学思想，大都依附于自然哲学，往往是在探究宇宙本原时涉及美的问题。”② 如对后世影响深远的毕达哥拉斯学派就以“数”是世界万物之本原为哲学立场，认为艺术是对立因素的和谐的统一，这样音乐、建筑和雕刻等才会产生美的效果。随着古希腊经济的迅速繁荣，哲学家们又把目光转向对人与社会问题的关注。以西方古代影响最大的思想家“希腊三哲”为例，苏格拉底的美学观点是与善的“目的”联系在一起的，他主张有用即美，无用即丑。他虽然也认同当时流行的“艺术模仿说”，但他认为文艺“不是摹仿人物的外形，而是强调描绘出人物‘精神方面的特质’”③，这些研究都成功地将美学问题引入到社会学的研究领域中来。苏格拉底的弟子柏拉图，对美的源头的探讨又来到了所谓永恒的“理式”（idea，也译作“理念”）世界里，“只有理式世界才是真实的世界……艺术世界是由摹仿现实世界来的，现实世界又是摹仿理式世界来的”④，所以理式世界以外的美都是不真实的，柏拉图关于美的学说足以体现他奴隶主贵族阶级的反动立场。柏拉图的学生亚里士多德则批判了这种唯心主义的美学观点，他指出文艺是对人的行动的模仿，美的本质就在于感性事物本身，从而肯定了文艺与美的现实基础的真实性，最终他总结了大量的史诗、悲剧与喜剧的艺术经验，写成史上第一篇最重要的美学论文——《诗学》。可以说，“美学在西方一开始就是哲学的一个部门”⑤，哲学家们的文艺观和美学观与他们的哲学观点有着密不可分的联系。与此同时，先哲们还在研究文艺与美的过程中引入了其他不同学科的概念与方法。柏拉图

---

① 叶朗. 美学原理［M］. 北京：北京大学出版社，2009：1.
② 戚廷贵. 美学：审美理论［M］. 长春：东北师范大学出版社，1989：6.
③ 马新国. 西方文论史［M］. 修订版. 北京：高等教育出版社，2002：16.
④ 朱光潜. 西方美学史［M］. 北京：人民文学出版社，1979：44.
⑤ 朱光潜. 西方美学史［M］. 北京：人民文学出版社，1979：31.

作为西方客观唯心主义哲学的创始人，他关于文艺问题的对话录就是在其“理式”论哲学的指导下撰写完成的。朱光潜指出亚里士多德的《诗学》借鉴了生物学、心理学和历史学的观点与方法，王一川则称《诗学》为有效地开展文艺跨学科研究提供了典范①。到了古罗马时期，奴隶制经济与文化的衰微使得这一时期的文艺创作及其理论发展滞缓，罗马人面对光辉的古典文化，选择了对古希腊文艺遗产的继承，在美学思想领域也创造了相应的特色和成绩。贺拉斯的《论诗艺》从繁荣罗马文艺的目的出发，建立了以希腊文艺为蓝本的古典主义理想；朗吉努斯的《论崇高》则通过挖掘并提炼古典作品中“崇高”的精神气质，从而赋予其丰富的审美内涵。而作为古罗马最后一位重要的文论家，普洛丁接受了柏拉图的哲学美学思想，创建了开启中世纪宗教神学的新柏拉图主义。中世纪美学的代表人物圣奥古斯丁和圣托马斯·阿奎那都是基督教会的大神学家，美学在这一时期彻底沦为了神学的附庸，美的现实来源也长期为充满神秘气息的上帝观念所遮蔽。

美学真正成长为一门科学，是近代各门自然科学和哲学、心理学、艺术理论共同发展的产物。而在这之前，“14 至 16 世纪出现的文艺复兴是中世纪转入近代、封建社会进入资本主义社会的枢纽”②。“文艺复兴”作为一场高举复兴古希腊罗马文化大旗的思想解放运动，它在思想文化各领域重新确立了以人为中心而不是以神为中心的价值观念，特别是在文学和艺术领域，文艺复兴所取得的累累硕果使得艺术家群体自觉地对文艺创作进行总结，涌现了但丁关于文学语言的“四义说”与俗语写作理论、薄伽丘的诗歌虚构论和达·芬奇的创造“第二自然”等诸多文艺理论。同处于欧洲的封建社会与资本主义社会过渡时期的重要思想潮流，还有 17 世纪法国的新古典主义和英国的经验主义。前者以理性主义哲学家笛卡尔的《论方法》为发轫之作，他提出“我思故我在”的经典哲学命题，认为人类应该用理性来进行哲学思考，真正的美必定是符合理性的，新古典主义者们据此对文艺制定了严格的创作法则，戏剧领域的“三一律”即为一著例。后者以实验科学的创始人培根的哲学美学为发展基础，“他把人类学术分为历史、诗和哲学三部门，把人类知解力也分为记忆，想象和理智三种活动，认为‘历史涉及记忆，诗涉及想象，哲学涉及理智’”③，奠定了经验派美学重视感觉与想象心理的研究传统。接下来，17 至 18 世纪，欧洲上演了轰轰烈烈的资产阶级启蒙运动，其中德国的启蒙代表鲍姆嘉通出版了《美学》一书并首次在大学开设“美学”（Aesthetica）课程，美学开始作为一门专门的学科登上历史舞台。一方面，鲍姆嘉通对“美学”的界定是直接继承莱布尼茨“混乱的认识”（感性认识）和沃尔夫“美在于完善”理念的结果，“美学的对象就是感性认识的完善（单就它本身来看），这就是美……美，指教导怎样以美的方式去思维，

① 王一川．西方文论史教程［M］．北京：北京大学出版社，2009：24.
② 戚廷贵．美学：审美理论［M］．长春：东北师范大学出版社，1989：7.
③ 朱光潜．西方美学史［M］．北京：人民文学出版社，1979：203.

是作为研究低级认识方式的科学，即作为低级认识论的美学的任务。美学是以美的方式去思维的艺术，是美的艺术的理论”①，而他们都是深受笛卡尔影响的理性主义者。在这里，美学的研究对象已包括艺术和美，但显然它是作为一种认识论（感性认识的科学）被提出来的，因而最初这门名叫“Aesthetica”的学科仍不是现代意义上纯粹的“美学”。另一方面，鲍姆嘉通是以研究人类心理活动“知、情、意”三方面所对应的科学为依据来确定美学的研究领域的，当时在已有逻辑学研究“知”和伦理学研究“意”的情况下，鲍姆嘉通为“情”的研究建立了“感觉学”（即 Aesthetica 的原义）。从结果来看，文艺复兴以来的各派思想理论都或直接或间接地推动了美学的形成，而自“Aesthetica”面世以后，学科的进一步体系化又交到了德国古典哲学家康德和黑格尔的手中，他们沿着鲍姆嘉通“美学”即研究认识与艺术理论的方向，将美学纳入他们哲学体系建构的同时，又设有单独的艺术理论研究。

德国古典哲学又叫德国唯心主义哲学，它为德国古典美学的发展提供了理论基础并使之成为哲学的一个重要组成部分。18 世纪末到 19 世纪初，德国的康德、费希特、谢林、歌德、席勒和黑格尔共同组成了这一美学流派。康德作为德国古典美学的奠基人，他根据人的“知、情、意”三大心理功能写就了三部哲学著作，其中的一部《判断力批判》专门研究情感功能（快感与不快感），采用形式逻辑的方法追寻人心在什么条件之下才感觉事物是美的和完善的。尽管康德哲学从人具有先验理性的唯心主义立场出发，但他在这本书中全面而深入地考察了美的本质、审美判断、艺术创造、美的理想等美学问题，从而建立起一整套内容极其丰富的美学理论形态。而黑格尔作为德国古典哲学的集大成者，其著作《美学》用其核心观点——“美是理念的感性显现”——证明了美的艺术应是理性与感性、内容与形式、主观与客观的统一。据此，他还将美学放入人类思想发展史的进程中去分析，并结合具体的艺术鉴赏，认为理念内容（精神）在人类艺术发展中经历了一个愈发显现于感性形式（物质）的过程，进而将从古至今的艺术形态划分为象征艺术（物质压倒精神）、古典艺术（物质与精神和谐统一）与浪漫艺术（精神超溢物质）三大类型和阶段，彰显了他所采用的历史与逻辑相统一的研究方法。也正是黑格尔在《美学》对美的定义、艺术类型与发展史乃至人物性格与环境塑造、悲剧冲突论等诸问题的研究中，贯穿了其辩证的、历史的进步观念，他建设出了一个规模宏大、空前严谨的美学理论体系，其哲学与美学资源最终也成为马克思主义的重要来源之一。黑格尔视绝对理念为世界的本源，因而造成了对辩证法与历史的唯心主义的歪曲和虚构，他最终未能完成美学学科的科学建立，但美学的独立地位至此无疑得到了进一步的巩固和提升。

1848 年《共产党宣言》正式出版，标志着马克思主义的诞生。马克思主义理论是西方资本主义社会发展及其内部矛盾尖锐化的时代产物，它在指导工人阶级解放自身的斗

---

① 朱光潜. 西方美学史［M］. 北京：人民文学出版社，1979：297.

争过程中，也给美学研究提供了真正科学的世界观和方法论。马克思主义美学理论作为马克思主义思想体系的有机组成部分，是对自古希腊以来的美学思想特别是德国古典美学和当时盛行的批判现实主义文论的批判性继承。它以马克思主义哲学的基本观点为依据，发展并形成了理论与实践相结合、历史与逻辑相统一的根本方法。早在《1844 年经济学哲学手稿》中，马克思主义美学发展的基础就得以奠定，马克思关于审美活动的实践本质、美的规律、美感产生的社会历史根源及社会性质等观点在这部著作中已有较为充分的论述。此后，马克思主义的经典作家们为现代美学的研究贡献了许多极具真理性的观念和方法，如恩格斯关于美学和历史的观点“真实地再现典型环境中的典型人物”理论，毛泽东关于文艺与人民及社会的关系、文艺作品的思想内容与艺术形式的统一等论断，都深刻地改变了美学研究的面貌，使马克思主义美学与文艺理论成为具有世界性影响的体系流派。在我国，运用马克思主义观点来研究美学已成为名家学者的共识，构建有中国特色马克思主义美学体系是当前学界不断努力和探索的目标和方向。

通过回顾西方古代与近代美学的学科发展历程，我们发现从古希腊奴隶社会起，西方文化中对于确定性知识的希腊式热忱就贯穿于整个西方美学的历史当中，具体到美学家们的美学命题，可以罗列出一系列关于美的对象、本质、形态与规律等极具思辨性的命题表达。黑格尔还将这种对美的本质的追问归功于柏拉图，柏拉图率先关注到任何美的事物背后都藏着抽象的“美本身”，黑格尔对此评价为“柏拉图是第一个对哲学研究提出更深刻的要求的人，他要求哲学对于现象（事物）应该认识的不是它们的特殊性而是它们的普遍性”①，而西方美学到黑格尔之后也建立起了现代美学研究的基本框架体系。美学的精神原乡在西方，美学从哲学门类中独立出来，又在后世的跨学科发展中分化出不同的美学流派和学科分支，其理论构架仍离不开它所依据的哲学立场，无怪乎现行的学科分类将美学列为哲学门下的二级学科。

二、美学在中国的发展历程

从学科发展的角度看，近代美学成立以后，这一学科是经由日本从西方传入中国的。1883 年，日本明治时期的思想家中江兆民在翻译法国人维隆的美学著作时，用汉字创译了“美学”一词，将此书题名为《维氏美学》。此后，“美学”一词才较为正式地在东亚传播开来。1902 年，王国维陆续发表译自日本学者的美学著作，明确将“Aesthetics”翻译为“美学”“审美学”，并使用“审美”“美感”“美育”“优美”“壮美”等现代美学基本词汇。几年后，中国美学学科进入大学的教育体系。“但是，我们不能说，在近代之前中国没有美学。也不能说，中国古代有‘美’无‘学’。”② 回望中国美学的漫长历史，中国古典美学显然有其独特的范畴和体系，在研究对象、思维方式和言说方式等方

---

① 黑格尔．美学：第 1 卷［M］．朱光潜，译．北京：商务印书馆，1979：27.

② 叶朗．美学原理［M］．北京：北京大学出版社，2009：3.

面都有着不同于西方美学的民族特色。

根据学界现有的对中国近代以前美学发展时期的划分，我们可以将中国古代美学分为先秦两汉美学、魏晋南北朝美学、唐宋元明美学和清代前期美学四个阶段。首先，先秦美学作为中国古典美学的发端，这一时期就已出现影响整个中国美学史的两大思想流派——道家和儒家，其中老子、庄子和孔子对中华美学传统的形成做出了重大的贡献。《老子》是涵盖老子哲学与美学思想的传世之作，它以“道”为天地万物之始，即宇宙的最高范畴，认为“道可道，非常道；名可名，非常名”“道法自然”“道常无为而无不为”，故而世间的“美”和“善”也是“自然”和“无为”的，可谓“信言不美，美言不信。善者不辩，辩者不善”，且它们又都是相对于自身的对立面而存在的（“天下皆知美之为美，斯恶矣；皆知善之为善，斯不善矣”），进而老子观“道”的方法“涤除玄鉴”也就极大地启发了世人观“美”。我们从现存的《庄子》中看到庄周继承了老子论“道”的绝对性和无为性，并直接用“美”来喻“道”（“天地有大美而不言”），用“心斋”“坐忘”来形容超脱功利的观“道”和审美状态，强调在这一基础上进行能动而自由地创造（“庖丁解牛”）。与老庄创建的道家美学不同，儒家美学的创始人孔子从主张仁政的角度开辟了重视社会功用的诗教观。他高度评价《诗三百》“思无邪”“乐而不淫，哀而不伤”，主张一种中正平和之美，认为“《诗》，可以兴，可以观，可以群，可以怨”，因而《诗》可以在教育中起到完善人格从而推动社会发展的作用。基于“礼之用，和为贵”的礼教观，孔子对于艺术则要求“尽善尽美”“文质彬彬”，从而推崇“美”“善”与“文”“质”相统一的和谐之美。对于自然之美，孔子还提出“智者乐水，仁者乐山”的道德欣赏标准，以自然景物的某些特征比附“君子”的美德并从中获得审美愉悦，开启了后世“比德说”的先河。到了两汉，儒家美学得到进一步的总结和发展，《乐记》的核心美学思想在于论述音乐的社会地位与作用（“乐统同，礼辨异”“礼乐之情同”“声音之道，与政通矣”），《毛诗序》规定了诗歌要“发乎情，止乎礼义”才能“上以风化下，下以风刺上”，《礼记》则将孔子的文艺观进一步概括为“温柔敦厚”的诗教观。此外，先秦两汉时期还产生了大量重要的哲学范畴和命题，如“味”“妙”“气”“有”“无”“实”“虚”“形”“神”，庄子“言者所以在意，得意而忘言”和《易经》“言不尽意”“立意以尽象”“观物取象”等关于“言”“象”“意”关系的论述，在接下来的历史发展中对中国古典美学影响至深。

鲁迅在《魏晋风度及文章与药及酒之关系》一文中表示：“曹丕的一个时代可以说是文学的自觉时代，或如近代所说，是为艺术而艺术的一派。”① 李泽厚对此评价“‘为艺术而艺术’是相对于两汉文艺‘厚人伦，美教化’的功利艺术而言的”②。与前代相比，魏晋南北朝是一个以文的自觉为突出标志的美的自觉的时代，许多美与艺术的发现

① 鲁迅. 鲁迅全集：第3卷［M］. 北京：人民文学出版社，1981：504.
② 李泽厚. 美的历程［M］. 桂林：广西师范大学出版社，2001：132.

都在这一时期得到了重大的发展。一方面，时代的无常与庄玄的盛行促进了人性的解放，人的审美意识也在方方面面得以觉醒。从《世说新语》可见当时的人物品评推重时人的风姿、风采、风韵，从《典论·论文》《文赋》《文心雕龙》一脉的“文笔之辨”可见文人对于区分实用类和文学类文本的要求；从山水诗与山水画中崛起的魏晋人士流露出超越“比德”的眼界，可见时人对纯粹自然美的欣赏。在自然、艺术与现实人生方面对于审美的而不只是实用的、道德的追求在全社会迅速蔓延，是时人重真情而轻功名的“魏晋风度”表现。另一方面，审美的自觉与各门艺术规律的深入互为推进，最终在这一时期奠定了中国古典美学的独特面貌。玄学家王弼和嵇康分别提出了“得意忘象”和“声无哀乐”的著名论断，绘画领域出现了顾恺之“传神写照”、宗炳“澄怀味象”、谢赫“气韵生动”的美学命题，曹丕、陆机和刘勰则对想象与构思、文气与文体、文学的发展与批评等重要文论问题阐释了深刻的见解。值得注意的是，对“气”“象”“神”等先秦哲学范畴的发展和转化体现了古人对世间万物与创作主体关系的理解。他们将孟子“吾善养吾浩然之气”的人格之“气”扩充为宇宙之中的生命元气，创作者从现实世界中汲取元气并化为自身作品中的“文气”，每个人的秉性气质和创作个性不同，故其转化结果就如曹丕所言——“气之清浊有体，不可力强而致”。但无论呈现出什么样的文学风格，连接创作者和欣赏者之间的都是“象”之创造和体味的双向运动，其审美理想“传神”“生动”仍着眼于天与人的生命流动之上。叶朗于此发现了中国美学的独特底蕴：“西方的模仿说着眼于真实地再现具体的物象（所以‘美’的范畴就占有很重要的地位），而中国美学的元气论则着眼于整个宇宙、历史、人生，着眼于整个造化自然……中国美学要求艺术作品的境界是一全幅的天地，要表现全宇宙的气韵、生命、生机，要蕴涵深沉的宇宙感、历史感、人生感，而不只是刻画单个的人体或物体。”① 道家对宇宙奥秘的求索和儒家对社会人生的关切使得国人对“气”这一范畴注入了丰厚的美学内涵，并在与其他各派思想的交替影响下建立起了中国古代独具特色的美学体系。

唐宋元明是中国古代封建社会走向全盛又逐步转向衰落的大发展时期，政治、经济与文化的共同繁荣使得艺术和美学取得了空前的成就。其中最为突出的是文学领域，古典诗歌的多种形式在这期间均树立了高度成熟的典范（唐诗、宋词、元曲），小说与戏曲也出现了专门的理论著作（如明末清初的金圣叹《读第五才子书法》、李渔《闲情偶寄》）揭示它们的文体特征。具体而言，在唐代开始走向成熟的诗歌意境理论和在宋代儒释道合一的文化氛围下突围而出的禅宗美学都成为中国古典美学最重要的组成部分。唐代提出的“境生于象外”（刘禹锡）、“思与境偕”“韵外之致”“味外之旨”（司空图），在宋代严羽的“妙悟”说、清代王士祯的“神韵”说、近代王国维的“有我之境”“无我之境”的理论发展中焕发出强大的生命力，如今评判一首诗有无“意境（境界）”已成为其品格高低的重要标准，而严羽的《沧浪诗话》则通过以禅喻诗（“大抵禅道惟

---

① 叶朗．中国美学史大纲［M］．上海：上海人民出版社，1985：224．

在妙悟，诗道亦在妙悟”）、以禅论诗（“羚羊挂角，不可凑泊”）则为中国禅宗美学贡献了完整的诗禅学说。值得一提的是，书画理论在魏晋南北朝之后也取得了长足的发展，宋代郭熙的“林泉之心”、苏轼的“成竹在胸”“身与竹化”，元代山水画对“逸品”的审美追求，乃至清代郑板桥论“眼中之竹”“胸中之竹”“手中之竹”等，都与魏晋画论形成了一脉相承的关系。

由于清代的文人进入了考据崇儒的经学时代，清代的文艺及理论也如同它的学术一样呈现出集历代之大成的特点。王夫之和叶燮分别建立了以诗歌意象为中心和以“理、事、情”与“才、胆、识、力”说为中心的唯物主义美学体系，自觉对中国古典美学进行了理论的总结。在1840年鸦片战争爆发、中国进入近代之前，我国的古典美学还保留着自身的民族思想内涵及注重直觉感悟的言说方式。不同于西方将美学学科的归属建立在人的心理结构可以划分为知、情、意三部分之上，又或者出现像英国经验主义和欧陆理性主义对于美的本质立场上存在不可跨越的鸿沟，中国古典美学是将整个宇宙和人生都视作可以被审美观照的对象。历史上对“诗言志”“诗缘情”“情志合一”的讨论可以看作古人对诗歌本质特征和文艺心理来源的看法，特别是汉代的《毛诗序》中“诗者，志之所之也，在心为志，发言为诗。情动于中而形于言”也可清晰地看出中国人不会将“情”“志”分开来谈“情”，而是把它们看作本来就是协调一体的人性。同时，中国古代文化中对于“天人合一”即宇宙与人事之间的沟通关系也看得十分重要，自儒、道两派思想诞生之后，经过《易传》和《中庸》的融会贯通，到董仲舒“天人感应”论的提出，李泽厚认为“天人合一”论至此虽仍有浓厚的神秘色彩，但董仲舒“把天人视同一体，不仅有物质、自然上的相连，且有精神情感上的相通，这又仍然是继承‘天地之大德曰生’‘天行健，君子以自强不息’的儒家精神，在建立积极康强的世界观人生观上有其意义，保持和发展了儒学和中国哲学的基本特色”①。这就产生了一种与西方理性思维模式作用下截然不同的表达方式——象征性文本，又称为象喻式文本，而中国古代的思维模式则被称为与诗相通的诗性化思维。象喻式的言说方式常以具体的事物形象间接地暗示或指向某种抽象的意蕴，而不直接地陈述和明晰地下定义。司空图的《二十四诗品》就普遍采用审美的意象语言来规定某一种特定的风格类型，如论“委曲”品为“登彼太行，翠绕羊肠。杳霭流玉，悠悠花香。力之于时，声之于羌。似往已回，如幽匪藏。水理漩洑，鹏风翱翔。道不自器，与之圆方”，即中国用诗性化语言对文艺问题和美学问题进行表述的典型方式。此外，中国传统艺术理论还有着丰富复杂的“范畴”，并由此形成了一种由“道”“象”“气”“和”等元范畴动态地衍生出众多范畴集群的庞大体系，如老子最早提出的“味”衍生出“滋味”“兴味”“韵味”“余味”“味外味”等既有联系又有区别的新范畴群。

到了西方美学传入中国之后，近代出现了梁启超、王国维、蔡元培等在中国美学的

---

① 李泽厚. 李泽厚十年集：第3卷：上［M］. 合肥：安徽文艺出版社，1994：158.

发展上产生重大影响的名家。特别是中国古典美学的集大成者王国维，他不仅将“Aesthetics”的“美学”学名引进国内，还学习了西方康德、席勒、叔本华和尼采的美学思想，并借“他山之石”丰富了我国的意境理论。如他在《人间词话》中提出的艺术境界的两种类型“写境”与“造境”，就运用西方有关现实主义和浪漫主义的原则来解释两种类型的创造方法；他还在强调康德、叔本华艺术与功利无关的思想基础上，用“有我之境”“无我之境”和“优美”“壮美”的类型术语深刻揭示中国古代文学的艺术美特征。1919 年五四运动的爆发标志着中国的历史进入了现代，朱光潜和宗白华是这一时期推动中国现代美学学理化建设最重要的两位美学家。在新中国成立以后，我国当代美学界出现了两次影响范围极广的美学热潮，蔡仪、高尔泰、吕荧、朱光潜和李泽厚等美学家们围绕美的本质问题形成了客观论、主观论、主客观同一论和实践论等多种不同学说及争鸣的场面，最终以马克思主义的“实践”为基石的实践美学成为当代美学史上影响最大的流派。20 世纪 90 年代至今，适应于中国现代化转型的趋势，当代美学呈现出更为多元的发展态势。由于在我国高校文科相关专业的教学计划中已设有专门的马克思主义文论课和美学课程，在此不多加赘述。

任务二　美的内涵与本质

在了解美学的学科历史和中西方美学的基本面貌之后，我们开始对美学研究的对象和范围进行一个整体的考察。顾名思义，美学的研究离不开对“美”的界说。早在柏拉图在其论美的《大希庇阿斯》中提出“美是难的”起，千百年来学人对美的现象与本质、审美主体与客体、美与艺术的关系等展开了不懈的探寻，形成了形态各异的美学流派，他们的研究都可看作对美、审美与美感问题的不同解答。美的内涵、本质与特征，即本节所要探讨的问题。

一、美学史上关于美的本质问题的探索

为对“美”的本质有一个科学合理的把握，我们把目光转向了历史上对“美是什么”“什么是美”的美学问题的探索。“美是什么”一般指美的根源与本质是什么，这是美学学科的中心问题，也是区分不同美学路线的根本所在。“什么是美”则是一个有关审美对象的问题，即什么样的对象是美的，美的对象应该具备何种特征。中西方对美的本质问题在很早之前就有所涉及，但由于各自文化的惯性与思维方式的差异，西方在这一问题上呈现出极为清晰的发展脉络，我国近代以前的美学家则极少直接对美的本质进行明确的规定，倾向于以描述性的话语发表他们对“美”的看法。接下来，我们重点介绍西方对于“美是什么”的探讨，再回过头来补充介绍我国具有代表性的对于“什么是

美”的观点，以期勾勒出历史上存在的“美的本质”思想的线索。

西方美学从一开始就属于哲学的一个部门，按照美学所依据的哲学立场，关于“美的本质”的观点主要分为两条不同的美学路线——唯心主义与唯物主义。按照历史发展的先后顺序，最早解答“美是什么”的重要代表是古希腊的毕达哥拉斯学派。毕达哥拉斯学派大多是一些数学家、天文学家和物理学家，他们认为万物最基本的原素是数，他们看待艺术也是从自然科学的视野出发，赋予艺术以“数”的和谐的本质，音乐是对立因素的和谐的统一，“黄金分割”比例也是该派最先用来形容美的声音和图形的数量关系的。在该派看来，数的和谐即美，尽管他们的“数”是一种绝对化的神秘存在，以致该派的主张充满了客观唯心主义的色彩，但他们从形式结构的方面对美的本质做了比例和谐的规定，直接启发了后人对“美是和谐”说的思考与改造。柏拉图的美学同样基于一种客观唯心主义的概念——“理念”，他力图论证现世的和谐源于天国的和谐，和谐的范本是永恒的和谐理念，并视理念为超越现象世界的“美本身”，“这美本身，加到任何一件事物上面，就使那件事物成其为美，不管它是一块石头，一块木头，一个人，一个神，一个动作，还是一门学问”①。可见西方探讨美的本质的重要传统真正肇始于柏拉图，而其唯心主义“美的理念”之影响也从古罗马流行的新柏拉图主义一直绵延至德国古典美学。亚里士多德则基本是站在唯物主义的立场上探求美与和谐的根源，在《诗学》中他提出了美取决于感性事物的体积大小和顺序，这就肯定了美的现实来源；他还提出了诗艺产生于人的模仿天性并能在欣赏模仿的成果之中获得快感，这就肯定了人的审美快感。到了古罗马的普洛丁，他继承柏拉图的“理念说”，并提出了更为神秘的“流溢说”，将美看成“神”的理性的流溢，物体美是因分享了一种神明的理性而产生的。到了英国经验主义美学家休谟这里，对美的本质问题则彻底沦为主观唯心主义的看法：“美并不是事物本身里的一种性质。它只存在于观赏者的心里，每一个人心见出一种不同的美……要想寻求实在的美或实在的丑，就像想要确定实在的甜与实在的苦一样，是一种徒劳无益的探讨。”② 反观该派的另一位美学家博克，则从人审美意识的生理学解释出发，认为“美大半是借助于感官的干预而机械地对人的心灵发生作用的物体的某种品质”③，并将这里的“品质”具体指向审美对象的感性形式特征（比较小、光滑、娇柔、明快），并用其规定美的本质。法国启蒙运动者狄德罗则进一步在唯物主义的道路上探索美的本质在于“关系”，并称美的关系是不依赖于人的存在的客观事物的固有关系，“我把一切本身有能力在我的悟性之中唤醒关系概念的东西，称之为在我身外的美；而与我有关的美，就是一切唤醒上述概念的东西。‘美’是随关系而开始、增长、变化、衰落、消灭的”④。启蒙运动之后，德国古典主义美学的代表康德和黑格尔又对美的本质进

---

① 转引自王朝闻. 美学概论［M］. 北京：人民出版社，1981：12.

② 北京大学哲学系美学教研室. 西方美学家论美和美感［M］. 北京：商务印书馆，1980：108.

③ 转引自王朝闻. 美学概论［M］. 北京：人民出版社，1981：15.

④ 转引自王朝闻. 美学概论［M］. 北京：人民出版社，1981：14.

行了唯心主义的解释。先是康德从四个方面规定了美的本质，即无利害感（质）、没有概念的普遍性（量）、无目的的合目的性（关系）和没有概念的必然性（情状）；再是黑格尔“美是理念的感性显现”观点的提出，并视艺术家心灵创造的艺术美为其他形态的美所不能及的更具理性高度的美，因为“艺术的内容就是理念，艺术的形式就是诉诸感官的形象。艺术要把这两方面调和成为一种自由统一的整体”①。他们的美学体系为进一步揭示美的本质提供了丰富的理论资源，但他们分别以先天的理性范畴（即康德的“先验综合”）和绝对精神（即黑格尔的“理念”）的客观唯心主义概念为理论基石，这就从根本上颠倒了现实与精神的关系。西方美学进入现代发展进程以后，直觉主义和马克思主义美学被公认为唯心主义和唯物主义美学的典型代表。叔本华作为直觉主义美学的创始人，“直觉”的非理性特征已在他对艺术与审美静观的观点中显露无遗，他视艺术上用“直觉”的方式观照美为暂时摆脱盲目意志的方法，求生意志使人痛苦，而审美使人处于没有欲望、没有求生意志和无意识的纯粹认识主体的位置之上，美的本质就在于生命意志的暂时休歇。另外，克罗齐作为西方近现代影响颇广的美学家，他主张艺术是幻想或直觉，“我们觉得以‘成功的表现’作‘美’的定义，似很稳妥；或者更好一点，把美干脆地当作表现，不加形容字，因为不成功的表现就不是表现”②。克罗齐将美视作非理性的直觉创造和心灵表现，认为直觉即表现、即艺术，与叔本华的美学主张一道同属于唯心主义美学在德国走向极端后的产物，是典型的主观唯心主义美学观。而马克思主义美学关于美的本质的规定，就是著名的“美的规律”思想。马克思认为，美的本质归根到底要落在人的自由劳动本质之上，不同于动物的本能式“生产”，人类通过有意识地进行创造和改造的实践，“按照任何一个种的尺度来进行生产，并且懂得处处都把固有的尺度运用于对象；因此，人也按照美的规律来构造”“劳动的对象是人的类生活的对象化：人不仅像在意识中那样在精神上使自己二重化，而且能动地、现实地使自己二重化，从而在他所创造的世界中直观自身”③。也就是说，人同时在以“固有（内在）尺度”与“任何一个种（外在）的尺度”进行劳动的过程中，他的自由本质现实地在具体的劳动对象中得以显现，这就是“美的规律”和人的自由能动本质的“对象化”，审美活动只有按照这条规律才能在审美创造和审美接受中体现人的自由本质。实际上，马克思还用“人的本质力量的对象化”科学地解释了艺术与审美意识的起源，当人的本质客观地得以展开时，人就能在自身实践创造出的美的对象上看到并肯定自己的力量和理想，从而感到愉快喜悦即获得审美感受。马克思主义美学作为马克思主义科学体系的有机组成部分，以实践的观点揭示了美的真正根源及反映形态——审美意识的本质特征，深刻地影响了我国近现代以后的美学研究，成为美学中解决其他问题的基础和前提。

---

① 黑格尔. 美学：第 1 卷［M］. 朱光潜，译. 北京：商务印书馆，1979：87.

② 克罗齐. 美学原理 美学纲要［M］. 朱光潜，译. 北京：人民文学出版社，1983：74.

③ 马克思. 1844 年经济学哲学手稿［M］. 北京：人民出版社，2000：53 - 54.

如前所述，美学在我国的发展与成熟具有自身独特的文化特点。我国古典美学众流派也都直接触及美的本质所在，不同于西方以抽象的概念去分析和定义“美”，我国的哲学家与美学家以富有意象特性的范畴描述了他们所理解的“美”。道家视“道”“象”“气”为美的本体，留下了大量描述其性质和特征的话语，老子有云“道法自然”“道之出口，淡乎其无味”“大象无形”“万物负阴而抱阳，冲气以为和”，而庄子“天地有大美而不言”“游心于物之初……至美至乐也”中的“大美”和“物之初”指向的也都是美的本源——“道”。儒家美学则大力提倡一种以礼节制情感的和谐之美。孔子所言“思无邪”即要求诗歌归于正诚、思想符合礼的规范，所言“乐而不淫，哀而不伤”“尽善尽美”“质胜文则野，文胜质则史。文质彬彬，然后君子”都可以看作中庸之德在文艺和美学思想上的表现。荀子则进一步把先秦时期的“中和”观念与政治道德紧密结合，主张“《乐》之中和也”“乐中平则民和而不流”“美善相乐”“《诗》者，中声之所止也”，“中和”遂成为儒家传统美学思想的核心。后世的文学家、书画家和美学家们通过对崇尚浑成自然的道家和强调人为教化的儒家美学的吸收和改造，提出了以“风骨”“芙蓉出水”“错采镂金”“平澹”“清空”“清真古雅”等为美的各派主张，从人格与创作、内容与形式、人为与自然等方面表达了“什么是美”的问题。对于同一个美学范畴而言，它可以在后世衍生出大量的同类范畴，以“意象”“意境”为例，刘勰的“隐秀”、殷璠的“兴象”、司空图的“象外之象”、严羽的“兴趣”、况周颐的“意境”、王士祯的“神韵”、王国维的“境界”等在对美的形象之心物关系上有着相同的思想内核。“这些在不同时代成熟的范畴之间不存在过分突兀的转向，而都可以从同样的中国古典文化源泉中找到其根据。”① 总的来说，我国古代对美的本质的看法从本体意义上看无外乎先秦时期已有的若干元范畴，只不过在后世对于各艺术门类的具体创作技法、文艺与时代政治或显或隐的联系之探寻中，不断充实和丰富元范畴的本原意义，从而构建出一个在儒、道两家“天人合一”文化精神浸润下多范畴相互影响的美学体系。近代西学东渐之风兴起后，向西方美学理论学习的潮流直接开启了我国学者对于专门的美学研究和中西方美学的融贯工作。到了20世纪五六十年代，我国学术界掀起了关于美学的第一场大讨论，中国现代四大美学流派的代表通过批判性地继承中西方的美学资源，提出了关于美的本质的不同看法。蔡仪从客观唯物论出发，认为美在客观，而客观之中只有典型的事物才是美的事物，“美的本质就是事物的典型性，就是这个别事物中所显现的种类的普遍性”②。主观派的代表提出“美是人的概念”“美是人的社会意识”（吕荧），“美，只要你感受到它，它就存在，不被感受到，它就不存在”（高尔泰），均直接将“美”与“美感”等同，显然脱离了马克思主义反映论的观点。朱光潜主张美的本质在于主客观的统一，“美是客观方面某些事物、性质和形态适合主观方面意识形态，可以交融在一起

---

① 王一川．西方文论史教程［M］．北京：北京大学出版社，2009：10.

② 蔡仪．美学论著初编［M］．上海：上海文艺出版社，1982：243.

而成为一个完整形象的那种性质"①，在当时很有启发作用。以李泽厚为代表的实践美学派将马克思《1844 年经济学哲学手稿》中提出的"自然的人化"引入美的本质的解释当中，提出美是客观性与社会性的统一，并说明主客观双方是在人类长期实践的过程中生成美的，不仅抓住了美产生的真正根源，还从人类整体实践的高度来说明美与美感都是社会历史发展的成果。

二、美、审美与美感

以上关于美的本质的种种探讨，都从不同的角度揭示了美学的研究对象及其存在方式和发展规律，对于我们今天科学地把握美的含义具有重要的参考价值。一方面，历史上对于美学的研究对象存在几种较为集中的看法，一是将美学的对象看作美或"美本身"，二是主张美学是研究艺术的学科，三是视美感为美学研究的对象，四是将美置于主客观审美关系中作为美学的对象，此外还有诸如将美学看作研究审美文化和整个审美现象世界的学科的不同界说，这些观点都代表了不同的美的概念内涵。另一方面，中西历史上各派对于"美"的界说各有其合理性和片面性，在当代美学与其他学科广泛结合形成了多学科的美学和众多的具体分支后，美学研究又从传统的美的本质研究转向注重具体问题的考察之中。在本书对于形象美学的研究中，我们始终认为要厚实美学学科的哲学根基，由此展开形象与礼仪领域的研究才能取得有益的成效。正如李泽厚在《美学四讲》中所言："所谓美是主观的还是客观的，并不是指一个具体的审美对象，也不是指一般的审美性质，而是指一种哲学探讨……"② 在此我们认同以马克思主义的唯物史观为美学的哲学基础，用马克思主义的实践论和存在论指导我们对"美"的本质内涵下一个定义。

马克思主义实践论认为，美与美感同时发生，主客体的审美关系根源于人的社会实践。从广义上说，"美"可以指人能动实践的本质在对象化的活动之中能引起人自由自觉的想象、无功利的情感运动，并直观自身的力量和理想的存在；从狭义上说，"美"则专指"优美"这种和谐、阴柔、秀丽的审美形态。人的本质力量的对象化，便体现了美的本质。"美感"即审美意识。从广义上说，"美感"是指人处于审美活动中的心理意识的总称，是审美心理活动进入思维阶段以后的意识活动，包括审美经验、审美趣味、审美能力和审美理想等；从狭义上说，"美感"专指审美感受，即人们在欣赏、体验和创造美的活动中所产生的一种肯定性评价和愉悦心理。"审美"是审美活动的简称，是指人发现、感受、体验、评价和创造美的实践活动、精神活动。由于美与美感都存在于审美活动之中，因此，审美是美学研究的主要对象，其特殊之处在于它是直觉与理智、功利性与非功利性、规律与目的的统一。

---

① 朱光潜. 朱光潜全集：第五卷［M］. 合肥：安徽教育出版社，1989：71.

② 李泽厚. 美学四讲［M］. 北京：生活·读书·新知三联书店，1989：61.

关于美、美感与审美，我们还要把握以下几个特征。第一，美是一种主观再创造客观、客观作用于人的情感的双向互动的实践产物，美具有客观社会性、形象性、无功利性和理想性（也叫“超越性”）。在我国，“客观社会性”由李泽厚提出，他认为美是事物的一种客观社会价值或社会属性，是一个感性具体的合规律的客观存在，这种客观性是一种不依存于我们主观意识的社会属性，因此美才能包含和体现社会生活的本质从而引起个体的特定情感反映，这是由美脱胎于人类社会早期的生产实践活动、后又经文化心理积淀的发展历程所决定的。美的形象性是指美通常以活生生的形象方式呈现在人面前，具体体现为自然形象、社会形象和艺术形象，这样人们在感知审美对象的基础上，通过审美联想和想象还原其美的形象（如通过接触文学语言还原作品所描述的形象）以达到对审美对象的直接感悟，这种不依赖于概念和推理而直接觉察的特殊方式就是审美直觉，审美体验其实就是形象的直觉，而直觉之中也包含着理性认识的成分。无功利性是指美的对象与人的实际利益考虑没有直接的关系，客观对象以直观的形象吸引和感染着审美主体，使主体暂时摆脱功利的追求来享受心灵的自由和生命力的释放，主体对于对象的评价也是审美的而非道德的评价。朱光潜《我们对于一棵古松的三种态度——实用的、科学的、美感的》一文就为区分实用态度、科学态度和美感态度做出了经典的例证。理想性则根植于马克思视人类本质为“自由自觉的活动”的规定，随着审美活动的深入，人们在精神享受对象也即美的对象中建构个体的审美理想和审美形象，并以生动鲜明的形式生成了超越于现实生活的、更为理想的现实图景，从而体验到理想生存状态的快乐。第二，美感作为一种意识活动，以审美感受为整个审美过程中最基本也是最主要的形式，又以不带直接功利性目的和伴随个人爱憎的想象为最重要的心理元素；个人的美感有着极大的变异性，但对于特定时代、民族和阶级的社会群体而言，美感有着相对稳定的标准。魏晋南北朝以女子骨感为美，唐朝人却以体态丰腴为女子的审美标准；古希腊优秀的文艺作品中充满了对原始欲望和世俗快乐的描绘与渴望，我国先秦时期的诗歌与音乐却推崇一种以礼节情、尽善尽美的典范；“世界四大奇迹”是由当时的劳动人民共同建造的，但他们处在被奴役、被剥削的地位之中很难体验到自由创造的愉悦。德国著名的马克思主义史学家梅林也认为，审美趣味是适应社会经济状况的发展而产生和发展的。不难看出，不同的时代、民族和阶级之中普遍存在着客观的审美意识标准，它们常常表现为审美理想和审美趣味，而个人的审美趣尚中便隐含着他所代表的时代、民族与阶级的审美价值取向。第三，审美活动中审美主体与审美客体（也即审美对象）处于一种不寻常的关系之中，从“美的规律”即内在尺度（“善”）和外在尺度（“真”）相统一出发，审美主体在对客体以情感体验为主的精神交流中能动地确证自己的本质力量，在满足主体精神性审美需求的同时也间接实现了改造主观世界和客观世界的功利性目的。综上，审美活动中包含着直觉与理智、功利性与非功利性、规律与目的的统一。

任务三　美的类型与审美形态

世上万千，美亦无边。关于美，世人接触最多的无疑是具体的各种各样的美，透过美的多重现象我们才可以把握到较为稳定的美的本质，美的本质最终也要落实到它所存在的具体的审美对象之中。根据上面对美的本质的基本理解，我们对于具体的审美对象，一方面可以按它们的存在领域划分为自然美、社会美与艺术美三大类型，另一方面又可以按它们的不同状态、面貌和特征而划分为优美、崇高（壮美）、悲剧、喜剧（滑稽）等表现形态。实际上，美的类型与审美形态经常交错呈现，随着社会生活的不断丰富，新的审美现象也在塑造着更多样态的美学范畴。

一、自然美、社会美与艺术美

（一）自然美

自然美是以自然事物为对象的美，包括日月星云、山川湖海、花鸟虫鱼、园林田野等，常与社会美合称为现实美。作为最常见且极易引起人们审美愉悦的美的类型之一，自然美常常依赖于自身客观的自然物质属性，一般可分为经过人们直接加工改造的对象（如土地、园林）和未经直接改造的自然（如星空、云海）。无论是哪一种自然美，都不能简单地将其归结为自然本身的属性和形式，自然美仍要与人的社会实践发生或显或隐的关系，不能先于人类历史而存在。关于这一概念，我们至少要把握以下三个要点。

首先，无论是保留较为完整的天然的美的对象，还是经过了人的实践改造的自然美，它们都是社会发展的产物，都是人类摆脱对自然的依附的结果。在远古时期，当自然作为一个整体还属于人类的敌对物时，人类为了生存疲于奔命，躲避野兽攻击、冰雪侵害和分辨有毒的植物，自然界的事物及现象显然难以成为人类的审美对象。试想，人们在无法抵御钱塘江怒潮的情况下，只会将其作为一种引起恐惧的对象，而不会冠以“钱塘胜景”的美名，更不会写出《观潮》这样的文章去歌颂钱塘江的大潮。只有当人类通过生产实践步入了改造自然的下一个阶段，人们才得以发现自然界或静谧或壮阔的美。根据马克思“本质力量的对象化”观点，欣赏美丽的天山牧场、龙脊梯田和苏州园林固然也是在欣赏人类加诸自然物上自身的劳动与智慧，但将未经人类改造过的自然物纳入审美范围内时也离不开对人类整个实践历史的考察，当人们掌握了自然的客观规律从而不再畏惧自然时，自然美也就随着社会历史的发展而从自然物本身派生出来。

其次，自然美的两种基本形态都依赖于自然本身的多种属性和形式，它们也经常处于彼此渗透和相互转化之中，不能将它们截然分开。栽培不同花卉需要顺应不同的自然习性，才能如期开出鲜美的花；将路边看到的野花移植或采摘回家中，搭配以其他品种的花或装饰品，花瓶中的花与经过包装的花束又会给人以不一样的审美感受。同一自然对象，可以在不同时间段内发生这两种形态之间的转化，也可以在同一时间段内被视作这两种形态的自然美的对象。以生长在我国东南海陆交界地区的红树林为例，它们以强大的海洋生态效益、海岸防护功能和医药功能受人培育和保护的同时，也因奇特发达的气生根外形，以及随着海风和潮汐变化若隐若现的动态之美，获得了极高的欣赏价值，人们由此开发了红树林湿地公园，旅客坐船参观，得以饱览这大自然与人工相结合的美。

最后，自然美因其广阔、生动和丰富在现代社会愈发受到重视的同时，也受其自身存续条件的约束有着不可避免的局限性。由于自然事物及景观常常受时间和空间的限制，且具有变异性或多变性，如海上日出、山间云海、极光与鲸落、昙花一现等都是需要观赏者极尽跋涉或等待良机才能目睹的自然美景，而一些需要上万年才能形成的自然景观（如溶洞）和一些由于气候和人为的原因面临消失的景点（如大堡礁）也只存在于整个人类历程的部分记忆之中。但正如宋代王安石《游褒禅山记》所云："世之奇伟、瑰怪，非常之观，常在于险远，而人之所罕至焉，故非有志者不能至也。"自然美的特殊性感召着人们对它做出持续的探索，人类社会最终也生出了自然美所不能满足的对社会和艺术领域的审美需求。

（二）社会美

社会美是以社会事物和社会生活为对象的美，与人的社会实践关系最为密切，是现实美最主要的部分。由于社会美存在于人的实践和社会的方方面面，人们几乎能随时随地对这种美做出审美体验或评价。社会生活中的现实美所能达到的广深程度取决于人的社会实践活动的范围，根据社会生活的基本领域，社会美主要表现在生产劳动、阶级斗争和科学实验之中。

首先，生产关系作为人与人之间最基本的社会关系，生产活动作为最重要的对象性活动，劳动实践无疑是社会美出现最早也是最广泛的领域。在生产实践中，人们制作了描画着几何图形或动物条纹的陶器，也建造出了雄伟的长城和金字塔，在现代化技术给人们生活带来翻天覆地变化的今天，社会生活中的美已变得更为纷繁复杂，服装定制（衣）、网红餐厅（食）、创意装修（住）、汽车美容（行）等新事物层出不穷。可见，无论是对于生产生活用具还是建筑防御工程，人们都经历了一个从重实用性到实用性和美观性并重的过程。在消费社会，美学界提出了"日常生活审美化"的命题，指出了审美活动渗透到大众日常生活的文化特性，人们倾向于购买有极大精神享受附加值的品牌产品，到富有格调的商店消费，也愿意为各种节日的"仪式感"购买精神性、文化性消费品（如花束、烟火、文化创意礼品）等，这表明现代人与前人相比在社会美领域又倾向了重精神性与美观性、轻实用性的天平一端。

其次，在阶级斗争领域中，那些进步的、富有创造性的、能带来特定利益的变革往往能和社会的活动进入人的审美范围之中。在阶级社会里，阶级对立和斗争是普遍存在的，奴隶反抗奴隶主的斗争（如西周的国人暴动）、封建社会里农民阶级的起义与地主阶级的镇压（如陈胜吴广起义）、无产阶级反抗资产阶级剥削的运动（如法国里昂工人起义、英国宪章运动、德国西里西亚纺织工人起义）无不彰显着弱小阶级具有革命性的反压迫精神，人民群众为了自由而奋起反抗的斗争本身就谱写了人类历史光辉壮阔的社会美篇章。俄国著名的唯物主义美学家车尔尼雪夫斯基曾提出“美是生活”的命题，并赋予了“生活”非常深刻的社会内容，但社会生活的纷繁复杂使得不同时代、民族、阶级的人对于社会内容的好恶都有着极为鲜明的差异。车尔尼雪夫斯基曾从阶级的立场分析过上流社会女子涂脂抹粉、纤手细足与农村女子双颊绯红、手脚粗壮两种截然不同的美，在两个社会阶级当中所引起的完全不同的审美情感。应该说，社会美的思想内涵作用于人的感官和心灵的效果要比其外在形式更为显著，这也是为什么历史上普遍存在着大量审美趣味的阶级差异乃至对立的现象。社会美无疑是一种流露出明显的功利性内容和价值取向的偏重于内容的美。

最后，科学实验的美作为一种社会现实则出现得更晚一些，在笛卡尔提倡科学研究及培根号召“爱实验、爱知识、爱科学”之后，实验科学从兴起到现今成为各国突破科学研究的重要实践，其科学理性之美已得到世人的关注。历史上牛顿的棱镜色散实验、路易斯·巴斯德分离手性酒石酸盐等被列入以美著称的实验名单，人们不仅惊叹于实验产生的美的现象，更是被其中所蕴含的科学智慧之美所折服。我国的航天梦在长征系列、嫦娥系列、神舟系列和天问系列的成功研发中逐步被实现，这些名称显然取自中国典籍中富有浪漫色彩的诗篇，无不体现出科研人在科学圆梦的进程中所生出的探索星空的审美享受和科技强国的自豪感受。在美学学科的研究对象中，科学美也作为一种特殊的美从社会美中分化出来，限于篇幅的缘故，在此不再赘述。

（三）艺术美

艺术美是以艺术作品为对象的美。艺术以客观现实存在为蓝本，艺术美则以现实美为创造源泉。艺术美是为满足人们特殊的审美需求而诞生的，人们在创造和欣赏艺术美的同时也在不断提升自身的审美感受与能力。不同种类乃至不同流派的艺术，其内容与形式的侧重点不同，但艺术的审美特性在于无论是在内容还是在形式上都有着比现实美更高的再现和追求，由此我们还可以从中看到人的审美理想是如何在艺术活动中起作用的。

艺术美与现实美有着共同的现实来源——人类实践。尽管每个时代对于自然事物或艺术作品有不同的审美标准，但最终成为自然美或艺术美的客观事物无不与人类的社会实践存在或直接或间接的普遍联系。以原始艺术中普遍存在的对称匀齐形式为例，多数学者已指出艺术的对称特征来源于对自然界中生物体貌的对称性的模仿，究其深层原因，对称的体貌则是生物进化过程中为了更好地生存和保持健康的结果，因此对称美的出现隐含着原始人对于健全之美的追求。著名人类学家博厄斯还补充道：“人体的生理结构决定了手臂的对称运动。左右两臂很自然地以对称的方式运动，这种运动的方式不仅对称而且富有节奏。我想，可以把这种现象认为是产生对称现象的重要因素，其重要性不亚于人类或动物躯体的对称。问题不在于人们是否用左右两只手同时进行绘画，而在于左右两侧动作的感觉造成了人类的对称感。"① 此外，博厄斯还借铰链型编织物之间等距、饱满、光滑的编筐线条为例，强调了生产技术的娴熟对于形式美感生成的重要作用——技术的娴熟产生动作的规范，匠人能够欣赏自己创造的劳动产品的完善形式，包含了一种对自己尽力克服各种操作性困难后的快感评价——从而又产生了对某种特定形式的自觉追求。显然，这里涉及了形式美与技术美领域及实用工艺种类的问题，在此本书无意做新的延伸。综上，对称、匀齐等最早出现的艺术特征设计无疑与人类生产生活的社会内容有着莫大的联系，只是如普列汉诺夫所说明的那样，经常没有被人们所自觉意识到罢了。

要想深入把握艺术美的本质和特性，我们还得对艺术创造与欣赏活动及各门类艺术的特点有足够的了解和研究。艺术创造作为人类对象性活动的重要组成部分，艺术家以其审美理想为指导，凭借相应的物质与技术创造出比现实美"更高、更强烈、更有集中性、更典型和更理想"的艺术之美。因此，艺术美凝结了艺术家创造性劳动的同时，也与具体艺术所用物质手段和技能有着千丝万缕的联系。空间艺术中的绘画艺术以线条、色彩和形体进行平面内视觉形象的创造，雕塑和建筑则以特殊的物质材料和技术构造可视又可触的艺术形象；音乐艺术是以在时间上流动的音响表现审美感受和现实生活的时间艺术，时间艺术的另一个代表即以人体有韵律的活动来抒发感情的舞蹈艺术，它们分别以听觉形象和视觉形象发挥着在情感表现上的先天优势。文学作为语言的艺术，以经过艺术加工的语言文字唤起人们的联想和想象来实现重构作品中的艺术形象为目的，因不受视觉和听觉的物质手段的束缚，有着比其他艺术更为自由的创造力量。陆机《文赋》中"观古今于须臾，抚四海于一瞬"就指出了文学创作过程中艺术想象的自由特性。最后是综合艺术的代表——戏剧与电影。戏剧艺术融合了语言艺术、音乐艺术和舞蹈艺术等元素，其中突出对话与动作来表现戏剧性的矛盾冲突是戏剧艺术不同于其他艺术类型的首要标志；电影艺术则以戏剧和绘画艺术为基础并结合其他艺术的表现方法，而电影艺术自身特有的拍摄和剪辑等技巧使得电影画面在彼此依赖和碰撞的过程中产生出全新的意义，独具视觉艺术所不及的巨大表现力。艺术欣赏就是对具体的艺术作品进行感知、解读和再创造的过程，艺术欣赏的成效在于是否自觉以特定艺术门类的规律去把握作品，是否充分调动自己的感官体验和审美情感去发掘对象的特性等。人们进行艺术欣赏的审美能力虽然受一定历史条件下社会审美水平的制约，但是通过实践艺术欣赏活动本身也能提升个人的审美能力和审美趣味，这就是艺术欣赏反作用于现实的一个重要方面，我们留待本项目任务四"审美素养与能力的提高"再进行深入探讨。此外，欣赏者还通过挖掘作品的思想价值和艺术特色来进行自我教育或确证自我的独特性等，从而有助于个性的完满和个体参与群体的审美交流之中。无论是艺术创作还是艺术欣赏，

---

① 弗朗兹·博厄斯. 原始艺术［M］. 金辉，译. 上海：上海文艺出版社，1989：24.

艺术美都体现了审美主体的审美理想，这在本项目任务二“美的内涵与本质”中已然讨论过了。

二、优美与崇高、悲剧与喜剧

优美和崇高作为两种具有对举特征的审美范畴，在美学史上最早得到关注。先秦时期的孟子从人格高度层面对“美”与“大”进行了“充实之谓美，充实而有光辉之谓大”的区分，可以视为一种对优美与崇高范畴所做的对比。到了《易传》这里，中国古代阴阳刚柔的哲学思想得到总结，认为地道之美贵在阴与柔，天道之美贵在阳与刚，启发了后世对天地万物之美做出这两种对立性质的美之形态的分类。清代姚鼐在《复鲁絜非书》中明确以“阳刚之美”与“阴柔之美”来规定文学中这两种迥然有别的美，“其得于阳与刚之美者，则其文如霆，如电，如长风之出谷，如崇山峻崖，如决大川，如奔骐骥；其光也，如杲日，如火，如金镠铁……其得于阴与柔之美者，则其文如升初日，如清风，如云，如霞，如烟，如幽林曲涧，如沦，如漾，如珠玉之辉，如鸿鹄之鸣而人寥廓”。清代沈宗骞也在《芥舟学画编》中生动地描绘了书画中刚与柔两种笔法的差别，用“风雨雷霆”“神工鬼斧”比喻笔之刚德，又用“惊蛇入春草”“舞燕掠平地”来形容笔之柔德。通过这些形象性的语言，我们初步感知到无论是在外形特征还是力量对比上，优美与崇高范畴对于极柔极小与极刚极大的美之事物都有着极大的包容概括性。与中国古典美学的阴阳观念不同，西方古典美学中的优美源自希腊文化，它长时期被视为与“美”画等号的观念。德国启蒙运动者温克尔曼对于古希腊艺术“高贵的单纯和静穆的伟大”的审美特征之概括，充分契合了优美在西方古代的文化内涵；崇高的源头则在于希伯来文化和基督教文化，长期处于苦难中的希伯来人将生之渴望转化为对犹太教的信仰，基督教由犹太教演化而来，崇高即为这种宗教文化土壤中具有超越性质的范畴。一方面，对优美的理论内涵做出重要贡献的代表是古希腊毕达哥拉斯学派和英国经验主义美学家博克，前者以“数的和谐”说指出了优美对立统一的内部形态，后者则主要从对象的感性形式归纳了优美的若干特点：“第一，比较地说是小的。第二，是光滑的。第三，各个部分的方位要有变化；但是，第四，这些部分不能构成棱角，而必须互相融为一体。第五，要有娇柔纤细的结构，不带任何显著的强壮有力的外貌。第六，它的颜色要洁净明快，但不能强烈夺目。第七，假如它不得不有一种显眼的颜色，那这种颜色就必须同其他颜色一起构成多样的变化。”① “美的对象的另一个主要的特点是：它们的各个部分的线条不断地变换它的方向；但它是通过一种非常缓慢的偏离而变换方向的，它从来不迅速地变换方向使人觉得意外，或者以它的锐角引起视觉神经的痉挛或震动。”②

---

① 古典文艺理论译丛编辑委员会编. 古典文艺理论译丛：第5辑［C］. 北京：人民文学出版社，1963：59.

② 鲍桑葵. 美学史［M］. 李步楼，译. 北京：商务印书馆，1985：357－358.

而这些从严格意义上说只能用于说明优美性事物的外在特征，还不能用于解释优美的内涵和成因。另一方面，关于崇高的研究则长久地吸引着不同时期的西方学者，他们基于不同的理论立场纷纷对崇高做出了自己的阐释。古罗马朗吉努斯的《论崇高》在伟大的人格中确立崇高的风格，他认为崇高是“伟大心灵的回声”，“始终一致的正确只靠艺术就能办到，而突出的崇高风格，尽管不是通体一致的，却来自心灵的伟大”①，将崇高作为一个审美范畴提出，强调其狂飙突进的闪电似的效果。博克则将崇高与痛感、恐怖、丑联系起来，认为崇高感是人在需要自卫的情况下感到恐怖和痛苦后处境得到缓和的愉快。康德则认为，在对象中虽存在形式的无限大和力量的无比强大，但只有人心抗拒了对象的威力引起了先惧后喜的愉快时，这种崇高的快感才确证了事物的崇高特性。黑格尔将崇高视为观念与形式的矛盾，当有限的感性形象容纳不住无限的理性内容，“用来表现的形象就被表现的内容消灭掉了，内容的表现同时也就是对表现的否定，这就是崇高的特征”②。车尔尼雪夫斯基认为，崇高不过是巨大的东西而已。以上为美学史中对优美与崇高范畴具有代表性的观点，接下来我们运用历史唯物主义的观点对它们的本质和特征做进一步的规定。

我们认为，优美和崇高是实践主体的本质力量在实践客体的显现过程中所产生的两种不同的状态。优美侧重于展现主体的本质力量与客体的异己力量在实践中经由矛盾对立而达到和谐、平衡、统一的状态，崇高则侧重于展现主体和客体矛盾冲突的对抗过程，人的本质力量就是在这种对抗异己力量的实践中得到高度迸发和显现。呈现出这两种状态的客体分别叫作优美的事物和崇高的事物，它们分别引发了主体内心平缓、和谐、愉悦的优美感和激越、奋发、赞叹的崇高感。由此，我们可以对自然界和社会中常见的优美或崇高的事物进行分析。自然美作为一种依赖自然客观属性而引起人们美感的形态，从外在形式的“量”（包括数量和力量）的规定性上就可以很好地区分优美与崇高的自然事物——小桥流水、鸟语花香、烟雨朦胧、风清月明属于优美的事物，大漠孤烟、飞流激湍、崇山峻岭、电闪雷鸣则属于崇高的事物。当然，我们不能说对于自然美的审美判断是纯粹非功利的判断，古代的“比德”说就很好地解释了人欣赏自然美景时总会带有社会性的道德判断，所谓“智者乐水，仁者乐山”。一些优美或崇高的自然形式往往也是与社会实践相关联从而使人获得相应的美感体验的。终南山在被赋予了“隐居”的文化内涵后为历代文人所歌咏，人们对于自然界中壮观的自然现象和人们改造自然的斗争又往往与历史上进步力量的英勇战斗相联系，从而在道德情感上也获得了一种崇高的意义。值得一提的是，崇高的对象由于常表现为巨大、有力的感性形式和重大、深刻的理性内容，并常伴随着美与丑相斗争的艰巨过程，“崇高”因而有着比“优美”范畴更为复杂的特殊性。统而言之，社会实践特别是审美实践中主体本质力量与客体异己力量

---

① 朱光潜．西方美学史［M］．北京：人民文学出版社，1979：111.
② 黑格尔．美学：第2卷［M］．朱光潜，译．北京：商务印书馆，1979：80.

的关系之不同，产生了优美和崇高这两个最基本的审美形态范畴，而同一个事物可以在不同阶段呈现出这两种不同的美，如人们平静生活中对于突发自然灾害的抗争再到灾后重建，音乐艺术中从诗意的旋律过渡到疾风骤雨最后归于和谐、平静等，都体现了优美与崇高之间的相互转化。

接下来，我们再来对另一组常见的审美形态——悲剧与喜剧进行概述。先说悲剧。“作为美学研究对象的悲剧概念既包括普遍存在于各门类叙事性悲剧艺术作品中的悲剧审美形态，也包括在特定的时空情境下，针对具有悲剧性意义的社会生活与历史事件而展开或存在的现实悲剧审美形态。”① 据此，我们简要回顾一下历史上对于形成悲剧这一审美形态有推动作用的理论。亚里士多德的《诗学》用了大半篇幅论述古希腊悲剧的起源、定义、要素和效果，其中悲剧效果的“净化”说和悲剧主人公的“过失”说从心理学、艺术和逻辑的考量揭示了悲剧的部分本质。他认为悲剧能“通过引发怜悯和恐惧使这些情感得到疏泄”②，从而获得一种净化的快感，他还提出因为怜悯的对象是遭受了不该遭受之不幸的人，而恐惧的产生是因为遭受不幸者是和我们一样的人，由此悲剧主人公及其遭际应该是“不具十分的美德，也不是十分的公正，他们之所以遭受不幸，不是因为本身的罪恶或邪恶，而是因为犯了某种错误”③ 而由顺境转入了逆境。黑格尔的《美学》在悲剧观念上则突破了个人命运的不幸，视悲剧起源于两种社会义务和两种现实的伦理力量的冲突。黑格尔认为，从一定意义上说，造成悲剧的双方都具有一定的合理性，又具有一定的片面性，冲突所带来毁灭并不意味着他所代表的“理想”的终结，反而伸张了某种“永恒的正义”，“因为这个缘故，悲剧所产生的心理效果不只是亚里士多德所说的‘恐惧和怜悯’而是愉快和振奋”④。从这两种具有代表性的悲剧理论来看，前者深刻地指出了悲剧艺术的人物特征和审美情感，后者则进一步从现实中挖掘社会悲剧的根源，但由于黑格尔的悲剧理论并没有从客观上对冲突双方的善恶性质做出正确的判断，因而真正的悲剧根源直到马克思、恩格斯的唯物主义哲学中才得以科学地揭示。“他们认为，悲剧是新的社会制度代替旧制度的信号，是社会生活中新旧力量矛盾冲突的必然产物……”⑤ “当旧制度本身还相信而且也必定相信自己的合理性的时候，它的历史是悲剧性的。当旧制度作为现存的世界制度同新生的世界进行斗争的时候，旧制度犯的是世界历史性的错误，而不是个人的错误。因而旧制度的灭亡也是悲剧性的。”⑥ 马克思、恩格斯的悲剧观根源于人类历史发展的阶级性冲突，并被他们用于分析具体的艺术作品之中。在评价拉萨尔的悲剧《济金根》的两封信中，马克思指出拉萨尔没有准确认

---

① 《美学原理》编写组．美学原理［M］．2 版．北京：高等教育出版社，2018：203.
② 亚里士多德．诗学［M］．陈中梅，译注．北京：商务印书馆，1996：63.
③ 亚里士多德．诗学［M］．陈中梅，译注．北京：商务印书馆，1996：97.
④ 朱光潜．西方美学史［M］．北京：人民文学出版社，1979：504.
⑤ 王朝闻．美学概论［M］．北京：人民出版社，1981：53.
⑥ 马克思恩格斯选集：第一卷［M］．北京：人民出版社，1979：5.

识到济金根骑士作为垂死阶级的代表所发起的反诸侯战争，是源于他反对现存制度的新形式才必然覆灭的；恩格斯接着指出拉萨尔忽略了济金根作为骑士贵族与新生力量农民之间“历史的必然要求和这个要求的实际上不可能实现之间的悲剧性的冲突”①。因此，悲剧的冲突根源就在于两种历史趋势、两种社会阶级力量在一定历史阶段上不可调和的冲突，从而导致悲剧人物的必然失败或灭亡。

再说喜剧。同悲剧一样，作为审美范畴的喜剧也与戏剧类型中的喜剧艺术、现实生活中的喜剧在内涵上有着密切的关联。对于喜剧形态，历史上有不少学者对此有过精辟的论见。亚里士多德认为，喜剧的主人公不同于悲剧的主人公，“喜剧摹仿低劣的人；这些人不是无恶不作的歹徒——滑稽只是丑陋的一种表现。滑稽的事物，或包含谬误，或其貌不扬，但不会给人造成痛苦或带来伤害。现成的例子是喜剧演员的面具，它虽然既丑又怪，却不会让人看了感到痛苦”②，喜剧中的滑稽与丑联系在一起，且不会给人带来痛感。康德则从唯心主义立场出发，认为喜剧感（即笑）起源于“一种从紧张的期待突然转化为虚无的感情”③，是忽略了人生实践对喜剧本质的界定。黑格尔也从他的“理念”说出发，认为喜剧矛盾根源于绝对精神发展中感性形式压倒观念，是理性内容空虚的表现。车尔尼雪夫斯基从他的“美是生活”说出发，提出“滑稽的真正领域，是在人、在人类社会、在人类生活”④，而滑稽的根源与本质在于丑，当丑力求自炫为美时，就变成滑稽。马克思、恩格斯依然从两种社会力量的冲突出发，认为审美形态“喜剧”根源于新事物在取得胜利后或即将取得胜利时对旧事物的否定，旧事物作为被嘲笑的对象则根源于它在不符合新的历史实践的阶段上所暴露出的虚弱与丑恶。

我们赞同从实践论出发的马克思主义美学对悲剧和喜剧两种审美形态所下的定义，也主张以唯物主义的眼光借人类历史中的悲、喜剧事件来加深对戏剧艺术中悲、喜剧类型的理解。鲁迅就曾将他对于人生现实的敏锐观察用于文艺理论的建构，深刻指出悲剧是将人生有价值的东西毁灭给人看，喜剧将那无价值的撕破给人看。同优美与崇高这一组对举的审美形态一样，悲剧和喜剧在特定的历史条件下也会发生转化，我国古代的《远山堂剧品》用“于歌笑中见哭泣”来形容两者之间常常内在地包含对方的因素的现实。因此我们说，当历史上或者戏剧作品中原有的新事物和先进阶级代表在新的历史条件下变为旧事物和即将被淘汰的阶级时，它或他在历史舞台上的失败就成了新旧更迭的悲剧产物，人们也就可以从审美上对其落后的一面进行讽刺和嘲笑，只不过在悲剧当中其牺牲表现了壮烈或崇高的情绪，而在喜剧之中给人带来的则是轻松愉快的嬉笑和尖锐深刻的揭批。

---

① 马克思恩格斯选集：第四卷［M］．北京：人民出版社，1979：346.
② 亚里士多德．诗学［M］．陈中梅，译注．北京：商务印书馆，1996：58.
③ 康德．判断力批判：上卷［M］．北京：商务印书馆，1964：180.
④ 车尔尼雪夫斯基．美学论文选［M］．缪灵珠，译．北京：人民文学出版社，1957：112.

任务四 审美素养与能力的提高

广义的审美素养，主要是指人所具备的审美经验、审美情趣、审美能力和审美理想，以及其对于美的创造和美的接受等各种因素、各种能力的总和。对于审美素养与能力的提高这一问题，本书给出了两大实施途径——审美教育和审美交流。审美教育又叫美感教育，简称美育，是一种能够直接作用于发展人的审美意识来达其使命的人文教育。审美交流则是审美主体之间的交流的简称，是沟通审美创造与审美接受的重要活动。

一、审美教育

审美教育是指以审美活动（包括艺术活动）为主要方式与手段，有意识、有计划地培养和提升人们的审美趣味、审美观念和审美能力，并在生活实践和艺术实践中鉴别与创造美，最终促进人的全面发展的一种教育活动。作为一种审美方式的教育活动，美育有着不同于德育、智育、体育、劳育等的特性，它在提高、完善人的审美素养的效果上也有着其他方式所不具备的优势。

审美与教育的关系，在中西方都有着悠久的发展历史，无论是“古希腊三哲”还是我国的“万世先师”孔子，都十分注重审美活动对人的教育作用，而“美育”的概念直到18世纪末才正式被德国的古典美学家席勒所提出。席勒在《美育书简》中对“美育”界说为“培养我们感性和精神力量的整体达到尽可能和谐”的“促进鉴赏力和美的教育”①。由于当今美育的概念内涵很大程度上受到了席勒的影响，现对该书的主题思想进行简要的阐释。朱光潜概括《审美教育书简》的主题为“自由不是政治经济权利的自由行使和享受，而是精神上的解放和完美人格的形成；因此达到自由的路径不是政治经济的革命而是审美的教育，至少是须先有审美教育，才有政治经济改革的条件”②。可见，“美育”的提出最初着眼于精神上的自由和人格的完善。具体地说，席勒在将人性分为“感性冲动”和“理性冲动”两部分后，提出理想的人性应该是两者的统一，而它们在现实中本互相对立而存在，须寻求第三种冲动才可以清除这种分裂，这种冲动就是“游戏冲动”。席勒认为，游戏是自由人性的表现，游戏冲动是美与艺术的根源，这种冲动的对象就是“活的形象”，即广义的美，人只有进行“美的观照”即游戏的时候，感性和理性才能达到统一，从而美育就是完善人格以通向自由的根本途径。尽管席勒的美育思想带有德国资产阶级的空想性质，但他对美育促进人的全面发展的作用的空前强调，以

---

① 席勒. 美育书简［M］. 徐恒醇，译. 北京：中国文联出版公司，1984：108.

② 朱光潜. 西方美学史［M］. 北京：人民文学出版社，1979：443.

及对于美育的功用、意义、标准与理想等思想的系统论述，都是后来的美育研究不能忽视的理论资源，《审美教育书简》也被后人称誉为“第一部美育的宣言书”。

在席勒之后，苏联的苏霍姆林斯基、我国的蔡元培都是美育领域具有代表性的理论家和实践者。前者建构了完整的“五育”体系，并指出美育陶冶情操的直接效果；后者在继承席勒“美育完善人性”的思想后为救时局提出了著名的“以美育代宗教”说。如今，审美教育在中西方都已经获得了独立专门的发展领域，并成为美学和教育学的重要课题，人们对于“德、智、体、美、劳”五育任务的实施也不再陌生，美育在教育的内容、目的、方式和效果上都显现出了与德育、智育、体育等的差别。以美育与智育、德育的关系为例：智育注重于人掌握真知的能力的培育，使其更好地进行理性的思考和创造；德育侧重于提高人的思想道德，以说服人们自觉地服从社会规范；美育则是一种以情动人的美的教育，作用和提高的是人对世界的审美直觉能力。它们共同构成了对真、善、美的价值追求导向，而真、善、美三者之间的紧密关系使得真正的美不可能孤立于真和善之外，因此，我们也应该看到美育与智育、德育之间互为联系的一面，美育不可能脱离对客观世界的规律（真）的把握和道德理念（善）的评判来体验一种漂浮在真空中的“美”，而美育对于想象与创造的推重和化入人心的教育效果同样值得智育、德育来借鉴。接下来，我们就从美育提高人的审美素养与能力这一功用出发，展开论述美育不同于其他教育活动的特性及实施途径，从而帮助我们在美育理论的指导下更好地提升自我的审美素养。

美育的实施途径多种多样，本书仅介绍三种基本的教育形式。

首先是寓教于乐的学校美育。学校教育作为审美教育的重镇，其对于美育目标与教学的设计都影响着美育的实施及其实施的效果。无论是面对不同学龄段的受教育者还是不同门类的美育课程，美育专家与一线教师们都进行了大量优秀的美育理论与实践探索。有关心理学研究表明，应对幼儿和少年进行感知形式美（音乐课、图画课、游戏和体操）的培养，而青年学生则是实施美育的主体部分，同时施以形式教育和理想教育是这一群体美育的关键。① 在2014年北京市教委启动的“高等学校、社会力量参与小学体育美育发展”的工作中，中央美术学院在美育的实践之路上打造了“非遗工坊”“冬奥艺术展”“以艺抗疫”线上美育等弘扬中华美育精神的极具时代性的美育课程，为新时代中国特色基础美育的理念和经验注入了全新的养分。② 可见，美育与传授知识技能的传统课程相比，它不限于校内课程，也呼唤丰富的校园文化活动，同时更需要采用寓教于乐的方式来陶冶人的情操、培育人的审美能力，“通过创设相关的情景，营造特殊的氛围，以启发和诱导的方式使学生在一种自由愉快、轻松自然的状态下潜移默化地得到陶

---

① 朱立元. 美学［M］. 3版. 北京：高等教育出版社，2016：421.

② 卫艳. 循美而行　次第花开：中央美术学院高参小项目美育实践［J］. 美术研究，2020（6）.

养则是美育最有效的教学方式”①。树立学生正确的审美观点、健康的审美情绪、崇高的审美理想和创造性的审美能力，是社会赋予学校美育的重大任务。

其次是潜移默化的家庭美育。与有着明确教学目标的学校美育相比，家庭环境对于审美素养的影响无疑是潜移默化的。家庭作为社会的基本细胞，家人的言传身教和家庭的环境氛围在一个人的成长过程中扮演着极其重要的角色，其在审美观念、审美趣味、审美能力和审美理想上的塑造作用也不言而喻。历史上许多出身于书香门第和艺术世家的人物往往具有较高的审美素养，这在一些女性文人的身上表现得尤为明显，李清照、林徽因、张爱玲、严歌苓等从小便生活在浓厚的家庭文化氛围之中，正所谓耳濡目染，不学以能。此外，“家书”——家人间来往的书信作为中国传统教育形态之一，也是一种重要的家训方法和家教形式，我们在《曾国藩家书》《梁启超家书》等众多名人的家书中得以窥见家庭对他们所进行的传统诗词艺术美、乐观主义情感美、爱国主义社会美等审美教育。美育的目的并非在于使人成为一代大艺术家，但家庭美育无疑对于青少年的价值取向引导、健康人格生成和生活情趣培养等有着不可磨灭的影响，它可以使人以更好的精神面貌乐待生活，从容应对人生的各种挑战。

最后是广泛多样的社会美育。社会美育是指在学校、家庭以外，由社会对青少年及其他社会成员所进行的审美教育。社会美育有着极其丰富的美育资源和实践空间，在物质方面，可以妥善利用各种社会机构、基础设施和休闲娱乐场所对公民进行审美教育，如动植物园、博物馆、影剧院、文化宫、风景名胜区、书吧等，哪怕是公车广告、小区规划和商铺装潢，也体现着人们对于良好市容市风的向往。这些领域的社会美育在满足人民日益增长的美好生活需要的同时，也普遍提高了人们的审美文化素养。在精神方面，社会美育还肩负着宣传美育知识和响应国家文化政策号召的使命，以美育精神化入社会美育的建设之中，以更有力的理论宗旨指导社会美育的实施。习近平总书记强调，做好美育工作，要坚持立德树人，扎根时代生活，遵循美育特点，弘扬中华美育精神。中华传统美育的精髓可提炼为“内圣外王”“尽善尽美”“身心一体”“生生之境”“天人合一”五大理念。② 毫无疑问，社会美育的理念和举措也会对家庭和学校美育产生广泛的影响，我们要根据不同实施途径的特点去有效地开展审美教育。

二、审美交流

审美交流发生在审美主体参与审美感知、创造或接受的活动过程中，主体以审美对象（现实、艺术等）中美的形象为交流媒介，通过直接的或非直接的交流形式来实现审美活动的个体满足与社会效应。当一个人认为某一事物是美的时候，哪怕他没有与别的

---

① 朱立元. 美学［M］. 3 版. 北京：高等教育出版社，2016：421.

② 冯学勤. 立足中华文化传统　感悟中华美育精神［N］. 中国社会科学报，2022－08－07（A09）.

主体发生交流，他也处于自我的对话和交流之中了。审美交流的普遍性及审美接受的对话性使得它成为提高审美素养与能力的重要途径之一。

按照这个定义，审美交流可分为直接审美交流和非直接审美交流，在这当中又会出现发生在个体之间与群体之间两种不同的审美交流现象。我们知道，美按存在领域的不同可分为自然美、社会美和艺术美三个大类。个体在进行审美创造和接受时，当审美对象属于自然美的领域时，那么个体大多处于自我的审美交流状态；当审美对象是社会美或者艺术美时，个体就能在自我交流的基础上，以相关的审美对象和行为为中介实现与其他相关个体或群体的审美交流。以文学交流为例，一般认为它由两大环节组成，“一是以文学作品为中介的作家与读者间的交流，二是以阅读为中介的作家与读者、作家与批评家、批评家与读者的复合交流”①。在以文学作品为中介的文学交流中，审美主体借助文本中的审美形象来实现个体审美需要的满足，在特定语境创设的意义系统中作家个体将信息传递给了读者个体，处于不同时空下的读者通过发挥审美想象而对文本进行创造性解读，生成更丰富的意义，从而实现审美主体间非直接的潜层交流，接受美学就曾对这一过程有大量充满创见的论述。还有一种情况，“当作者阅读自己的作品时，他实际上也是一个读者，一个自己作品的第一读者。这时他与文本处于一种不寻常的交流关系之中，他会用创作意图与作品的实际意义相比较，以协调下一步的创作行为”②。在后一种以阅读为中介的文学批评活动中，作家、读者和批评家经常能获得显性的公开的交流机会，而批评家在阅读欣赏的基础上还创造了审美评判性质的批评文本，常常能帮助作家总结创作经验得失，指导读者更好地选择和理解作品，并通过作品的优劣评价扩大文学作品的社会影响。由此可见，文学活动中的审美交流是非常多层次的，它能通过审美个体间的交流促进社会群体的交流，最终提升整体的审美素养并获得更有建设性的社会效果。

在关于“艺术美”的论述中，我们谈到艺术欣赏与审美能力、审美趣味的提高问题。实际上，艺术批评与艺术欣赏都体现为审美交流的过程，它们在个体的自我实践和审美教育的实施途径中都发挥着不可替代的作用。马克思曾说过：“艺术对象创造出懂得艺术和具有审美能力的大众，——任何其他产品也都是这样。因此，生产不仅为主体生产对象，而且也为对象生产主体。”③ 也就是说，只有在具体的艺术实践中，才能进一步锐敏有音乐感的耳朵、能感受形式美的眼睛。艺术欣赏在提高人的审美能力方面能够在欣赏视、听觉等艺术作品中积累多样的审美经验、培养个性的欣赏需要和提高对特定类型的艺术的欣赏能力。“眼睛对对象的感觉不同于耳朵，眼睛的对象不同于耳朵的对象。每一种本质力量的独特性，恰好就是这种本质力量的独特的本质。”④ 与此同时，不同媒

---

① 狄其骢，王汶成，凌晨光．文艺学通论［M］．北京：高等教育出版社，2009：311.

② 狄其骢，王汶成，凌晨光．文艺学通论［M］．北京：高等教育出版社，2009：314.

③ 马克思恩格斯选集：第二卷［M］．北京：人民出版社，1995：10.

④ 马克思．1844 年经济学哲学手稿［M］．北京：人民出版社，2000：86.

介因素的艺术作品间的审美能力也能够相互助益，如欣赏造型艺术中的绘画常常需要依赖其他艺术种类的欣赏力。也只有在广泛地接触不同门类的艺术作品的过程中，才能建立起适应于个体条件和趣尚的审美需求，如释放压力时有人喜欢唱歌，有人喜欢跳舞，有人喜欢边听音乐边诉诸文字，等等。愉快的艺术欣赏无疑是决定人审美趣味的重要因素。与此同时，在欣赏具体艺术的过程中，人们往往需要突破感官的局限，调动想象和联想来深度把握艺术的形象及意蕴。以音乐形象为例，音调、音高、音强和节奏的变化与人类复杂情感的起伏相对应，欣赏者沉浸在随时间流动的情绪的共鸣中，会不自觉联想起特定的社会生活与人的思想感情的关系，从而在大脑中显现出一定的情感意象。这种富有创造性的联觉思维和审美想象，是人们欣赏自然美和社会美都不可或缺的审美能力。最后谈谈艺术批评在整体提升人的审美素养方面的作用。艺术批评是以艺术欣赏为基础，按照一定的批评标准和审美理想对艺术作品在真、善、美维度上进行的价值判定，在审美交流环节起着连接众多审美主体的作用。批评家们在欣赏、体验艺术作品的基础上用理论深入分析其社会价值和美学价值，以引导欣赏者正确地解读作品，从而提升他们的鉴别能力和判断能力。艺术批评还充当起创作与欣赏的中间环节，集中反映欣赏者的审美需求，协调二者之间的关系，并根据现实的需求对艺术形象背后的思想内容进行检验，批评艺术中的假、丑、恶，给予真正在思想上和艺术上都臻于完善的作品应有的推崇，从而促进创作者创作水平的提高。统而言之，只有审美主体积极地参与审美交流，主体的审美素养才能在学习和交流之中得到普遍提高。

结　语

在正式进入形象美学的研究之前，本项目集中探讨了美学的产生与发展、美的内涵与本质、美的类型与审美形态和审美素养与能力的提高四个传统美学研究的基本问题，以期各位美学研究者和爱好者对于美学的学科历史和研究对象有一个整体的把握，学有余力者还可以从中做进一步的延伸阅读和思考训练。

美学的故乡在西方。西方美学是从柏拉图开始的，到了鲍姆嘉通手中时发展成了专门的学科，但它仍不是现代意义上研究审美活动的人文学科。此后，西方美学又在以康德和黑格尔为主要代表的德国古典美学、以马克思和恩格斯的美学思想为理论基石的马克思主义美学的发展中趋于完善，并于近代传入中国学界，中国美学开始结合中西方的美学资源共同构建中国现代美学。中国古典美学是一个独具民族特色的范畴体系，中国古典美学的历史至少从老子、孔子的时代就开始了，近代王国维是中国古典美学的集大成者和现代美学的先驱人物。

中西方历史上对于美的本质的探讨产生了不同的关于“美”的内涵和定义。本书以马克思主义美学的实践论和存在论为哲学依据，提出广义的“美”是人能动实践的本质在对象化的活动之中能引起人自由自觉的想象、无功利的情感运动并直观自身的力量和理想的存在，其基本特征为客观社会性、形象性、无功利性和理想性（也叫“超越性”）。在审美实践中，美与美感是同时产生的，美感的个性差异在一定的时代、民族、阶级之中又存在相应的客观标准。

美的类型和审美形态按存在领域的不同可划分为自然美、社会美与艺术美三大类型，又可以按所呈现的不同状态、面貌和特征而分为优美、崇高（壮美）、悲剧、喜剧（滑稽）等表现形态。美的本质最终要落实到具体的审美对象之中，任何审美形态从本质上都与人的实践活动相关联。

审美教育和审美交流是本书针对审美素养与能力的提高所给出的两大实施途径，但它们并非只在这一方面具有富有成效性的功用。审美教育的目的是完善人性，它早已成为美学和教育学的重要课题，并积累了丰富多样的美育实践经验。审美交流是审美主体之间的交流的简称，是沟通审美创造与审美接受的重要活动，艺术欣赏和艺术批评即为审美交流的两大重要形式，在此我们突出“交流”之于“审美”的涵义，强调在个体和群体的对话与交流之中生成更为理想的审美主体。

思考练习

1. 简述中西方美学的异同。
2. 人体美或形象美属于自然美、社会美还是艺术美？为什么？
3. 除了本书中提到的审美教育家，你还了解哪些人的美育思想？

案例分析

案例分析一

王国维的《人间词话》有这样一段话，用诗词来喻人生的大境界：

古今之成大事业、大学问者，必经过三种之境界：“昨夜西风凋碧树，独上高楼，望尽天涯路。”此第一境也。“衣带渐宽终不悔，为伊消得人憔悴。”此第二境也。“众里寻他千百度，蓦然回首，那人却在，灯火阑珊处。”此第三境也。此等语皆非大词人不能道。然遽以此意解释诸词，恐为晏、欧诸公所不许也。

礼仪提醒：你体会过这三种境界吗？具体在什么情况下？感受如何？

案例分析二

根据不同艺术的特点，充分调动自己的感觉器官并发挥艺术想象，选择你喜欢的某一艺术作品进行审美鉴赏。

礼仪提醒：鉴赏可从思想和艺术两个层面入手。

项目二　形象美学概述

案例导入

唐代诗人白居易曾写下经典诗歌《长恨歌》来描绘杨贵妃的美。

汉皇重色思倾国，御宇多年求不得。杨家有女初长成，养在深闺人未识。天生丽质难自弃，一朝选在君王侧。回眸一笑百媚生，六宫粉黛无颜色。春寒赐浴华清池，温泉水滑洗凝脂。侍儿扶起娇无力，始是新承恩泽时。云鬓花颜金步摇，芙蓉帐暖度春宵。春宵苦短日高起，从此君王不早朝。承欢侍宴无闲暇，春从春游夜专夜。后宫佳丽三千人，三千宠爱在一身。金屋妆成娇侍夜，玉楼宴罢醉和春。姊妹弟兄皆列土，可怜光彩生门户。遂令天下父母心，不重生男重生女。骊宫高处入青云，仙乐风飘处处闻。缓歌慢舞凝丝竹，尽日君王看不足……

相传唐玄宗自登基以来，便沉迷于寻找绝色美人，多年来的寻找依然没有什么结果。而杨家有一个女儿刚刚长大，姿色出众，外人并不知道她的美丽绝伦，但她天生丽质，不久之后便得到了唐玄宗的青睐，纳入了后宫，成为宠妃。她便是杨贵妃。她的容貌是非常美丽的，正因其美丽的形象，而独得了皇帝的恩宠，她的家族也因她而变得有名，兄弟姐妹都得到了封赏，杨家一时间风光无限，令天下人羡慕不已。她的形象是很美的，正如诗中所描述的“天生丽质难自弃”“回眸一笑百媚生”等。杨贵妃和她的家族之所以获得了如此大的回报，这与她勤于打理自己的形象是分不开的，她以“资质丰艳”“凝脂胭华”的形象而出名，直到今天，她依然被称为中国古代四大美女之一。可见，形象美的重要性是无法估量的。

礼仪提醒：形象美在许多人心目中并不是特别重要，但这个小故事恰恰证明了形象美的重要性。形象美的提升对于我们每个人来说，都是一件非常重要的事情。

引言

形象是指能引起我们的思想或者感情活动的具体形态或者姿态，是多种感官在大脑中形成的关于某种事物的整体形象。形象美，即我们感受到的事物所表现的美感。不同事物的形象美也是不同的，例如，花红柳绿、天高云淡、湖光山色、清风明月所呈现的形象美各不相同。形象美与我们的生活息息相关，也能改变我们的生活，因此，为了提升我们的生活境界，我们要从提升形象开始。

任务一　形象与形象美

爱美之心人皆有之，良好的形象是每个人的基本追求。历史上人们不断探索形象美的展现方式、内在本质及形成规律。人们对形象美的追求不仅反映了人类对美的向往，也体现了对人类自身本质的不懈探索，今天的我们同样追求形象美，希求从内而外的自我提升。但是，在踏上这段追求形象美的旅程之前，我们有必要先问问自己，什么是形象？

一、什么是形象

“形”字，古文中以“象形也”三字概之，简约而深刻地揭示了其本质，即通过直观的图形来模拟并表达世间万物的形态与结构。这一解释，不仅是对汉字起源“六书”理论中“象形”造字法的直接体现，也彰显了古人对自然界细致入微的观察力与抽象概括的思维能力。“形”字“从彡，开声”，从字形上作为形旁的“彡”常表修饰、画文等义，逐渐演化成表示形状、形体的描绘或展示，指向实在物的外在形体。

“象”字的释义则颇为复杂。《易经·系辞》说，“象也者，像此者也”，“象”表示外表上的相近；在《说文解字》中，“象”字被解释为作为动物的大象——南越大兽，这对于地处中原的中华原始文明而言是罕见的动物。“象”字是一种视觉性的呈现，指向事物的外形外表，意在以罕见的动物“象”表示事物呈现的样态。这是一种中国传统的以生命来显示生命的非解说式符号论，它代表中国传统符号论希冀突破语言的规定性阐释模式，也代表中国传统阐释学对符号内蕴的蕴藉含蓄的注重，希求阐释层次的丰富性。在传统哲学的符号还原下能指（即形象）与所指（即形象的精神内涵）本就浑然一体，对于感性生命既要超越又要贴合，所以“象”的外在形象（南越大兽）与其语义（外形相像）同等重要。

形象可以指称人的形象和物的形象。人的形象是人在他人眼中的整体印象，在形成方式上分为直接和间接两种渠道。直接渠道即在面对面的接触和社交活动中通过外貌、服装、言谈举止等外在表现，对他人形成的整体印象；间接渠道则为主体通过道听途说、文字影像等传播媒介对他人形成的模糊印象。受制于人的认识特点和传播媒介的特性，在直接渠道中，主体注重于对他人外形、言行等第一印象的观察；在间接渠道中，他人的气质、涵养等精神特性则更有可能被记忆、总结和传播，传递给他人。但也有许多人物形象通过文艺作品以物化的形式留存，他人通过阅读、学习、鉴赏的方式接触到。人的形象可以是真人留下的印象式形象、原型人物艺术化以后的形象和文艺虚构的形象；物的形象是物体在视觉上的呈现，主要通过如形状、大小、色彩、纹理等外形材质要素进行定义和描述。人的形象具有内在气质与涵养、社会影响等精神性意义，而与人的形象相比较，物的形象具有实用性、客观性等特征，物可以代表文化和象征性意义。但物本身没有精神性，精神性是人的形象所特有的。

在此论述之际，我们有必要对形象与外在表象进行辨析与明确区分，以便对二者进行界定。

形象包含外在表象，即外表，是一个更泛、更综合的概念，包括容貌、体态、服饰等要素组合而成的外表，也包括性格、思想、观念等内涵。形象是一种综合印象，不仅包含外表，也包含精神，更是要通过外表表现精神。虽然在人际交往中，良好的外形条件可以给人深刻的第一印象，但是如果后期交往给人感觉缺少涵养，个人形象不仅会大打折扣，反而还可能招致厌恶。

由此，我们可以提炼出形象的四大核心构成要素：形、行、神、韵。

“形”，指人的外形外貌、外在形象，涉及人的五官、身材、体态、发型、穿搭、妆容等，是形象最直观的表现。每个人的外形条件生来不同，精致的五官、优美的身材固然能给人惊艳的第一印象，但只要做到外形得体整洁，符合场合要求，就能给人留下正面的外在形象。相反，如果过于注重自己的外貌美，盲目追求外表美观，可能会发生审美畸形，也会让人忽视对内在形象美的注意和培养，让自己的形象与美的形象渐行渐远。

“行”，指人的行为举止，涉及语言行动、礼仪礼节、善心善行等，也是直观表现传达个人形象的要素。一个人的言行举止可以透露出人的所思所想，体现一个人的思想内涵境界，留下正面形象。比如在适宜的场合对适宜的对象行适宜的礼节，可以表现对对方的尊重，给人留下谦逊有礼的形象。过于殷勤，则会给人留下行为功利的形象，反之过于疏离也会让人觉得不礼貌。一个多做好人好事的人则能给他人留下善良、热心肠等形象。

“神”，指人的精神境界，包括人的思想观念和精神力量，是个人形象的内在层面，可以通过人的行为举止表现出来，如正直正义的思想观念、丰盈有力的精神面貌可以给人富有生命力、有朝气、有正气的正面形象。此外，个人有个人的精神境界，就有个人的形象。可以说，“神”是形象的基石。

“韵”，指人的内涵神韵，是形象的最高层次，是人精神思想与性格禀赋融合以后呈现于外表的气质，呈现出内外兼修的统一风采神韵。有内涵的人形象有风采神韵，令人印象深刻，念念不忘。古今中外留名青史的形象，无不具有神韵。

综上所述，形象是一个综合性的概念，它通过以视觉为主的方式，向外界传达关于人或物的形、行、神、韵等多重信息，包括直观的外形条件，如容貌和体态等，具体的行为方式，如言谈举止和礼仪礼节，更深入精神内涵层面，如思想观念和精神风貌及内涵修养等。形象是这些要素的综合体现，共同构成了一个人或物在他人眼中的整体印象。

二、什么是形象美

形象美，顾名思义，是人的正面形象给审美主体带来的审美体验，它是一个涵盖美学、心理学、社会学等多个领域的综合概念，通过人的身体和行为，如容貌、表情、仪态、动作等，将个人的内在修养与外貌管理综合呈现，以符号学路径给审美主体以审美体验，是人与物的统一，人与环境、情景的和谐。

形象美自然要涉及形象的方方面面，首先是形美——外观美。如靓丽精致的妆容，在我们原生的外形条件下进行美化，对人的外观美进行修饰提升；如华美精致的汉服，将中华优秀传统文化浓缩为门襟、束腰等突出服装元素，对人的外观美进行文化加持。其次是行美——行为美。如解放军战士们面对装备精良的敌人，毫不畏惧，一次次地发起冲锋，用血肉之躯筑起守护国家的铜墙铁壁；如消防员们不顾个人安危在火海中穿梭，迅速而有序地展开救援行动，他们冲进浓烟滚滚的建筑物，救出被困的群众。然后是神美——精神美。如体现中国共产党在重大历史关头勇于担当、敢于胜利的大无畏革命精神的西柏坡精神之美；如以钱学森为代表的老一辈科技工作者自力更生、艰苦创业，彰显热爱祖国、无私奉献、发愤图强、勇于攀登的“两弹一星”的精神之美。最后是韵美——气质美。如河南洛阳民族舞蹈表演中可见的中华传统文化的神韵之美。

但是，诚如古希腊哲学家苏格拉底的仰天长叹——“美是难的”，美的本质与标准往往扑朔迷离，难以一语道破，形象美亦是难以言诠。古籍中，对形象美的描述既有具体的，又有抽象的。

形象美是具体的，它可以通过描绘人的五官的形状、颜色、样态，人的行为的因果、影响来形容人的形象之美。古籍中形容女性，有《诗经·卫风·硕人》之“手如柔荑，肤如凝脂，领如蝤蛴，齿如瓠犀，螓首蛾眉”，《丽人行》之“肌理细腻骨肉匀”，《洛神赋》之“丹唇外朗，皓齿内鲜，明眸善睐”等名句；形容男性，有《战国策·齐策一》之“邹忌修八尺有余”等例证。不难看出，在具体形容形象美时，因为男性与女性的生理特征和社会身份的不同，审美标准有着明显的差异。男性形象美更看重男性的身高体魄、伟岸气势，而女性形象美更看重五官姣好、身形柔和。形象美也是抽象的，人们描写形象之美时，似乎一定要借助比喻、对比等修辞手法通过暗示，调动审美主体的想象，才能传达形象美的审美效果。古人在评选四大美女时就用“沉鱼落雁”“闭月羞花”来代指，《洛神赋》中写洛神“翩若惊鸿，宛若游龙”，《清平调》《长恨歌》写杨贵妃

“云想衣裳花想容”“回眸一笑百媚生，六宫粉黛无颜色”，《李延年歌》写佳人“一顾倾人城，再顾倾人国”，就连《战国策·齐策一》形容徐公之美都是用对比手法：“明日，徐公来。熟视之，自以为不如；窥镜而自视，又弗如远甚。”

然而，在深入探讨形象美的多维面貌时，我们不得不提及一个微妙而深刻的观察：回顾那些脍炙人口的文艺作品，对形象美的刻画往往游走于抽象与具体之间，二者并非截然可分，恰似光影交错，相互渗透。这种交织不仅丰富了形象的层次，也深刻揭示了形象美所蕴含的复杂内涵——它既是细腻入微、可触可感的具体展现，又是超脱形骸、直指心灵的抽象表达。正是这样的双重特性，形象美能够超越表面的轮廓与色彩，深刻传递出人物的内在气质、深厚修养及独特的风采神韵，成为连接读者与作品灵魂的桥梁。也就是说，形象美必定要传递出人的内在气质、修养和风采神韵。

三、形象美的重要性与提升方法

形象美的重要性由此不言而喻，形象美紧密关联着一个人的综合素质与外在表现。具体而言，一个拥有形象美的人，不仅能够通过其外貌在视觉上直接给予他人愉悦与美好的享受，更能在社交场合中，以其独特的魅力营造出如沐春风般的舒适氛围，使周围人感受到尊重与被重视的温暖。形象美在更深层次上具备触动人心的力量，它能在无形之中影响并提升人的心灵境界，彰显出独特的人格魅力，引发他人的共鸣与感动。并且，一个注重形象美的人，能够借此塑造出既可靠又专业的个人形象，这种形象不仅是对自我能力的有力证明，更是赢得他人信任与尊重的关键所在，从而使其才华与能力得以更加充分地展现与发挥，获得更加广泛的社会认可与赞誉。

因此，我们应该注重自身形象的塑造和提升，内外兼修，成为一个形象美的人。想要提升形象美，必然要在形、行、神、韵上全面发展，做到雅言、美仪、识礼、善心。

（一）雅言

“雅言”出自《论语·述而》：“子所雅言，《诗》《书》执礼，皆雅言也。”指孔子在讲授《诗经》《尚书》和主持礼节时所使用的语言，即官方正式的语言。现代语境下的“雅言”是指得体文雅的言辞，包括优美的语音语调、恰当的词汇选择、清晰流畅的表达和对话题的尊重理解。雅言能体现个人的文化修养和内涵，是一种重要的社交素质。

言辞作为个人形象的首要展现，是人际交往中不可或缺的桥梁，它不仅承载着沟通交流的功能，更是情感传递的细腻媒介。恰当而文雅的表达方式，如同精致的窗棂，让个人魅力与素养得以充分展现，有效促进人与人之间的理解和亲近。

这样的言辞艺术，不仅能够细腻入微地表达情感，深化彼此间的情感联系，更能在无形中增强人际关系的韧性与温度。它要求我们在交流中注重措辞的得体与雅致，这不仅是对自身修养的一种体现，更是对他人感受的深切关怀与尊重。

此外，言辞训练能使个人的逻辑思维与语言表达能力得到显著提升，促使我们在表达思想时更加条理清晰，确保信息的准确传达，从而大大提高沟通的效率与质量。这种能力的提升，无论是在职场交流还是在日常生活中，都将成为我们宝贵的财富。

更为重要的是，得体文雅的言辞还映射出个人行为规范与道德修养的高度。它如同一面镜子，反映出我们对待他人的态度与方式，展现了尊重、理解和包容的价值观。这样的言行举止，有助于我们在社会中树立良好的形象，形成积极正向的社会行为习惯，进而促进社会的和谐与稳定。

古语有言“与人善言，暖于布帛；伤人之言，深于矛戟”；现代将“雅言”进一步扩展为情商的重要表现。同一个事情，高情商的表达往往使我们的形象更为美好。言辞的力量不可小觑，雅言不仅是个人形象的亮丽名片，更是推动社会文明进步的重要力量。

那我们如何才能做到雅言呢？

首先，我们应从基础做起，学习并遵循语言规范，这包括在日常交流中自然而然地使用礼貌用语，同时坚决避免粗俗言辞的出现。

其次，我们应当调整语速以适应不同的语境，确保信息既能清晰传达，又能体现对他人的耐心与关注。敏锐地察觉并适应不同的说话语境，从而在交流中展现出恰到好处的分寸感是言辞得体的重要体现。

最后，在表达个人观点时，我们应当既不因过于保守而错失交流中的亮点，也不因过于直接或尖锐而无意中伤害到他人的感情。这需要我们在深思熟虑后，以温和而坚定的方式阐述观点，让对话在尊重与理解中顺畅进行。同时，情绪管理也是语言表达中不可或缺的一环。我们应当学会在表达时控制情绪，避免在激动时口不择言，以免无意中造成伤害；同样，也要防止因情绪低沉而显得态度敷衍，这样的态度同样会削弱沟通的效果。通过保持情绪的平稳与积极，我们能够更好地传达自己的想法，同时也为对方营造一个舒适、安全的交流环境。

综上所述，通过学习语言规范，使用礼貌用语，调整语速，清晰认知社会角色，注意说话语境，适度表达观点及控制情绪，我们能够在日常交流中展现出更高的语言素养与人际交往能力，促进更加和谐、有效的沟通。

（二）美仪

美仪是指仪态、举止等外在行为表现优美得体，它涵盖了一个人在社交场合中包括眼神、表情、动作、手势、姿态、穿着等要素的各种非语言行为。优雅得体的仪态要求外形干净整洁，穿着合适得体，眼神表情温和友好，手势动作自然得体，行为从容不迫、落落大方，不扭怩作态。

当我们深入探讨优雅得体、落落大方的仪态举止时，不难发现，这不仅仅是一种外在的展现，更是内在品质与修养的自然流露。它作为对他人尊重的直观体现，深刻反映了一个人的教养内涵和文化底蕴。

首先，优雅得体的仪态能够显著提升个人魅力，如同磁石般吸引他人的目光与好感。这种魅力源自自信与从容，让人在初次见面时便能留下深刻而美好的第一印象。

其次，良好的仪态、举止可以进一步促进和谐交往关系的建立。它营造出一个温馨、舒适的相处环境，在这样的环境中，人们更容易敞开心扉，进行真诚而深入的交流。

再次，优雅得体的仪态还构建了一个独特的个人形象符号，这种形象符号不仅代表了个人的风格与气质，更在一定程度上反映了个人的价值观与追求。在职场上，这样的个人形象无疑为职业发展铺平了道路。它能塑造可靠、专业的职业形象，让你从同事中脱颖而出，赢得更多的信任与机会。

最后，在国际交流的舞台上，优雅得体的仪态更是展现国家、民族形象的重要窗口。它如同一张亮丽的名片，向世界展示中华民族的优秀文化与礼仪之邦的风范，为传播中华文化、弘扬民族精神贡献力量。

综上所述，优雅得体、落落大方的仪态举止对于个人成长、社会交往、职业发展及国际交流等方面都具有深远的影响。因此，我们应当高度重视并努力培养这一良好的仪态习惯。

那么，我们怎样才能做到美仪呢？

首先，我们需要意识到自身行为举止在社交中的重要性，这一自省的过程，是迈向个人形象提升的第一步。基于这样的认识，我们开始从细节处着手，关注着装的选择与整洁。在不同的社交场合，选择合适的着装不仅是对主办方的尊重，更是对自我形象的精心打造。这要求我们要根据场合的正式程度、文化背景及个人风格，挑选出既得体又彰显个性的服饰，同时保持衣物的整洁干净，让自己在任何时候都能以最佳状态示人。

其次，我们应当认识自己的外貌与身材特点。每个人都有其独特的魅力所在，我们应学会如何根据自己的面部特征、身材比例及个人气质，进行有针对性的形象设计，使得自己的形象能在最大程度上利用自己天然的外形优势，扬长避短，达到仪态优雅美丽的效果。

最后，我们应当时刻留意自身的行为表现，致力于做到言谈举止温文尔雅，以理性和文明的方式表达我们的观点，避免出现不雅的言语和行为。这样的行为方式，不仅有利于塑造个人优雅得体的形象，更能推动社会整体的和谐与发展。

综上所述，意识到自身行为举止在社交中的重要性，并付诸实践去改善和提升，是我们每个人都可以做到的。选择合适的着装、注意社交距离与尺度、优化自己的外貌与身材特点，不仅能使我们赢得他人的尊重与好感，更能在社交场合中展现出自信、从容与优雅的风采。

（三）识礼

礼是中华文化的重要范畴。作为形象美的要素，识礼指的是在人际交往中讲文明、懂礼貌，表现出对对方的尊重，知晓并理解在不同的场合中应遵守的行为规范，遵循礼节，谦逊有礼。识礼不仅仅是外在的行为规范，更是内在修养的体现，一个识礼的人往往被视为有涵养而受人尊敬。在现代社会，识礼也是评价一个人社交能力和社会适应能力的重要标准。

礼仪礼貌，是教育和修养的外在直观体现。通过展现礼貌行为，我们不仅能够向他人传递出尊重与认可的信号，还能在无形中提升个人魅力，赢得他人的尊重与好感。试想，当每个人都以礼相待，社会将充满更多的温馨与和谐，整体氛围也将因此变得更加美好。

而在这个日益国际化的时代，了解并尊重不同文化背景下的礼仪规范显得尤为重要。它如同一把钥匙，能够打开通往不同文化世界的大门，使我们在跨文化交流中更加得心应手，减少误解与冲突。通过学习和实践这些礼仪，我们不仅能够增进对不同文化的理解和尊重，还能在更广阔的舞台上展现自己的风采与素养。

此外，礼仪礼貌还是文化传统的重要组成部分。它们承载着历史的记忆与民族的智慧，通过一代又一代人的传承与发扬，成为连接过去与未来的桥梁。当我们以虔诚之心践行这些礼仪时，实际上也是在向传统致敬，为文化的传承贡献自己的一份力量。

那么，我们怎样才能做到识礼呢？

首先，我们需要广泛了解并学习各种情境、场合下应当遵守的礼仪规范。这包括但不限于社交礼仪的温文尔雅、商务礼仪的专业严谨及餐桌礼仪的细致入微，它们共同构成社会交往的基石。我们还要严格要求自己，进行系统的礼仪训练，这不仅能够使我们的举止更加得体，还能在无形中提升个人魅力。

其次，我们应当定期审视自己的日常行为，不仅要注意语言上的文明礼貌，更要细心琢磨非语言沟通的艺术，如肢体语言的自然流畅、面部表情的真诚友好，以及眼神交流中传递出的尊重与关注。这些细节往往能在不经意间拉近人与人之间的距离，营造出更加和谐融洽的交流氛围。

最后，我们应当清晰认知自己在社会中所扮演的角色，并据此调整自己的言行举止，这是展现良好礼仪修养的关键。我们应当学会尊重他人，无论其身份地位如何，都应以礼相待。一旦意识到自己的行为可能给他人带来不便或冒犯，应及时诚恳地道歉，这不仅是个人素养的体现，也是构建和谐人际关系的重要一环。

综上所述，通过不断学习、严格训练、深刻反思及明确角色定位，我们可以逐步提升自己的礼仪修养，完善自己的个人形象。

（四）善心

善心是指一个人内心充满善意、同情和关爱，愿意帮助他人，关心社会和环境，心怀天下。一个人如果能将这种善意的心态付诸行动，通过实际的善心善行帮助他人，不仅个人形象和社会地位将被提升至新高度，还能促进社会和谐发展与繁荣。

形象美并非仅仅局限于外在形态的优美，更深层次上，善良助人的行为同样能够塑造出令人难以忘怀的个人形象。这种内在美不仅温暖人心，还能在更广阔的层面上，绽放出独特的光彩。

例如，我们发现，员工作为企业最直接的代表，他们的个人行为举止往往成为外界感知企业文化的重要窗口。员工个人的善心善行，如同涓涓细流汇聚成海，能够生动展现企业所倡导的价值观与道德风貌，从而构建起积极、正面的企业形象。这种良好的企业形象，不仅是企业软实力的重要体现，更是提升企业在市场竞争中影响力与吸引力的关键所在。进一步而言，当企业通过员工的善心善行传递出正面的社会形象时，这种积极的社会反馈又会反过来作用于企业本身，促进其生产力的提升与影响力的扩大。企业因此能够吸引更多志同道合的优秀人才加入，形成良性循环，最终惠及全体员工。同时，对于那些在善行中做出突出贡献的员工个体，企业应当给予充分的表彰与奖励，这既是对他们个人行为的肯定，也是激励全体员工继续践行善举、共筑美好企业形象的有效手段。

对于社会和国家而言，个人的善心善行在维持社会稳定的同时，也树立了良好的个人形象。因此，国家和社会总是会表彰这些善心善行之人，希望通过他们良好的个人形象的影响力，塑造出一个更加美好的社会。其中最典型的例子之一是张桂梅的故事。出生于东三省的她从小便追随参加“三线建设”的姐姐来到西南，投身教育事业后在滇西贫困地区四十年如一日地教育扶贫、奉献自我，帮助乡村女孩获得知识、走出大山。她坚信“一个女孩可以影响三代人”，担起教育扶贫的社会责任，誓要从根源上改变贫困和愚昧。她的事迹影响和激励着人们以善心善行奉献社会。她的个人形象和她的形象美都建立在她的善心善行中，她因此受人景仰，入选“感动中国年度人物”，被授予“七一勋章”，获得“全国道德模范”称号。黄文秀的故事同样值得人们铭记于心。黄文秀在北京师范大学硕士毕业后，放弃大城市条件优渥的工作机会，选择来到贫困山区带领村民开展脱贫攻坚的工作。工作中，黄文秀身先士卒、勇于担当、无私奉献，这些奉献行为塑造出一个大学生村官无私为民的美好形象。2019 年 6 月 17 日，黄文秀在扶贫工作途中不幸遇难，她的牺牲精神将她的形象美提升到了一个新高度。

那么，我们怎样才能做到有善心呢？

首先，在培养个人品德的征途中，我们不仅要深化内心的善念与同情，还需要将这些美好的情感转化为实际行动的指南。正如我们致力于培养善心、同情心与同理心，这些细腻与深刻的情感，促使我们更加敏锐地察觉他人的情感需求，学会以一颗包容的心去接纳和理解这个多元的世界。在此基础上，坚持严于律己、公正无私的原则，时刻审视自我，确保每一个决策与行为都能经得起公益的考量，避免任何形式的自私自利对他人或社会造成伤害。

其次，我们要将目光投向更广阔的社会舞台，关注那些亟待解决的问题与挑战。我们认识到，真正的善行并不在于其规模的大小，而在于那份持之以恒、细微之处的关怀与付出。因此，我们鼓励自己及他人，勿以善小而不为，从身边的小事做起，将每一次的帮助与关爱视为对社会的一份贡献。

最后，通过日复一日的善行实践，我们不仅能够温暖他人的心房，更能激发周围人的善意与正能量，逐渐构建起一个充满爱与和谐的社会环境。这样的社会氛围，将激励更多人投身于公益事业，共同推动社会向着更加光明、公正的方向迈进。

任务二　什么是形象美学

一、形象美学的概念内涵

形象美学是从人出发，围绕着人的形象美，从人的外表逐渐探索人的内在性格、气质、修养是否统一、如何统一的学科。形象美学理性、系统地分析形象美的各个要素之间的关联性，旨在从学理角度分析理解形象和形象美，探索如何提升个人形象、丰富形象美感。

作为一个独立的学科体系，形象美学起源于西方，于1998年引入中国，但形象美学在中西方都有深厚的文化渊源。现代形象美学吸收了中西双方的文化传统，融合了社会学、美学、心理学、管理学等学科成为一门综合性的精神文明学科，致力于科学地帮助人们由内而外地认识、探索、接纳、改变自己，也广泛地应用于个人形象的设计和塑造。

形象美学的独特魅力源自其显著的跨领域性、深刻的符号性及丰富的文化性。

所谓跨领域性，是指形象美学超越了单一的服饰搭配范畴，构建起一个全方位的系统框架，它以人为核心，深入探索个人表象、内在特质与服饰间的微妙关系，旨在达成三者间的高度协调与美学和谐。现代形象美学巧妙地将心理学洞察、艺术审美视角及社会趋势分析融入其中，通过跨学科知识的综合运用，促进个人内外兼修目标的实现。

所谓符号性，是指形象美学作为一种非言语的沟通媒介，借助视觉形象作为载体，传递深层信息，抒发真挚情感。精心打造的形象如同身体上的艺术画卷，展现出强烈的视觉吸引力和感染力。形象美学的影响力远不止于外观的悦目，它深刻触及个人的心理状态与情感层面。一个恰当的形象设计能够激发个人的积极能量，显著提升自我认同感和幸福感，成为心灵成长的助力。

所谓文化性，是指作为现代学科的形象美学尽管来源于西方，但在全球范围内的发展轨迹呈现出多样化的特点，蕴含着丰富的文化内涵与历史底蕴。在全球化的时代背景下，形象美学积极拥抱来自不同地域、不同民族的文化元素，实现了文化的广泛交流与深度融合。这一过程不仅极大地丰富了形象美学的表现形式，更促进了多元化风格与特色的形成，展现了其开放包容、兼收并蓄的文化态度。

综上所述，这些特性共同铸就了形象美学的独特魅力和深远价值，使之成为连接个人内外、跨越文化界限的重要桥梁。

二、形象美学的文化渊源

形象美学在东西方文化中均拥有深厚的根基。在中国，自古便崇尚修身养性，至魏晋时期，人物品藻蔚然成风，不仅关注外在形象，更重视内在气质与风度的展现。而在欧洲，贵族阶层同样追求形象的华美，这种追求不仅体现在服饰的精致与奢华上，还深入举止言谈、礼仪风范等方方面面。

早在古希腊罗马时期，西方人就已经十分注重个人形象的营造和展示。奥林匹克运动会上的运动健儿们比赛时既是在较量运动技能，也是在展示自己的健美身体和身姿，古罗马的人体雕塑亦追求这种健美丰盈的人体形象之美。在苏格拉底等哲学家看来，体育锻炼等强健体魄之事是追求美的关键所在，十分重要，苏格拉底的弟子亚里斯多克勒斯甚至因其强健的体格而得名“柏拉图”。以和谐为美的古希腊人自然不是单独追求外形美，内外兼修才是他们追求形象美的题中应有之义，对希腊和罗马人而言，外形要健美，思想要深刻，言行要优雅，服饰言行都要合乎规范，要有场合意识。古罗马贵族非常注重礼仪和服饰的规范，他们常穿着华美的加托长袍，根据不同的宴饮场合更换不同的饰品，严格遵守相关礼节以显示自己的尊贵和对他人的尊重。

罗马帝国灭亡以后，从法兰克王国分裂出的西法兰克王国继承了希腊和罗马的文化传统和底蕴。随着经济的崛起，法兰西帝国也愈发文化自信，法国贵族与宫廷愈发注重个人形象的塑造，具体表现在严格细致的礼仪、规范华美的服饰和文艺素质的培养。在礼仪上，法国贵族要求十分严格，对礼仪的分类也十分详细，宫廷社交中如何穿着、行礼、座次，用餐时如何使用餐具，用餐的顺序如何，舞会上如何选择舞伴，如何谈吐，都有严格的规范。贵族们从小就在学习、训练礼仪，以求在宴饮中展现得体优雅的个人形象，体现对权力和地位的尊重。在服饰上，宫廷贵族服饰华美考究，搭配得当，不同的场合也对应不同装束，方便在不同的情境下展示形象美。尽管不同时代流行的风格不同，但无论是巴洛克或洛可可抑或其他风格，都以华美夸张的形式展示身体和仪态的魅力，成为展示个人品位和社会地位的重要方式。在文艺素养上，宫廷贵族从小就接受各种文艺教育和训练，尤其是舞蹈，不仅可以锻炼仪态美，也能涵养身心，还是舞会社交的必备技能。除此之外，贵族们还有赞助艺术家的传统，以此来博得慈善、文化素养高的形象美名。正因为对形象美的严格要求，法国才得以在近代欧洲获得最受尊敬的地位。

中国传统文化中也不乏对形象之美的注重，具体而言有儒家的修身传统与魏晋人物品藻传统。

先秦儒家经典《大学》中就有对君子“修身、齐家、治国、平天下”的要求，孟子更有“配义与道”的“养气”之说。在儒家看来，修身是个人成长的起点，学习知识，锻炼意志，培养道德操守，努力使自己的内心修养达到圣人境界，才能在外表形态、行为处事上表现出君子之态、王者之风。

儒家修身传统强调的是道德品质的学习和修养，强调个人的道德品质在社会和政治生活中的影响力，认为个人修养的提升有助于社会整体的进步；道家强调贴近自然、无为而治。二者的思想共同塑造了儒雅随和、彬彬有礼的中国士大夫形象。相对而言，魏晋风度和人物品藻传统更加在意的是人的本质力量和生命精神的释放和肯定。

汉末以来持续动乱，人们在频繁直面死亡、明白死亡无可避免的情况下，逐渐明白生死才是人生的真相。一方面，人们将对生命与死亡的思考深入更加形而上的层面；另一方面，在文艺和形迹上展现出对生命无限的热爱与留恋。因此，那些行事极具生命美感的“狂人”们得到人们的称赞。此外，曹魏政权在政治上实行九品中正制，根据人的“品第”来选拔官员，更加促进了社会上对人进行评鉴的风气，刘劭的《人物志》、刘义庆的《世说新语》都是这种历史环境下的产物。

比起人物的外观美，魏晋人物品藻传统更在意人物的神韵美，在意人的气韵、格调、风采神韵，并要求这种内在的神韵美能通过外表形体展现出来，即追求“风度”。白若敷粉、顾影自怜的何晏固然令人艳羡，乘兴而来、兴尽而归的王徽之更令人啧啧称奇、拍案叫绝。这种对生命本真和生命力的审美探寻提升了视觉趣味的层次，提出了新的审美观看方式。于是作为美学原理的“以形写神”“气韵生动”便在这个时代被提出来，追求一种超越物质的精神形态美，形成一套复杂而独特的审美标准和评价体系，深刻影响了往后的中国传统形象美学，推动了艺术创作的发展和文化传承的繁荣。

无论是修身传统还是人物品藻，中国美学注重人物内在的精神品质，强调超越外形外貌的传统总是十分明显。这是因为中国传统的“象”论符号学给中国文化带来了一套要求注重精神内蕴、阐释空间与层次的思维认知方式及符号创造与阐释原则。“象”论由《易经》而来，以分类为原则划分八卦，八卦触类旁通而生六十四卦，象在卦中，以一种生命式的符号同卦爻一起展现宇宙万物生生之气力。诞生于这样一个哲学体系的“象”，因为卦爻符号可以推而演之至无限，所以象之意是无限的、不能穷尽的，任何规定性的阐释都无法完整将其表达。况且，卦爻的阐释方式向来都是在研究如何开拓丰富的意义空间，以求“象外之象”“韵外之致”。因此，中国传统的“象”论符号学更在意的不是符号能指的清楚明白，而是符号所指的巨大意义空间。立“象”是为了尽“意”，意越丰富，层次越多，张力越大，象便越成功。反映到形象美学上，就呈现为对内在精神力量的重视。这种重视在儒家审美社会学中展现为对道德力量和道德审美性的注重，在魏晋时期人的觉醒的背景下则反映为对人的内在生命力外放的赞许。

三、形象美学的多重境界

无论是从形象美学的文化渊源还是形象和形象美的要素来看，形象美学的目的都不仅仅局限于研究和分析如何才能做到在穿衣打扮等外形美上更胜一筹。形象美学有自己的境界，希求通过对形、行、神、韵的美学塑造达到得体、美观、风格和修养的境界。

（一）得体

得体是指形象与场合、文化和个人身份的匹配，展现出恰当的自我，影响着个人在社会交往中的信任度、尊重度及社交魅力，表现个人良好的自我控制能力和社会适应能力。

得体的形象不仅是一个技能，还是一种态度，它反映了个人的教养和对自己形象的重视。急躁、不得体的人可能会给人留下不良印象，而得体的人则更容易赢得他人的尊重。在社交中，得体的服装能够帮助人们建立自信，在各种场合下都能保持镇定自若的心态，举止优雅得体。得体的举止和适当的服装能够让人感到舒适，减少社交压力，从而提升社交魅力。得体的形象能够让人更容易获得他人的信任和尊重，塑造良好的第一印象，而第一印象的好坏往往决定了后续交往的成败。所以得体的个人形象在社会交往中十分重要，是形象美学的基本境界。

总之，得体的形象是个人在社会交往中的一张名片，它不仅能够提升个人的自信和尊严，还是成功社交和人际交往中不可或缺的因素。

“程门立雪”的故事值得学习。北宋时期以才华横溢著称的学者杨时和游酢为了求学，不惜冒着严寒大雪去拜访老师程颐。当他们到达时，发现老师正沉浸在梦乡之中，于是他们选择了在门外静静守候，不去冒昧地打扰老师休息。这种尊师重道的得体举止成为后世广为流传的典范。得体的行为举止，往往能够赢得他人的尊重和好感，促进社会和谐与文明进步。在杨时的例子中，他们的行为不仅使自己获得了程颐老师的赞赏和教诲，更为后世树立了尊师重教的良好典范，激励着无数学子在求学道路上保持谦逊、尊重师长、勤奋好学的态度。

因此，我们应当从杨时、游酢的行为中汲取精神营养，不仅在学术上追求卓越，更要在行为举止上做到得体、尊重他人，共同营造一个和谐、文明、进步的社会环境。

（二）美观

美观超越了形象美学的基本要求——得体，是形象美学的进阶境界，它追求视觉和感官上的吸引力，还涉及文化、心理、情感等多个层面的体验。不同的人由于审美观念、文化背景、生活经历等方面的差异，对同一事物的美观评价也可能有所不同。

中国传统形象美学在强调内心世界的丰盈与修养的同时，也从未忽视对外观美丽的追求与注重。且不说在民众中口口相传而形成的“四大美女”的传说，《世说新语》里也流传着许多中国古人追求美观的例子。例如《世说新语·容止》记载了“敷粉何郎”的故事。这一故事描述了何晏因面容白皙，被魏明帝曹叡怀疑其脸上涂抹了白粉。为了验证这一点，魏明帝特意在夏日赏赐何晏热汤面吃，使其大汗淋漓。何晏用衣袖擦汗后，脸色反而显得更加白皙，从而证明了其肤色是天生如此，并非敷粉所致。肤白貌美的何晏居然能因此招致皇帝的嫉妒，可见时人对于美观的追求。而《世说新语》中形容女性美丽的故事，最为著名的莫过于关于桓温之妻南康长公主与李氏的故事。传说南康长公主十分善妒，有一天知道了丈夫秘密将俘虏来的成汉皇帝之妹李氏纳为妾室，便心生嫉妒，手提刀剑便要杀了李氏。当南康长公主冲进李氏的屋里时，只见李氏正在梳妆台前梳头。“发委籍地，肤色玉曜”，见到此等命运多舛的美人，公主只能扔下刀剑，上前抱住李氏，对她说我看见你都感到怜爱，何况是我家的那个老头呢。这便是成语“我见犹怜”的出处。

追求美观与年龄无关，任何年龄都有爱美的权利，无论处于哪个年龄段，个体都能够通过学习和实践提升自己的形象美学素养，展现独特的魅力与风采。如某著名歌手在条件逐渐优渥以后，就请了专门的形象管理团队，摆脱了之前其被嘲笑的形象。

追求美观与性别无关，任何性别都有追求美丽精致的权利，并不像社会刻板印象所认为的美是女性专利。现代形象美学认为男性同样需要注重形象美学的修养与提升，展现出独特的个人魅力与风采。

（三）风格

风格是形象美学的高等境界，能体现独特的审美追求和个性表达，展现出独特的个人魅力与风采。

追求有风格的形象美与年龄无关。形象美学认为美是跨越年龄界限的，任何年龄都有属于自己的美的风格，有独特的个人魅力和韵味。年轻人青春活泼、热情洋溢，可以追求时尚前卫的造型风格，展现自己的个性和活力。中老年人注重优雅稳重的形象风格，保持整洁的仪容仪表、稳定的情绪状态和优雅的谈吐。但是我们也有权利去包容、欣赏、追求在社会认可中属于其他年龄段的风格。年轻人也可以喜欢庄重的形象风格，老年人也可以追求俏皮活泼的形象风格，重要的是找到自己喜欢的合适的风格，并在此基础上不断自我完善和自我提升。著名话剧演员吴彦姝等人就视皱纹为“岁月的礼物”，选择根据年龄来追求相应的风格，热烈地生活，优雅地老去。

追求有风格的形象美与性别无关，任何性别都有属于自己的美的风格，如认为女性以柔和为美，男性以粗犷为美。

不过，个人形象风格固然是个性气质、爱好追求的体现，但作为社会和集体的一分子的我们，有着自己相应的社会身份和维护社会身份形象的义务。在承担社会身份责任时，我们当然也要注意社会身份应当持有的形象风格。例如作为教师，着装要端庄得体；作为中小学生，上学要穿校服；作为应聘者，面试时不要穿吊带裙等服装。这不仅是我们应尽的义务，在工作、面试中，营造符合社会身份的形象风格能给对方留下“你作为你的社会角色十分称职”的印象，有利于个人的社会性生活。

（四）修养

古人常说，“腹有诗书气自华”，就是在强调一个人的内心因为修养而丰盈，内在气质就会自然地显现出于外表，可见修养对个人形象的重要性。

中国古典形象美学对修养最典型的要求莫过于“君子六艺”。

“君子六艺”是中国古代儒家教育体系里对君子应掌握的六种基本技能和知识体系的总称，是儒家美学中对人的修养培育的分类，分别为礼、乐、射、御、书、数。六艺涵盖道德修养、艺术审美、军事技能、文化知识等方面，不仅能提高个人的内在素质，还能够增强个人的外在表现，从而在社交、情感、身体、文化、逻辑思维和解决问题能力等方面展现出优秀个人形象，使得个人形象更加立体，形象美感层次更加丰富。礼是人伦规范，可以塑造品德和社交形象。习礼可以知规明矩，培养人的道德观念、社交能力和尊重他人的品质，使人展现出优雅得体的社交形象，在社会中赢得尊重和信任。乐与书都是文艺素养，能够提升人的审美观念和文化修养，培养出高雅的审美品位和细腻的情感表达能力，展现出审美素养高的个人形象。射指射箭，既是军事技能也是体育锻炼。习射需要高度的集中力和耐力，通过不断的练习可以锻炼专注力和意志力，锻炼身体协调能力，强健体魄，展现出健康有朝气的形象。御是驾驭马车的能力。习御可以锻炼人对世事的计划排布，培养责任感和担当。数指数学计算，但不仅限于数学计算，它更是一种逻辑思维的方式和能力。习数能够培养逻辑思维能力和分析问题能力，使人面对复杂情况能够沉着应对，展示出理智、可靠的个人形象。

中国古典形象美学的象意关系传统，使得人们更注重个人形象所代表和传递出的范畴和精神，相对而言对于外在形象并不过于在意。相比而言，西方古典形象美学虽然也同时注重形、行、神、韵，但是更注重外形的得体、好看与华美，体现贵族的地位与精神，典型代表便是欧洲宫廷文艺礼仪训练。欧洲宫廷注重礼仪、体态、乐舞的培养，使人的礼仪得体，即体态端庄，舞姿优美，看上去华丽好看，显得有教养，显示贵族身份和高贵的地位。虽然西方更看重外形美，但也对内在进行学习教育；东方虽注重内在美，但也不忽视外形。不论古今中外，培养形象美都还是讲究内外兼修，而且都十分注意文艺修养。

那么，文艺修养与个人形象的培养究竟有什么样的关系呢?

首先，文艺修养可以提高我们的表达能力。通过文艺学习和实践，我们能够掌握更加精准、形象的语言表达方式，也能做到用图像、音乐等其他媒介进行表达和交流。这不仅有助于在学习和工作中更好地沟通交流，还能在社交场合中大放异彩，提升我们的自信心，使我们获得较大的个人气场，提升个人形象。

其次，文艺修养可以提升我们的审美素养。文艺是文化的重要载体，是美的集中体现，通过接触和学习可以提升自己的文化素养，培养出敏锐的审美眼光和独特的审美趣味，在言行举止上展现出一种深厚的文化底蕴和个人修养，从而提升个人形象的美感。

最后，文艺修养可以丰富我们的内心世界。文艺修养能丰富和充实人的心灵，从内心深处真正体会不同的情感境遇和人生哲思，对世情事理有切肤的体会、独到的见解和包容的心态，这种内心世界的丰盈自然会流溢于外在，助益个人形象美感的提升。

哲学的研修和文艺的训练使苏轼在思想上融儒、释、道于一体，面对人生坎坷时始终乐观旷达，为官仁政爱民，令他的个人形象之美流芳百世。还有老舍，精通各种艺术门类，对世间事物都有着浓厚的兴趣。他幽默、风趣，这种在文艺修养中培养起来的气质反哺他的文艺创作并与他的文艺作品一起塑造出了其才华横溢、风趣幽默的形象。

文艺学习、训练和修养会完善你的思想人格，激发你的内在气质，使你的精神生命强大起来，通过外表和外在行为便能对你的内在有初步了解，让你有真正个性化的形象美。

任务三　作为符号的形象美学及其作用

符号是由能指和所指组成的媒介系统，具有象征性、审美性和表达性，通过作为能指的艺术形象，以象征、暗示等指代方式指向文化、意义等所指。符号体现的是人与世界的关系，是人对意义的追求。

当我们将这一理论框架应用于“形象”这一概念时，可以发现形象同样能够承载符号的功能。形象，无论是个人形象、集体形象还是品牌形象等，都是通过一系列视觉、听觉或其他感官元素构建而成的。这些元素作为能指，不仅展示了形象的外在特征，更重要的是，它们通过象征、暗示等手法，指向了更为深层的文化内涵、价值观念或情感诉求等所指。

因此，形象的营造过程实际上就是一个符号化的过程。在这个过程中，设计者或传播者通过精心挑选和组合各种符号元素，来塑造一个具有特定意义和情感色彩的形象。这个形象一旦形成并被公众所接受，就能够成为一种具有广泛影响力的符号，承载着特定的文化、价值或情感信息，并在社会生活中发挥重要的作用。

一、作为符号的形象美学类型

（一）个人形象符号

对外，个人形象可以作为身份的标识，传达自己的社会角色和职业属性。个人形象可以作为符号呈现自己的个性品位、文化认同和价值取向。对内，个人形象的营造过程也是自我认知的过程，通过认识自己的形象，打造适合自己形象的美学风格，可以更加深入地了解自己，建立自信，探索自我存在的价值和意义。因此，个人形象也可以承担符号功能，可以被当作符号加以营造。

而要塑造好个人形象符号，最重要的就是要保证能指与所指之间的指向性能够被搭建。因为个人形象符号不像文化符号，没有约定俗成的性质，我们只能通过统一性搭建这种指代关系。这种统一性不仅要作为能指的形象与作为所指的精神统一，即做到内外兼修，还要个人外貌形象保持统一的风格，并且在统一的风格上提升美观性。

营造自己独有的个人形象符号。例如，某主持人虽然不近视，但他通过佩戴镜框塑造自己有文化的个人形象符号，常年留着的胡子也是他的突出标志，将胡子、眼镜与文化人三个符号深深绑定，形成了一个典型的罗兰·巴特神话符号模型。

（二）集体形象符号

集体形象与个人形象相似，同样承载着丰富的符号功能。这些符号不仅代表了集体本身的外在表现，它们还在更深层次映射出集体的理念、价值观、文化氛围及成员间的共同追求和认同。

班级形象是学校中最小但最基本的集体形象之一。它通常通过班级成员的行为举止、学习成绩、班级活动、班级文化来展现。一个积极向上、团结友爱的班级形象，能够激励成员努力学习、相互帮助，同时也给外界留下良好的印象。学校形象则更为广泛和深远，它涵盖了学校的办学理念、教学质量、师资力量、校园环境、学生综合素质及校园文化等多个方面。一个优秀的学校形象，不仅能够吸引优质的生源和师资，还能够提升学校的知名度和美誉度，为学校的发展创造更多的机遇和空间。企业形象在商业领域尤为重要，它直接关系企业的市场竞争力、品牌价值及消费者的信任度。企业形象通常通过企业的标识、视觉识别系统、广告宣传、产品质量、服务态度、企业文化等方面来塑造。一个正面的企业形象，能够增强消费者的忠诚度，促进产品的销售，同时也能够为企业带来更多的商业合作和发展机会。

这些集体形象之所以能够成为具有符号功能的载体，关键在于它们能够成功地将抽象的理念和文化转化为具体可感的形式。通过这些符号，人们能够直观地感受到集体的精神风貌和价值取向，从而产生共鸣和认同。同时，这些符号也成为集体与外部世界交流的重要媒介，帮助集体在更广阔的范围内传播自己的理念和文化。

（三）商业形象符号

1. 品牌、产品代言人形象

形象代言人有广义和狭义之分。狭义的形象代言人是指企业、集体培养和邀请的，以其形象气质代表品牌，为品牌提升销量和扩大影响力的人；广义的形象代言人是指个人身上的集体身份、社会身份所承担的代表自己集体和社会属性的功能。无论是广义还是狭义，形象代言人都起到一个符号的作用，作为能指指向所指。形象代言人能代表品牌给大众留下好印象，引发和加深大众对品牌的情感共鸣，提升品牌高度，扩大品牌的影响力。代言人形象要做到与品牌形象的一致性。作为品牌形象的一部分，视觉形象需要与品牌的美学理念保持高度一致。这种一致性体现在色彩、风格、气质等多个方面，以确保品牌形象的整体性和连贯性。

例如，某些品牌往往会选择形象优雅、气质高贵、功成名就的代言人，以体现这些品牌的奢华与尊贵，而年轻时尚的品牌则倾向于新潮、有活力、有个性的形象代言人。除此之外，形象代言人也要有自己额外、独特的个性特点、为品牌形象增添魅力。最重要的是，形象代言人必须保持正面的、良好的公众形象，有义务避免对品牌形象造成伤害。品牌形象的美学理念也为代言人形象的塑造提供重要的指导和支持。

2. 明星形象

明星形象是指公众对娱乐界、体育界或其他知名人士所持有的整体印象和认知。这种形象不仅仅基于他们的专业技能，还涉及他们的外貌、言行举止、个人品德、社交活动、媒体曝光及公众对他们的评价和看法。明星形象具有典型的符号性质，这一性质体现在视觉符号的显著性、角色与形象的符号化、社会意义与象征价值、媒体与公众的共同建构及商业价值的体现等多个方面。这些符号性质使得明星形象在社会文化领域中具有独特的地位和价值。明星形象在市场需求、商业价值、包装与营销及商品属性的体现等方面都表现出典型的商品性质，典型代表有体育明星形象和文艺明星形象。

体育明星形象是一个多维度、多层次的概念，它受到专业技能、个人品质、外貌形象、社会影响力和媒体呈现等多个因素的影响。为了塑造和维护良好的体育明星形象，运动员需要不断提升自己的专业技能和个人品质，同时注重与媒体和社会的互动和沟通，其中最重要的是要保持形象符号指向阳光、健康向上的体育精神。

相较于体育领域的明星，文艺界明星的形象塑造及其所蕴含的意义展现出了更为丰富的多元化特征，这一特点也使其形象符号的构建与市场推广过程变得更为复杂与具有挑战性。尽管如此，在这一领域内实施形象塑造与营销策略的方法论与路径框架，依然是相对明确且存在一定共性的。

文艺明星们主要是通过风格统一的视觉形象管理和感染力强大的成长故事塑造个人形象，借此，文艺明星们通过将自己的个人形象与复杂的所指序列联系起来，组成一个独特而复杂、有无穷阐释性的形象符号。这种形象符号具有巨大的阐释学的吸引力，是明星形象吸引力的重要来源之一。

二、作为符号的形象美学要素

在形象符号美学的要素中，直观性、统一性和故事性构成了核心框架，它们共同作用于符号的创造与解读过程，使形象不仅仅是视觉上的呈现，更是意义与情感的载体。

所谓直观性，指的是符号（尤其是视觉符号）能够直接作用于人的感官，无须复杂的中介过程就能被迅速识别和理解。在形象设计中，直观性要求符号的能指（即形式）要简洁明了，能够迅速抓住观者的注意力，并传达出基本的信息或情感。这种直观性不仅提高了信息传递的效率，也增强了形象的吸引力和感染力。例如，一个微笑的表情符号就能直观地传达出愉悦和友好的情感，无须文字说明。

所谓统一性，是指符号中能指与所指的稳定统一。能指是符号的物质形式，如文字、图像等，而所指则是符号所代表的概念或意义。在形象美学中，统一性要求能指与所指之间形成稳定且清晰的联系。这种统一性的形成要求构成形象的各个元素保持和谐统一，且有明确的风格，这样才能保证它们共同指向的深层意蕴的明确性。

所谓故事性，是指形象要有激发审美感受的故事。故事通过情节构建出的具体可感的文艺想象，引发审美主体的审美感受和情感共鸣。通过构建具有因果逻辑、指向性的故事情节，形象被赋予生命力和深度，能够触动人心，引发观众的共情和偏爱。塑造具有故事性的形象已成为一种常见的策略，这些故事不仅增强形象的吸引力和记忆点，还深化形象与观众之间的情感联系，使形象在观众心中留下深刻的印象。

三、作为符号的形象美学作用

（一）作为生产力的形象美学

鲜明的个人形象符号除了能给人留下良好深刻的印象，还能作为生产力变现。得体、专业的形象可以增加职业晋升和发展的机会，有助于职业发展。以某主持人为例，他凭借多年来在各类常规节目中展现出的娴熟主持技艺，不仅能够契合节目风格，更在多次紧急情况下表现出色的临场应变能力，在公众心目中树立了专业主持人的形象。

在自媒体经济时代，独特、个性的个人形象确实成为实现变现的重要途径之一。有着独特个人风格的形象符号的自媒体人可以通过短视频和直播平台等方式展示自我、建立粉丝群体，经营出自己独到的个人形象符号，并通过多种方式将个人影响力转化为经济价值。除了个人形象符号，企业形象符号同样具有生产力的意义。企业慈善、公益活动等影响着企业股票的涨跌甚至企业的生存 。在这个时代中，形象符号有着超乎人们意料的经济价值。

（二）作为职业能力的形象美学

形象美学不仅对个人的形象提升有所帮助，能转化为个人的生产力，还能作为一种职业能力，为集体和他人塑造形象符号。如今发型妆容设计、服装时尚设计、个人形象设计与商业形象顾问、广告与品牌策划、影视后期制作等行业都需要专业的形象美学知识，来为消费者提供适宜美观、符合形象要求的形象符号设计。可见形象美学的学习有助于职业规划和发展，能为个人的职业生涯添砖加瓦。

其中，最具代表性的是形象符号设计与营销。

在设计和营销个人形象时，可以将注意力更多放在外形条件的设计上，追求更大程度上对个人的外形条件加以利用，通过直观的空间性、视觉性的对象带来最直接和强烈的信息传达。

因此在营造个人形象符号时，我们可以根据个人的外形风格、条件设计合适的妆容、发型和穿搭。五官外貌可以根据面部直线感重还是曲线感重、五官体量大还是体量小分为少年型、少女型、自然型、优雅型、古典型、前卫型、浪漫型和戏剧（夸张）型八种五官类型，不同类型的风格适配不同类型的妆容画法。

身材体态可以根据肩宽、胸围、腰围、臀围的比例分为 H（直筒）型、倒三角型、梨形、长方形、沙漏型和苹果型六种身材类型，不同类型有对应的穿搭法则。如苹果型身材脂肪容易囤积在上半身，尤其是腰腹，适宜穿搭可以显示腿部细长优势的超短裤、铅笔裤，挑选 U 领、V 领的上衣，避免制造上半身的厚重感。梨形身材脂肪比较容易堆积在腿部，适宜穿搭修身上衣，下半身穿宽松的阔腿裤、工装裤或 A 字裙、花苞裙等。

腿身比按马氏指数分为超短腿、短腿、亚短腿、中腿、亚长腿、长腿和超长腿七种类型，一般审美观念看来，腿越长越好看，所以一般不考虑通过穿搭修饰腿部过长的比例，如果腿部比例较短，则可以尝试通过穿高腰裤、高腰裙提高视觉腰线来修饰比例。

除了利用外形条件，还要通过个体的特长、爱好来营造个人形象符号。比如塑造出热爱艺术、热爱运动的个人形象符号。但是，这样的个人形象符号营造不能浮于表面，而要求个体真的要进行文艺体育学习，涵养内在。

在对集体形象、企业形象的塑造上，可以更多着眼于故事性的塑造，通过时间线的信息堆叠，延长对象的审美感受，更大程度地激发审美主体的情感。比如，某国产彩妆品牌与美妆领域的知名博主合作，共同打造了一个曾经濒临破产的老牌国货美妆品牌在消费者的鼓励下做大做强的企业形象故事。在企业的不同发展时期，该企业还会调整企业形象的故事类型。比如在企业稳定发展时，他们抓住消费者对产品外包装的不满，打造了一个美感不足的男性品牌在消费者的宽容和鼓励下不断进步的企业形象故事。这些企业故事的核心都在强调消费者对企业的重要性，为了消费者企业可以做好一切事情。这样的故事能够给作为审美主体的消费者带来极大的审美愉悦，自然可以加大消费者和企业的黏性。

此外，形象公关的工作也需要具备形象美学知识。

形象公关的工作就是在形象符号遭遇危机时，形象符号的所指要向不利于其形象的内容偏移进行纠偏。例如，某品牌在与其合作的一个动漫形象涉嫌侮辱女性后果断结束合作，并且开启了慈善项目“女性助学计划”。因为对于这种主要面向女性的企业而言，企业形象跟“侮辱女性”这个信息产生任何联系都是十分危险的，更何况企业符号一直以来都与“感恩顾客”这一信息紧紧绑定。对于这种企业形象符号公关危机的解决方法就是拿出更多形象的能指与所指稳定、对应的证据，并且，在这种怀疑性逐渐上升的公关环境下，行动等实体性证据更加有力。个人形象公关也是同理。

结　语

本项目对形象美学进行了概述，集中探讨了形象与形象美、什么是形象美学、作为符号的形象美学的三个基本问题。希望通过对形象美学的问题进行系统的阐述，读者能对形象美学有一个系统的认识。

人的形象是人在他人眼中的整体印象，通常通过社交行为传递给他人。而形象美则是指人通过自身的身体和行为，综合呈现个人的内在修养与外貌管理，以符号学路径给审美对象以审美体验，可以通过雅言、美仪、识礼、善心等方面来表现。

形象美学是从人出发，围绕着人的形象美，从人的外表逐渐探索人的内在性格、气质、修养是否统一、如何统一的学科。它理智地、系统地分析形象美的各个要素之间的关联性，探索如何提升个人形象，丰富形象美感。它达到的是一种真、善、美的境界，体现为一种得体、美观的形象。

在作为符号的形象美学中，个人的形象可以作为符号呈现出自己的个性品位、文化认同和价值取向。例如，形象代言人能起到符号的作用，他们通过代表品牌给大众留下好印象，引发和加深大众对品牌的情感共鸣，从而提升品牌的知名度。

思考练习

1. 谈谈形象美是什么。
2. 简述形象美的重要性。
3. 形象美的提升可以从哪些方面去改善?
4. 列举两个表现形象美的重要性的例子。

模拟实训

模拟实训一

利用形象美学的理论知识分析你最喜欢的一个人。

模拟实训二

用形象美学的理论知识分析当下社会的某种时尚现象。

项目三　礼仪概述

案例导入

中华文明发展史与中国文化演进史，就是一部礼仪文化浸润的社会生活史。究其根源，则可以追溯到西周时期周公制礼的典故。

周公原名姬旦，是周文王之子，以孝顺的行为在文王百子中树立了较高的威信，并在周武王伐纣灭商的过程中做出了巨大的功绩，为周武王所信任。周武王去世后，因周成王年纪尚幼，周公代为摄政。周成王继位以后，周公表现得更加忠诚，事之以礼。周公在东征中取得胜利后，便开始帮助周成王建立起了成周。《尚书大传》记载周公："五年营成周，六年制礼作乐。"周公通过制礼作乐建立了相对完善的礼乐制度，也就是周礼，包含着较为严格的等级秩序。

周公通过周礼确立了周天子天下共主的地位。周天子作为天下的主宰，是天下的大宗，而小宗则是与周天子同姓的诸侯，包括周天子的叔伯兄弟等，由此形成了以血缘作为政权维系纽带的宗亲关系。宗法礼仪的确立，有效维护了嫡长子继承制，并通过分级立宗的形式对权力与利益进行再分配，对国家的人事组织、社会生活的各个方面都进行了规定，使周天子对国家的统治得以巩固。

周公制礼后，国家及社会生活的方方面面都得以有序进行，由此通过礼仪规范奠定了周朝的800年统治根基。自春秋以来，周公被尊为圣人。

礼仪提醒：周公制礼集中展现了礼仪文化的作用。礼仪文化的形成，使得中华民族真正进入文明时代。作为中华文明的传承者，我们更要重视礼仪的作用，在礼仪文化的浸润中不断增强礼仪修养。

引言

礼仪作为人类文明产生和发展过程中用以约束人类行为及调整社会关系的规范与准则，自产生以来便在人类文明发展演进过程中发挥着重要的作用，也表征着人类社会和人类个体的文明程度。从礼仪发展的历史进行总体性考察，礼仪的概念在中西文化传统间存在一定的差异，但发展到现代文明阶段已形成相对统一的核心内涵，且作为一种人类社会特有的规范，在个人、社会及国家等多重维度上具备重要效能，其中一个重要作用就在于对人类形象的塑造，而良好的礼仪修养也需要通过理论学习及躬行实践等方式得以养成。

任务一　礼仪的含义与特征

一、礼仪的概念界定

礼仪作为人类文明演进的过程性产物，其产生来源于人类文明的发展，是人类在生产实践过程中对社会关系进行调整而形成的以约束人的行为作为目的的规范与准则。而产生后的礼仪，作为一种文明产物也成为直接推动人类文明发展的重要动力，是人类文明的精华，表征着文明的发展程度，其发展与人类文明的发展相伴而行，有其特定的发展史与演进史，而作为其核心的礼仪概念则可以依据文化传统等标准的不同加以界定。

（一）中国传统界定

中国是人类文明最重要的发源地之一，自文化发端以来便一直延续至今，形成了古老而璀璨的中华文明，其历史演进过程与中国传统礼仪发展历程相融合，形成礼仪与文明共同进步的文明发展模式，并产生一套涵盖社会生活各个方面的完整礼仪规范。在中国文化传统之中，“礼仪”是一个复合词，按照中国文字学的组合形态加以分析，由“礼”和“仪”共同构成。

1. 礼

礼最早起源于原始社会的宗教信仰及祭祀活动，是远古先民通过祭祀活动向原始神表示敬意的行为及仪式，也指奴隶社会及封建社会等级制度所外在表现的社会准则与道德规范，既服务于社会生活，也与社会政治接轨，具有极为丰富的内涵。

（1）政治制度层面

礼作为一种政治上的典章规范，最早出现在周王朝统治时期。周朝建立初期，为改变笼罩社会的以血缘作为维系纽带的自然生殖氛围，建立起稳固的政治制度，周朝利用商朝末期奴隶反抗其统治的斗争获得了政权，但在建立政权之后并未建立起封建制，而是继续沿用奴隶制，并建立起一系列的典章制度巩固奴隶制的存在。周朝在政治上建立起以分封制为核心的制度，建立起一个以周天子为核心的国家政治制度体系，并通过“制礼”建立起与之相配套的上层建筑，以及以嫡长子继承制为核心的宗法制，通过礼法的形式将国家政治制度及约束臣民的行为规范固定并形成周礼，通过政治礼法制度的形式对国家的政治制度及臣民在政治生活中的权利与义务都进行了规定。周礼将国家治理体系的建构定义为：“惟王建国，辨方正位，体国经野，设官分职，以为民极。乃立天官冢宰，使帅其属而掌邦治，以佐王均邦国。”① 按照国家治理的需要设置相应的官职，辅助天子治理国家，并对处于社会政治生活中不同身份职业的臣民所应行使的权利及应履行的义务进行了严格的规定，其中对太宰之职的规定为：“掌建邦之六典，以佐王治邦国：一曰治典，以经邦国，以治官府，以纪万民。二曰教典，以安邦国，以教官府，以扰万民。三曰礼典，以和邦国，以统百官，以谐万民。四曰政典，以平邦国，以正百官，以均万民。五曰刑典，以诘邦国，以刑百官，以纠万民。六曰事典，以富邦国，以任百官，以生万民。”② 这对太宰所应该承担的六种职责以礼法制度的形式进行了规定。周礼作为中华文明发展历程中第一部较为完备的政治礼法制度体系，是当时东方中国文化的精华，并成为后世作为政治制度及道德规范的礼法的原初渊源，是中国政治制度发展史上礼治治理模式的发端，对中国传统政治文明的演进与发展具有重要价值，并成为当代国家政治制度完善及国家治理体系和治理能力现代化建设的重要文化资源，为中国特色社会主义政治文明建设提供丰厚的文化底蕴。

（2）道德规律层面

礼在中国传统文化中与“理”相通，蕴含着人类社会所应该遵循的道德规律，历来为中国古代思想家所公认。其中，儒家创始人孔子在《礼记》中对礼的概念及本质进行了界定，提出“礼者，天地之序也”，将礼比作天地所天然具备的秩序，而其在人类社会的体现就是人类社会生活应该遵循的道德规律，指出“礼也者，理之不可易者也”，强调礼是具有相对稳定性的道德规律，对礼在道德规律层面的概念进行了界定。齐法家管仲则在《管子》中从礼的起源及内涵等方面进行了论述，在礼的起源方面提出“仓廪实，则知礼节；衣食足，则知荣辱”。国家粮食充足，人民生活富裕，人民就会自然知晓奉礼守节；衣食无忧，日用充沛，人民也就自然懂得珍惜荣誉、避免耻辱。管仲在礼的起源上提出了素朴的唯物主义观点，将礼作为社会生产力发展的产物，在当时具有极大的进步意义。而在对礼的概念进行界定时提出：“礼者，因人之情，缘义之理，而为之节文者也。故礼者谓有理也。理也者，明分以谕义之意也。故礼出乎义，义出乎理，理因乎宜者也。”礼是根据人的情感，按照义的道理而设立的礼仪制度，礼是合乎义理，而理

① 周礼·礼记·仪记［M］. 陈戍国，点校：长沙：岳麓书社，1989：1.
② 周礼·礼记·仪记［M］. 陈戍国，点校：长沙：岳麓书社，1989：4.

则是合乎事物的本分来表达义的内涵，礼从理产生，理从义产生，义产生行为处事的需要。其对礼的起源及概念的界定主要是从礼的社会形态入手，而非由天地自然所应遵循的秩序出发，关注的是作为道德规律的人类社会之礼，在此意义上礼摆脱了周公制礼时设置的有关于礼的“天—德—礼”的逻辑结构与理论框架，将礼的起源从原始信仰的框架中解放出来，并与人类社会生产的发展联结起来，使礼成为由经济基础所决定的上层建筑，并使之发挥调适社会发展、促进生产进步的积极作用。

（3）社会生活层面

礼在社会生活中产生，是调节和约束处于社会生活中的人类行为的典章规范及行为准则，在人类社会生活层面有重要的体现。礼在中国传统社会生活具有多重表征友善的含义，包括礼貌、礼物及相关仪式等。《礼记》曾以政治活动为范，对礼在社会政治生活中的内涵之一进行了表述，指出周天子作为天下共主应该做到“勉诸侯，聘名士，礼贤者”，即对分封的诸侯进行嘉勉鼓励，聘请任用有名气的读书人，尊敬贤能的人。礼在此的含义为尊敬，指代着礼在社会生活中具备表示礼貌和尊敬的功能。礼物也是礼在社会层面的一大重要内涵。《礼记》就曾对人们在社会交往过程中以礼物增进友谊及联系的方式进行了论述，提出“无辞不相接也，无礼不相见也，欲民之毋相亵也”，对人类社会生活中的交往行为进行了规定。要求在朝聘聚会的时候，双方需要以言辞通达情义，见面的时候需要互相赠送礼物以表达情义，如果没有言辞相通也就不需要交流，见面的时候若没有相互致礼的话也不必互相见面。之所以这样做，是要让百姓不要因为忽视礼数而对他人失去敬意。虽然在社会交往中过于强调相互赠礼的环节显得相对机械化，但在中国传统农业经济分散性较为明显的时代，以赠送礼物的形式，通过较为严格的交往礼仪环节设置表达敬意与尊重，无疑能够对社会交往的繁荣起到促进作用。

2. 仪

仪与礼相通，在多数情况下内涵一致，都表征着人类社会实践中应遵循的制度准则及行为规范，但在具体的内涵上也存在一些差别。从人类礼仪起源与发展进程来看，礼的内涵更为丰富，而仪的内容更为具体，尤其是在法度准则与社会交往两个层面表现得尤为突出。

（1）法度准则层面

仪在中国传统社会中一直发挥着社会制度的作用，在社会生活中充当着约束和规范人类行为的准则，也是中国历代统治阶级用以发挥政治职能的统治工具。《管子》曾对仪的法度准则功能进行了肯定，指出：“仪者，万物之程式也。法度者，万民之仪表也。礼义者，尊卑之仪表也。故动有仪则令行，无仪则令不行。故曰：‘进退无仪则政令不行。’”也就是说，仪是万物的程式，法度是万民的仪表，礼仪是尊卑的仪表，所以举动合乎礼仪则政令就能够通行，不合乎礼仪则政令就不能够通行，进退无仪就会导致政令不行的后果。仪在中国传统政治治理框架中充当着政治治理及行为规范工具的法度准则，也是制度制定及运行过程中作为效能评判的衡量标准与构建原则，在中国传统社会管理模式建构及其运行过程中发挥着重要作用。仪对国家政治生活的基本内容及人民日常行为的各个方面都进行了规定，且与法律制度相互配合、相互嵌套、相互补充，共同构成中国传统社会制度的主体框架，并成为当代中国推进国家治理体系及治理能力现代化建设的重要文化底蕴，也是加强社会主义精神文明建设及提高人民文化素养的重要资源。

（2）社会交往层面

仪作为一种在社会交往活动中产生并服务于社会实践的价值规范与行为准则，主要体现着表征友好的行为，在社会生活及交往中具有非常丰富的内涵。仪在中国传统社会作为礼的载体而存在，主要指代礼仪的规范性内容，也就是作为以礼的理念贯通社会生活及交往实践所外显出来的行为及约束准则，并在一定程度上可以表达富有礼仪的人类行为所展现出的整体风貌与精神气质，在此意义上的仪表达的内涵则是人类的仪表风度。且在人类交往中作为礼的载体而存在的仪，也泛指在人类社会交往实践过程中为表达友好而遵循的一切行为准则及使用的物品，此类在社会交往中为表达礼仪，而使用的物品就是礼品。

3．礼仪

礼仪，按照中国文字学的组合进行分析，由礼和仪所组成，两者虽在具体的内涵上有所差别，但共同指代社会交往中所需遵循的道德规范与行为准则，具有非常丰富的内容，按照不同的标准及使用场所，具体内涵有所不同。礼仪作为中华文明发展进程中具有重要地位的内容，实质上属于中华优秀传统文化的重要组成部分，对中国传统政治文明与中国人民社会生活的发展有重要价值。在中华文明中，随着适用场域的不同，礼仪具有不同的内涵。在中国传统政治文明中，礼仪具备道德准则及伦理秩序的内容时，就成为能够约束并规范人们参与社会生活实践的准则，即成为“礼制”及“礼教”。在人们的社会交往实践中，礼仪则代指人们进行社会交往所应遵循的交往原则及其习惯，具有交往理性的内涵，在此意义上的礼仪可以代指“礼节”。在价值评判及行为评析领域，礼仪则是对人们在社会交往中所展现出来的行为及其风采进行评判的标准，在此意义上的礼仪则具有“礼貌”的意义。

（二）西方传统界定

礼仪的产生及发展与人类文明演进关系极为密切，学术话语形态中的“文明”一词最早起源于欧洲大陆，具有广义和狭义的礼仪概念区分。广义的礼仪在中文语境的跨文化交流中指代 civilization，其原初渊源为拉丁语中的 civitas，意为“城邦”，表征着人类行为具有的文化、礼貌及教养，在早期欧洲话语形态中的文明与礼仪的语义内涵较为一致。礼仪实际上成为文明开化的标志，而文明的发展也会对处于社会文明演进进程中的人起到潜移默化的影响，使之在文明的浸润中变得富有文化，并在其社会交往过程中自觉或不自觉地显露出和谐的礼仪形态。狭义的礼仪专指表征友好或仪式的特定行为，在西方语系中最早起源于法语 etiquette，最初的含义是指在法庭上参与法律活动所必须具备的通行证。在法国传统的法律活动中，在通行证上标明形式，以对人们参与法律活动所必须遵循的各项规则加以强调，约束并规范人们参与法律活动的各项行为，在此意义上的礼仪与中国传统政治制度运行中的礼仪内涵有相同之处。但随着社会实践范围的不断拓展与社会生活内容的不断丰富，其内涵也由最初的法庭上的通行证扩展为社会交往实践的通行证，而伴随着人类文化交流的繁荣，作为狭义礼仪的 etiquette 也随之传入英语世界，并获得更为丰富的内涵。其主要表现为三个方面：一是表示礼貌的规范及行为，也是作为人类个体在社会交往实践中具有广泛表现的内容；二是指外交及军事等特定领域内进行交往应遵循的准则，包括特定的政治原则及政治规矩；三是指人类文明发展进程及人类社会生活中存在并一直留存下来的习俗及仪式。礼仪作为表征文明发展程度的重要指标，虽在不同文明及语系中有不尽相同的内涵及适用范围差异，但在总体上都代表着人类社会交往行为所应遵循的原则与规范。

（三）现代礼仪界定

礼仪作为在社会交往实践中从人类文明中产生并不断推动人类文明发展的重要内容，构成人类社会生活和交往实践中代表正向原则及其行为的全部内容，具备理论与实践相统一的双重形态。其理论形态表现为人类社会生活及交往实践中所需遵循的道德规范与行为准则，并能够以伦理道德的形式对人类的交往行为进行约束与规范，使之符合社会伦理道德和公序良俗的要求，并能通过特有道德规范与行为准则的规训作用将处于社会交往实践中的人们培养成富有文化的公民。在此形态下的礼仪作为表征文明发展进程的特定文化，产生于人类所特有的社会交往实践，并能促进人类社会交往实践的发展。礼仪的实践形态则主要表现为人类社会交往实践中存在的人类交往行为本身及推动其发展所依托的一切物质载体，包括人们在社会交往实践中表达友善和促进友谊的行为，以及为推动友谊发展而相互赠与的礼品与在交往中所举行的代表礼仪的特定仪式，在一定程度上囊括了处于社会交往实践中的礼仪的物质层面的内容。

二、礼仪的特征与比较

礼仪作为在人类社会生活及交往实践中产生并服务于人类社会交往实践的道德规范与行为准则，能随着社会实践的发展而具备更为丰富的内涵，并作为一种文化现象成为衡量人类文明开化程度的评判标准，在其形成与发展的过程中不断展现出自身的显著特征。

（一）礼仪的特征

1. 规范性

礼仪作为在社会交往实践中对交往主客体进行约束的道德规范与行为准则，具有规范性的特征。礼仪在自身形成与发展的过程中内涵不断丰富，并通过政治制度、道德准则及社会风俗的形式存在于人类社会之中，规范并约束处于交往实践中的人类行为。创设并使用礼仪的目的是规范人的行为，且以非强制的形式要求社会成员按照其内容开展社会活动。礼仪规范性特征主要表现在两个方面。一是礼仪以规范和约束人类社会交往实践为目的，要求所有处于社会交往实践中的人们都必须遵循礼仪的要求，体现着礼仪作为道德准则与行为规范的相对强制性。二是礼仪包含对人类社会交往实践行为评判标准的内容，处于社会交往实践中的人们主动或被动地按照礼仪评判标准自然审视社会交往实践中的主客体，自觉按照礼仪的要求对其进行价值评判，并在此基础上发挥礼仪的调适作用，对社会交往实践中的主客体进行规训，使之符合礼仪的要求。

2. 传承性

礼仪文化的发展既与人类文明演进历程息息相关，又具备当代的人类社会交往活动特征，其产生与发展是一个不断传承过往礼仪文化精华并推动其时代化发展的过程，表现出礼仪自身的传承性特征。各个民族礼仪的产生与发展绝不是当时的独有产物，在体现当时独有特色的同时，也具备本民族乃至人类历史上一切礼仪文化的共同特色，并能够对本民族过往礼仪文化进行批判性继承与创新性发展。在此过程中，礼仪传承性的一个重要表现就是礼仪的民族性，是民族文化组成的一大核心价值，作为具有相对稳定性的文化意识形态能够在礼仪文化的形成过程中起到重要作用，成为直接影响人类社会交往实践的文化内因，并促使因传承而形成的礼仪具备深厚的文化底蕴与鲜明的文化特色。

3. 实践性

礼仪的形成与发展依托于社会实践的发展，社会实践既成为礼仪形成与发展的必要条件，也构成其必然结果，并主要表现为两个方面。一是处于不断发展中的社会实践是礼仪发展的基础，构成礼仪形成与发展的物质条件，并通过社会实践过程不断调整人们的社会交往方式，促进礼仪的发展。二是处于社会实践中人们的交往方式是生产关系构成的形式之一，能够直接影响社会实践的发展，并作为社会实践过程中最具能动性的元素促进社会的进步，进而推动礼仪的形成与发展。

4. 发展性

礼仪是人类文明演进过程中作为历史主体的人类长期参与社会群体生活的产物。其内容与人类文明的演进历程息息相关，并作为社会调适工具不断适应人类社会生活的需要。其形态构成既具有传统礼仪内涵，又具有时代特色，是不断发展着的社会调适体系。发展性也是礼仪形成与演进的重要特征。礼仪作为社会文化的重要组成部分，在处于变化的社会发展总体过程之中，不断适应着人类文明演进过程中群体生活与社会实践的需要，并在人类社会交往过程中继承以往礼仪传统的同时，吸收具有时代特色的独特元素，以不断适应人们社会交往及交流的需要，推动礼仪文化的发展与人类文明的进步。

5. 差异性

礼仪的差异性是基于民族国家形成过程中各自独具特色的社会发展形态及文化组合形态，具体表现为礼仪的民族性和地域性。不同民族国家在世界上分布的地区不同，构成其各自的地域文化特色、风俗习惯与宗教信仰，影响着本民族或地域中人们的思维方式与交往行为，也构成不同地域或民族各自独特的礼仪文化，表现为不同地域或民族具有不同的礼仪。即使表征着人类交往行为中同一个交往内容，也是通过不同形式的礼仪行为加以表现，且表征同一内涵的同一礼仪行为也具有差别，使礼仪作为社会交往方式参与人类社会生活存在着一些不同之处，这就是不同地域或民族礼仪在表达方式上的差异。

（二）礼仪与道德及法律的关系

礼仪作为在人类社会生活及交往实践中产生并服务于人类社会交往实践的道德规范与行为准则，主要用来规范处于社会交往实践中人的行为，对人的生存及发展发挥着重要的规训功能。这与道德及法律具备的功能有一定的重合之处，共同发挥着规范人类行为的作用，在内涵构成和效用发挥等方面与道德及法律有着密切的关系。

1. 礼仪与道德

道德是德性或者德行的规范，是基于经济基础之上人类社会特有的意识现象。依据马克思主义伦理学的分析框架加以界定，道德特指“由经济基础所决定，以善恶、正当与不正当为评价标准，依靠社会舆论、传统习俗和内心信念来维系，调整人与人、人与自然关系的原则规范，以及与此相关的观念品质、行为活动的总和”①。道德作为一种非强制的基础性社会规制体系，主要是通过内在的约束力量影响作为道德主体的人类的行为，而发挥规范与约束作用，构成道德规范之外一切社会规范体系的基础。礼仪作为一种区别于道德与法律的规范体系也不例外，也是以道德作为其构成的基础，但因礼仪与道德同属于柔性社会规制体系，两者之间的关系更为密切。道德是礼仪形成与发展的重要基础，外显礼仪在一定意义上是内在道德具象化的表现。礼仪作为外在的行为规范手段，是道德规制体系的重要组成部分。在以个体作为对象的社会治理体系之中，礼仪规范具有一定的强制性色彩。礼仪的规范作用实际上与道德的修养作用是统一的，规范并约束人类自身的行为。礼仪不仅仅是出于维系社会公共秩序的要求，也是提升个体道德修养的需要。具备道德的个体生命，本身就表现为自身理性精神的有序性表达，对内体现为具备崇高的道德情操，对外则表现为优秀的礼仪修养。道德作为一种个体的内在修养，也必须在社会生活中通过外在的礼仪规范加以展现，在此意义上的礼仪实际上成为评价个体道德水平的标准之一。在社会交往中的个体若能依据礼仪规范在道德标准的框架内参与社会生活，其行为的道德性则能够得以确证。但基于道德与礼仪内涵存在的差异，两者在效力发挥上存在着不同之处，道德天然是礼仪，而礼仪不具备完全的道德性。

2. 礼仪与法律

法律承担行为主体规范意义上的职能经历了长久的历史演变过程，原初的法在传统社会治理结构中具备公平、正直的内涵，而发展到现代社会，法律已经成为国家主权者创制及使用的宣示其主权意志的全部符号总和，是统治阶级意志的集中体现，规定着特定群体或个人在特定情形中享有的权利与应承担的义务。从法律自身的存在形态来看，

---

① 《伦理学》编写组. 伦理学［M］. 北京：高等教育出版社，2012：3.

其本身是一种行为规范，规范着行为主体应遵循的行为标准与行动准则。但与人类社会中普遍存在的语言、思维规范不同，法律是一种社会性的规范，调整的是人与人之间的相互关系，且其表达的并不是个体或以群体存在的所有人的意志，而是表达着国家的意志。国家也由此成为法存在的必要前提，在制定后以国家的强制力量作为其得以实施的依据，并与道德和礼仪等共同构成社会规制体系。法律最初产生是以礼仪为基础，礼仪在传统社会政治制度建构中的体现即法律，也即通过国家法律制度的形式对礼仪的内容进行强制性规定，赋予国家强制力量作为普遍实行的基础。在此意义上，传统社会治理结构中的法律就是具备国家强制力量的礼仪，而在此基础上两者针对行为主体所发挥的规范作用也存在着一些差别。礼仪对主体的行为规范是非强制的，对于不符合礼仪要求的行为只能通过社会舆论或群体排斥等形式进行调整；法律对主体行为所起到的规范作用却是强制的，能够以国家强制力量保证其实施，其对行为主体所起到的规范力量远大于礼仪。

任务二　礼仪的产生与发展

礼仪的产生与发展源于社会生产实践与交往活动的需要，但基于地域、民族及文化传统的差异，在其形成与发展过程中也形成了不同地域、民族各具特色的礼仪文化与精神内涵。在地理大发现后，随着人类社会生产与民族交往的世界化趋势，传统的具有民族及区域特色的礼仪在历史演进过程不断发展成为现代的礼仪形态，且随着国家交流活动的愈加频繁，逐渐成为世界上大多数国家或地区人民普遍认可的一种国际文化。

一、礼仪的产生

礼仪文化的产生有其最初的神秘主义传统，起源于原始社会的宗教信仰及祭祀活动。中国的传统礼仪开始于氏族公社时期，是远古先民通过祭祀活动向原始神表示敬意的行为及其仪式，并融入社会政治制度的建构过程，赋予政权以至上的权威性。西方礼仪的传统则与基督教的宗教信仰相关，原为西方基督教特有的宗教礼仪，后发展成为简单化的日常交往礼仪。虽然中外两种礼仪基于不同的文化传统，却依托于东西方不断密切的社会交往活动，逐渐形成一种相互融合的礼仪文化形态。

（一）中国传统礼仪的产生

中国传统礼仪作为中华文明的重要组成部分，是中华文化精神的集中体现之一，其产生及发展与中华文明演进息息相关。若按照礼仪的基本形态及发展过程，又可以将中国传统礼仪分为五个具体的发展阶段，分别是礼仪的起源时期、礼仪的形成时期、礼仪的发展时期、礼仪的强化时期和礼仪的衰落时期。

1. 礼仪的起源时期

中国传统礼仪起源于公元前21世纪以前的旧石器原始社会时期，此时期中国传统礼仪开始发端，形成了处于萌芽状态的中国传统礼仪。生活在此时期的先民为解释自然现象的出现及其产生的原因，形成了关于自然界和人类社会最高主宰“天”的自然信仰，并将自然力量进行人格神崇拜，形成万物皆有灵的观念。先民们认为自然界中的风、雨、雷、电等现象都是具备人格与喜、怒、哀、乐的自然神灵，出于趋福避祸的目的，开始组织最原始的祭祀活动，而在祭祀活动中应遵循的规范就成为最初的礼仪内容。其最基本的原则就是不违背或亵渎神灵的意志，并逐渐深入先民日常的生产与生活，形成日常社会交往中所使用的各种原始礼仪。尽管这些原始礼仪在形式上较为朴素、简单，但是已具备日常交往礼仪的基本内容，并能够满足先民进行社会生活的需要。伴随着新石器时代的出现，人们之间开始出现身份的差别，人类社会也由生产力极度不发达的原始社会开始向着奴隶社会过渡，礼仪的阶级化区分进一步凸显，中国传统礼仪中的尊卑有序、男女有别的差异在人们的社会交往中能够清晰地体现出来。例如，在家庭生活中的座位顺序就是按照长幼、男女的差别加以区分，家庭中的长者坐在上位，幼者坐在下位，男子的座位位于左侧，女子的座位位于右侧，作揖、拱手等形式的日常交往礼仪开始被广泛地运用于人们的生活，中华民族也从蒙昧时代开始向文明时代跃进。

2. 礼仪的形成时期

中国传统礼仪的形成时期是公元前21世纪至公元前7世纪，是中国历史上的夏、商、周三个朝代，此阶段冶金、锻造、采矿技术得到了较大的发展，人类文明从石器时代进入青铜时代。在生产工具上，金属工具也开始逐渐取代石质工具被运用于农业、畜牧业，使社会生产力获得了极大的提高，社会财富在涵盖生产、交换、分配及消费的社会经济活动运行过程中出现一些剩余，成为财产私有制出现的物质基础，剩余的社会财富开始集中在少数人的手中，社会中出现较为明显的阶级对立状况。统治者与被统治者虽在一定意义上依旧被笼罩在自然生殖的氛围之中，但开始以氏族的形式形成统治与被统治的关系，以血缘氏族为纽带建构起国家治理体制，并以至上神“帝”为最高的信仰。这种经历漫长历史演进过程及至商朝才最终形成的至上神信仰，依旧具有浓厚的自然成分，但还是承担着国家政治的众多功能，使得殷商社会政治结构中每遇大事必先祭祀。在此基础上，国家的祭祀活动乃至社会生活中的各种礼仪规范有了更为细致的规定，使中国传统礼仪的内涵大为丰富。及至周武王在牧野之战击败商纣王后建立起新的周朝政权，为打破殷商以祖先作为至上神以赋予政权正当性的传统，将天作为至上神，而赋予其超越意义，并提出“德”的观念，将承认其他氏族的生存权利作为施德政的重要体现，在统治者内部实行严格的宗法制度，包括嫡长子继承制、分封制等，并制定严格区分亲疏远近之分和上下等级之别的礼仪规范，囊括政治体制、社会交往等众多方面，形成一个完备的礼仪系统，使周人真正摆脱蒙昧而变得富有教养，推动中华民族真正步入文明时代。

3．礼仪的发展时期

中国传统礼仪的发展时期是公元前 7 世纪至公元前 2 世纪的春秋战国时期，周王室实力衰微，无法实现对所分封诸侯的有力统治，也无法维系以礼法为核心的周王朝政治统治纽带的宗法制度。伴随着以铁犁牛耕为代表的生产技术的进步，原有的生产关系无法适应生产力发展的需要，成为生产力发展的阻碍，导致社会进入大分化、大组合、大变动时期。周王朝以来为巩固统治而分封的诸侯国也开始进行争霸战争，社会开始出现礼崩乐坏的局面。为改变这种社会混乱的局面，长期活跃在中国历史上的士阶层开始提出代表本阶级利益的种种改革措施，并推动中国传统礼仪发展到新的阶段，其中最具影响力的就是儒家的代表人物孔子、孟子、荀子等。孔子认为周礼是夏、商、周三代之治的总结与精华，是国家和社会治理的典范，只有让人们继续奉行周礼才能改变社会混乱的局面。他提出“仁”的范畴，主张克己复礼，恢复周礼，将周礼作为治理国家的礼仪规范，以改变奴隶社会逐渐走向崩溃的局面，恢复原有的政治统治秩序，并将《诗》《书》中不合乎礼仪的部分进行了删修，对礼仪的本质及功能做了更为系统的区分，将礼仪建构的相关理论发展到了新的高度。孟子则继承和发展了孔子的“礼治”思想，进一步提出了“仁政”的政治理想，将仁、义、礼、智作为人类情感发源的四端，并在此基础上提出君子的修养方法，对君臣、父子、夫妻、兄弟、朋友这五种人伦关系中所应该遵循的礼仪规范进行了更为细致的区分，使中国传统礼仪内涵得以更为细致地发展。荀子则从礼仪的本源界定出发，认为礼是人之所以为人的根本，也是自然秩序的体现。在适应封建制度的基础上，他提出隆礼重法的主张，以礼作为区分长幼、贵贱等差别的标准，使中国传统礼仪更为系统化。

4．礼仪的强化时期

中国传统礼仪的强化时期是公元前 2 世纪至公元 18 世纪末期由秦及明阶段。秦始皇嬴政于公元前 221 年建立起秦王朝之后，中国也由奴隶社会进入到封建社会，在政治上以郡县制代替分封制，建立起延续两千多年的中央集权制度，形成中国传统政治治理结构中礼法并用的政治传统，礼仪也作为国家治理的工具服务于阶级统治的需要。西汉王朝建立以后，汉高祖刘邦为适应国家治理的需要，在叔孙通的帮助下制定了朝礼之仪，进一步突出了礼的形式。董仲舒则在天人感应学说的基础上，认为天是宇宙万物的最高本原，也是社会秩序和伦理准则的唯一来源，为封建专制制度的合理性和合法性提供了必要的辩护。他将封建专制制度的运行与礼仪规范结合起来，将封建社会以儒家礼仪为主要代表的礼仪规范具体概括为“三纲五常”，其中“三纲”即君为臣纲、夫为妻纲、父为子纲，“五常”则为仁、义、礼、智、信。他认为三纲五常体现着天的自然秩序，也是人伦关系中应该遵循的伦理准则。汉武帝采用其说法，推行“罢黜百家，独尊儒术”的治国方略，使儒家礼教成为封建国家治理结构中的重要组成部分，且由儒家学者将《礼记》的内容做了进一步的删修，对人们的社会交往、服饰饮食等方面进行了明确的规定，成为人们参与社会生活必须遵守的行为规范。《礼记》在唐代发展成为《礼经》，使礼作为国家治理工具的规范作用得以进一步发挥。及至宋明时期，儒家学者“二程”及朱熹以理通礼，将理作为宇宙万物的本原，其在人类社会的表征——伦理道德，也成为指导人们行为的唯一依据，并形成《朱子家礼》等著作，使家庭礼仪的内容得以更加丰富，礼仪作为一种社会规范的作用得到强化，但在封建社会的后期成为制约社会生产力发展及人民生活自由的束缚。

5. 礼仪的衰落时期

中国传统礼仪的衰落时期是18世纪末至20世纪初的清朝阶段。清人入关后，结合满族特有的民族礼仪，对以儒家礼仪为代表的汉族礼仪进行了复杂化改造，使原本相对简单的中华传统礼仪变得极为复杂、烦琐，极大地限制了人们在社会生活中的自由。此种不合乎礼仪发展要求的过度改革不仅未能促进中国传统礼仪的发展，反而成为其进一步发展的桎梏，并不断冲击着原有稳固的礼仪机制。中国封建社会发展到后期，僵化的生产关系无法适应生产力发展的需要，作为封建专制统治工具的儒家礼制也为广大民众所抵制。到清朝后期，西方礼仪规范的引入，使得中国传统礼仪制度受到更为严重的冲击，并逐步走向衰落。如在社会交往层面中，人们开始自觉要求移风易俗，以现代西方礼仪代替中国传统礼仪，人们在相互交往中开始采用握手礼，北洋军队中也开始以西方军队中的举手礼代替传统的打千礼。

（二）西方礼仪的产生

西方礼仪的产生与发展同样有其相对漫长的特定历史演进过程。最早萌芽于古希腊、罗马时期，诞生于公元前11世纪的《荷马史诗》中就涉及礼仪的相关内容。当时社会对青年人的要求是宽厚有礼、严于律已、恪守信用等，这已经具备了礼仪规范的基本内容。而随着西方文明开始进入到德国哲学家雅斯贝尔斯所言的轴心时代后，一大批哲学家从不同方面对礼仪的内容及其价值进行了论述。如作为古希腊三杰之首的哲学家苏格拉底认为，德性即知识，是过好生活及做善事的艺术，是一切技艺中的最高技艺，是每个人都能够学会并了解到的原则。哲学家的任务就是要帮助人们树立道德观念，要求人们在日常生活中能够做到真善一体、知行合一，按照代表着善的礼仪规范行为，以礼待人，以身作则。古罗马则在古希腊文明的基础上进一步规范了礼仪的内容，对礼仪建构的相关理论进行了发散性研究，虽研究成果还是趋于零散，但已初步形成西方传统礼仪的总体框架和基本内涵。中世纪的欧洲开始了封建化进程，作为统治阶级的封建领主出于维护封建统治的需要，将封建土地所有关系转化为人身依附关系，对人与人之间的等级关系进行了严格的规定，宣扬上帝是宇宙万物的创造者，所有的等级制度都是上帝意志的体现。为与这种严格的等级制度相对应，中世纪欧洲同时制定了繁杂的宫廷礼仪，宣扬所谓的骑士精神，要求骑士在社会生活中对女性应具备拯救与牺牲精神，在社会交往中尊重女性、照顾女性，包括在交往中应该对女性使用吻手礼等，形成了现代社会“女性优先”礼仪思想的雏形，并组织编撰严格规范女性社会生活及交往活动的礼仪制度，对其思想及言行进行规范与约束。中世纪的欧洲封建礼仪制度实际上已成为一种严重的人身束缚。随着欧洲人文主义精神的复兴及新兴资产阶级对人身权利的追求，欧洲开始进行文艺复兴运动，维护传统封建领主利益的中世纪礼仪开始被代表新兴资产阶级利益的新礼仪规范所取代。随着生产力的发展及社会经济活动的国际化转型，近代欧洲资产阶级礼仪规范逐渐掩去阶级痕迹，并发展成为体现现代文明特征的新型礼仪。

二、礼仪的发展

礼仪的现代化发展即礼仪发展的现代化，标志着礼仪规范的文明化、全球化发展到新的阶段。地理大发现以来，原先被海洋隔绝在不同大洲的国家和民族开始相互联系，并随着工业革命及资本主义生产关系在全球的确立，位于世界不同地区的国家和民族真正破除区域限制的藩篱，横跨全球的世界性交往成为现实，各国家或地区基于文化传统等因素而形成的特色礼仪规范也获得新的发展机会，形成全球化、文明化的现代礼仪。一方面，为便利世界上不同国家和地区人民的交往与交流，由西方现代礼仪发展而形成的、大多数国家和地区人民普遍认可的现代礼仪规范，成为国际交往的主要依据，在经济全球化时代不断发展的当下起着越来越重要的作用。这种现代的礼仪所约束和规范的对象也不再仅仅局限于具备单一文化传统的国家或民族，而是全世界大多数国家或地区的人民。另一方面，礼仪发展的现代化不仅仅体现于现代化的全球性生产活动与交往活动，更体现于礼仪发展自身的现代化，以平等、自由等为核心理念，已抹去阶级特征与专制色彩。其所内含的文明精神为大多数国家和地区的人民普遍认可，成为人类文明发展进步的标志之一，且随着人类文明的发展而不断发展，对各国家或地区基于不同文化传统而形成的特色礼仪起到很好的包容作用，并在包容中使不同文化传统影响下的特色礼仪成为现代礼仪发展的重要资源。

任务三　礼仪的作用

礼仪作为在人类社会生活及交往实践中产生并服务于人类社会交往实践的道德规范与行为准则，其对人类社会交往的促进功能已经在漫长的历史长河中得到了充分的证明，是人类文明发展程度的集中展现，对促进人类文明的发展起到了巨大的推动作用，可以说是人类文明理性精神的张扬。礼仪作为一种行为规范及准则，对国家治理体系及治理能力的现代化、社会主义和谐社会建设及塑造良好的人际关系都有重要价值，其效能涵盖个人、社会、国家三大维度。

一、个人维度

礼仪在个人维度发挥的作用主要体现在促进人们的社会交往及塑造良好社交形象等

方面。人作为社会动物，其本质体现为一切社会关系的总和，这是人之所以为人的本质所在，也是人与其他一切动物区别的本质所在。处于社会关系中的人，无论是主动还是被动，都必须进入各种社会关系，包括阶级关系、生产关系、民族关系、工作关系等，并通过社会交往的形式与处于这些社会关系中的其他人产生各种各样的联系。指导人们在社会交往中处理好各种社会关系所依赖的就是礼仪，礼仪为人们处理这些社会关系提供了必要的道德准则与行为规范，按照其行为便可实现社会交往的正常进行，并使个体的人在社会交往中形成各种形式的社会群体。礼仪不仅对个人的社会交往起到促进作用，也对人塑造良好的社会形象有重要价值。社会形象不仅是个体的外在展示，同时也包括其在各种社会关系通过社会交往展示出来的总体形象，是外在形象与内在形象的统一。外在形象包括仪容、仪表、仪态及言谈风度等内容；内在形象则需要通过社会交往行为展示出的个体道德修养、礼仪涵养来表达，而礼仪的使用既能够帮助人们塑造良好的外在形象，也能帮助人们提升内在的礼仪涵养。一个社交形象良好的人，其外在形象必定是符合礼仪要求的，其内在也必然能够展示出足够的礼仪涵养，而较好的礼仪涵养也能够帮助人们在社会交往中更好地与其他人进行交流，更好地展现个人魅力，更好地塑造良好的人际关系。

二、社会维度

礼仪在社会维度发挥的作用主要体现在促进社会和谐及推动精神文明建设等方面。礼仪作为一种行为规范，在社会不同群体之间起到了协调器的作用。通过发挥礼仪的作用，存在不同利益诉求的个体或者群体能够用合理的方式表达自身的合理诉求，按照礼仪规范的要求协调相互关系，并在此过程中塑造良好的社会风貌。礼仪在社会活动中的运用也能够塑造良好的社会组织形象，通过对组织内部成员外在的着装、举止等方面提出要求，使之符合礼仪规范的要求，为社会公众展示一个形象好、服务好的社会组织，且能通过发挥礼仪规范的作用，塑造良好的组织文化，对凝聚组织力量，增强其凝聚力、向心力有重要作用，是当代社会组织发展的重要方向之一。礼仪的社会作用不仅仅体现于对和谐社会的建设及良好社会组织形象的塑造，同时也对社会主义精神文明建设有重要作用。礼仪在社会生活中虽然是单个个人或者组织的行为，看似只能展示个人或者组织的形象，却也是社会精神风貌的重要表现，能够展现一个国家或者一个民族的整体精神风貌与文明发展程度。发挥礼仪作用不仅能规范社会个体的行为，而且能融洽社会关系，提升社会整体的精神风貌，推进社会主义精神文明建设。

三、国家维度

礼仪在国家维度发挥的作用主要体现在促进国家治理体系、治理能力现代化建设及国际交往等方面。礼仪作为一种重要的社会规制手段，与法律制度、伦理道德共同构成社会规制体系，发挥礼仪的作用能够有效协调各种社会关系，能作为国家法律制度的重要补充，对法律不适用的特殊社会生活领域进行干预，调整和规范人们的行为，使之符合社会需求，有效推进国家治理体系和治理能力的现代化建设。礼仪在国家外交活动中也有着重要的作用。按照国际交往所需遵守的礼仪规范的要求，尊重其他国家或民族特有的民族礼仪，能够促进外交活动的正常进行，并在国家间的对外交往活动中展现出良好的国家形象，表达热爱和平、尊重领土主权完整的外交理念，对在经济全球化、政治多极化、文化多元化发展趋势下的和谐国际关系建设有重要作用。同时还能够促进不同国家在经济领域、政治领域、文化领域的交流和合作，建立更为和谐的国际关系，有利于化解国家或地区间的矛盾与争端，塑造安全稳定的国际环境，推动人类文明的发展。

礼仪在人类社会中发挥着重要作用，涵盖个人、社会、国家维度，对当代人的社会化生存、组织的社会化发展及国家治理效能提升等方面都有重要价值。然而，其作用不仅限于此。礼仪早已与人类文明的发展融为一体，它既是体现人类文明发展程度的重要标志，也是推动人类文明继续发展的重要动力，并将随着人类文明的发展发挥更加重要的持久性作用。

任务四　礼仪与形象的塑造

礼仪在人类社会发挥的一个重要作用就是对人类形象的塑造。在经济社会高度发展的当下，好的形象能够对人的发展及组织的效能发挥起到重要作用。尤其是在人的社会交往中，良好的礼仪修养所塑造出来的个人形象能够成为人与人之间进行交流的助推器，能有效提高人的精神风貌，对人的社会交往与社会关系维护都有积极作用。

一、礼仪与形象

礼仪是形象塑造的重要内容，在社会交往活动中展现出来的礼仪修养是衡量个体精神风貌及个人形象的重要指标。形象在传统意义上的定义是指能够引起人的思想或感情活动的具体形状或姿态，主要包括人的外在仪表、精神面貌及性格特征等方面的内容。对其内容进行剖析不难发现，形象作为个体生命向外展现的总体风貌，可以分为客观形象与主观形象两部分。客观形象主要是指人的外在条件，如仪表、容貌、姿态及行为举止等；主观形象是指客观形象之外所展示的个人精神面貌及性格特征等方面的内容。不论是客观形象还是主观形象都与礼仪有着密切的关系，礼仪是构成个人形象的主要内容。良好的客观形象不仅需要天然的外在条件，也需要按照礼仪规范对外在条件加以修饰，以形成较好的整体形象。而主观形象则需要在社会交往活动中通过人与人之间的交流沟通展现出来，这些都离不开礼仪规范的作用。只有按照礼仪规范进行社会交往才能够展示出昂扬的精神风貌与和善的性格特征，充分展示人的形象气质。礼仪与形象具备一体两面的关系。礼仪是塑造良好形象的基础，而良好的形象也必然能够展示出较高的礼仪修养，就这个意义而言，礼仪与形象的关系互为表里、密不可分。提高礼仪修养，按照礼仪规范进行社会生活、参与社会交往活动就是在塑造良好的形象。

二、形象塑造的原则与内容

形象的塑造虽与礼仪修养的提升有着紧密的联系，礼仪修养提升的过程就是良好形象塑造的过程，但形象塑造作为一个独立的、有针对性的美化活动，有其自身特定的原则与内容。

（一）形象塑造的原则

形象塑造的原则是指导个人对自身客观形象与主观形象进行塑造的根本准则，包括适度原则、自律原则、统一原则等。

1. 适度原则

形象的塑造需要遵循适度原则。按照礼仪规范的要求适度对自身的形象进行塑造，在社会主流价值观允许并认可的范围之内改善外在形象，包括仪表、仪容等方面的改善，且在改善的范围及程度上需要进行良好的把控。成功的形象塑造是在尊重自身客观条件的基础上，而不是通过整形美容技术实现对其他生命范本的复刻。这无疑会超过个人形象塑造的界限，与形象塑造过程中应遵循的适度原则不符，违背了形象塑造的初衷，且过度追求客观形象的塑造也会导致主观形象塑造方面存在问题，不利于个人整体形象的塑造。

2. 自律原则

形象的塑造需要遵循自律原则。形象塑造的过程不仅仅是人的客观及主观形象与社会主流审美相统一的过程，也是社会关系中的个人依据自身的要求自觉改善或提升个人形象，统一于人的社会化生存过程之中。在个人形象的塑造过程中，人作为形象塑造主体发挥着巨大的能动作用，应自觉按照礼仪规范的要求，做到自我提升、自我约束、自我控制、自我反省，将形象塑造过程纳入自我生命的完善过程，按照慎独与克己的要求，以自律的精神时刻做到形象塑造的自我自觉。

3. 统一原则

形象的塑造需要遵循统一原则，包括形象塑造过程中客观形象与主观形象的统一及自律与他律的统一。形象塑造的过程中应该结合客观形象塑造与主观形象塑造两个方面的内容，而不仅仅是只塑造客观形象或主观形象，需要做到两者兼顾。既注重提升作为客观形象的外在仪表、仪容及行为举止，又注重提升作为主观形象的精神面貌，并按照礼仪规范的要求，使两者统一于形象塑造的过程之中。形象的塑造也需要做到自律与他律的统一。对良好个人形象的塑造行为体现着行为主体的自律精神，但社会主流审美观念及礼仪规范等可作为他律存在的参照系，个人的形象塑造也需要符合其要求，以实现形象塑造中自律与他律的统一。

（二）形象塑造的内容

形象塑造的内容不仅包括客观形象的塑造，也包括主观形象的塑造，囊括外在仪表塑造、举止礼仪塑造及精神修养提升等方面的内容。

1. 外在仪表塑造

外在仪表包括人对外展现出的仪容、形态等方面内容，主要是指形象的客观部分。个人的外在仪表具备天然的差异性与独特性，它既是形象塑造的自然基础，也是形象塑造的重要内容。个人外在仪表的塑造，包括妆容、发型、服饰等方面的内容。在此过程中需要注意外在仪表的协调性，主要是个人的外在仪表需要与所处的环境相协调，与所参与的社会活动相一致，并能够与自身的精神气质相契合，并在不同的环境中采用不同的仪表，做到仪表塑造上的灵活性。

2. 举止礼仪塑造

举止礼仪也是个人形象塑造的重要内容，主要指个人肢体行为的合礼仪性，作为一种无声动作语言，更能展示一个人真实的礼仪修养。这也是心理学上所说的能够展示人的素质及气质的形体语言，能够综合反映一个人的个人形象。相对于外在仪表可以通过短时间的调整来改变而言，举止礼仪的塑造较为困难。它需要通过日常生活中严格的礼仪训练才能实现，是个人行为、气质长期积累、内化的结果，是一种礼仪规范内化于心、外化于行的展现。因此，在日常生活中更加需要注意强化举止礼仪的训练，长期按照礼仪规范的要求调整自身的肢体动作，努力形成良好的举止礼仪。

3. 精神修养提升

个人形象的塑造不仅仅包括外在仪表及外显的举止礼仪等内容，更需要注重内在精神修养的提升。良好的精神修养不仅能够通过个体的外在行为展现出形象气质，也能够体现出人的文明程度，是良好形象塑造的基础与要求。真正良好的个人形象离不开崇高的精神修养。因而注重提升精神修养是塑造个人形象的重要内容，须通过不断地学习人类文明发展史上能够体现人性真善美内涵的经典文化作品，不断提升自身的精神境界，改善自身的审美结构，实现个人形象塑造上由心灵美向自然美的传递，以塑造客观与主观相互统一的良好个人形象。

任务五　礼仪修养的方法

礼仪修养是个体生命在社会生活中必须具备的核心素养，不仅对改善人际关系、塑造个人形象有着重要的作用，而且对人的发展和终身成长具备极高的价值。提升礼仪修养的过程也即提升精神境界、综合素质的过程，是处于社会关系中的个人自由而全面发展的体现。新时代公民素养提升的重要内涵之一即加强礼仪素养，这不仅仅是出于人的现代化要求，也是人类文明继续发展所彰显的优雅的理性精神的需要。礼仪修养的提升不能仅依赖被动的文明浸润与礼仪涵养过程，还必须全面掌握礼仪修养的科学方法，主动融入礼仪知识的学习和礼仪修养的运用，使礼仪修养在服务社会实践需要的过程中不断提升，形成礼仪修养服务社会实践及社会实践推动礼仪修养提升的双向推进。

一、强化理论学习

礼仪修养的提升离不开对礼仪规范相关知识的学习。礼仪作为在社会交往实践中从人类文明中产生并不断推动人类文明发展的重要内容，构成人类社会生活及交往实践中代表正向原则及其行为的全部内容，其理论形态表现为人类社会生活及交往实践中所需遵循的道德规范与行为准则，对其有较为深刻的把握则必须依靠学习方能做到。儒家创始人孔子也曾通过对文和质的相互关系辨析来论证礼仪文化知识学习的重要性，提出“质胜文则野，文胜质则史，文质彬彬，然后君子”。他认为质朴超过文采就会显得粗野，文采超过质朴就会显得死板，文采和质朴结合匀称才称为君子。其中的“文 ”主要指代礼节仪文，也即与礼仪规范相关的知识，若在此方面有所缺失就会使人显得较为粗野。因此，强化礼仪修养就需要不断加强礼仪文化知识的学习，并与其他科目知识的学习结合起来，不断丰富自身的文化底蕴，如此方能自然地富有礼仪修养。

二、注重融入实践

礼仪修养的提升不仅仅是与礼仪相关的理论知识的学习，也是处于社会关系中的人在社会实践过程中对礼仪相关理论知识的不断运用与践行。礼仪的学习需要将理论与实践相衔接，学习礼仪不能仅仅局限于礼仪知识的学习，还要做到学用结合，将所学的礼仪知识融入学习及生活，按照礼仪规范的要求参与社会实践、处理人际关系，做到知行合一。也只有在社会实践过程中，一个人的礼仪修养才能通过言行举止展现出来，且需要在社会实践过程中，自觉检验礼仪规范的适用性，以社会实践为师，从社会实践过程中学习、感悟礼仪规范变动，进而促进礼仪相关理论知识的学习，在理论—实践—理论的学习过程中不断强化礼仪修养，塑造富有礼仪涵养的个人形象。

三、遵循修养规律

礼仪修养的提升须遵循其自身所特有的规律、礼仪主体的学习规律与社会实践规律。礼仪修养的提升离不开对礼仪自身发展演进规律的把握，通过对礼仪发展史的学习，了解礼仪的演进过程及其内涵，可以不断加深对礼仪内涵及其规律性的认识，促进礼仪修养的提升。按照礼仪主体的学习规律与社会实践规律提升礼仪修养，能够起到事半功倍的效果。礼仪主体的学习过程具备阶段性特征，礼仪的形成也非一蹴而就，须在根据学习规律与社会实践规律的基础上循序渐进地提升礼仪修养，并按照社会实践规律运用所学的礼仪规范，以形成良好的礼仪修养。

四、强化自我反思

礼仪修养的提升需要作为礼仪主体的人们具备自我反思意识。在礼仪相关知识的学习过程与运用其参与社会实践过程中，自觉反思自身礼仪知识的学习和运用效果，在礼仪修养提升过程中形成自我反思、自我提升、自我优化的意识。既要按照礼仪规范严格要求自己在社会实践过程中践行，又要在践行过程中不断反思自身的缺失之处，查缺补漏，对其进行针对性强化，使礼仪修养的提升转变为礼仪自觉。

五、实现灵活运用

礼仪修养的提升不是简单地将所学的礼仪规范相关知识机械地运用于社会生活及交往过程，而应注重礼仪规范践行的灵活性，做到灵活运用。礼仪体现的是人类文明演进过程中优雅的理性精神，而不是束缚自由的烦琐条目。处于礼仪文化浸润中的人们时刻感受到的是具备张力与限制的自由，并在这种自由中按照场合和情境的要求使用恰当的礼仪。礼仪的学习不能脱离社会实践的总体框架，而应在社会实践中，根据社会实践的需要，灵活按照对时间、地点、对象情况的考察使用合适的礼仪规范。这也是基于礼仪自身具备的差异性特征所要求的。不同国家、地区、民族有着不同的文化传统，也形成了各具特色的礼仪规范。若按照固有思维，对待不同国家、地区、民族使用统一礼仪，难免会造成礼仪冲突的局面，反而不利于社会交往活动的正常进行。

结　语

礼仪作为人类文明产生及发展过程中用以约束人类行为及调整社会关系的规范与准则，自诞生以来便作为人类文明发展的重要动力及表征人类文明程度的重要指标，对人类文明的发展及文明人类的形成都起着重要的作用。虽然基于东西方文明形态差异下的礼仪发展各有其特征，但发展到现代文明阶段也已形成相对统一的核心内涵。礼仪构成人类社会生活与交往实践中代表正向原则及其行为的全部内容，具备理论与实践相统一的双重形态，具体表现为人类社会交往与实践活动中所展现的规范准则及与之相符合的交往行为与物质载体。礼仪具备规范性、传承性、实践性、发展性及差异性特征，作为一种人类社会特有的规范在个人、社会及国家等多重维度上具备重要效能。人们也可以从日常生活的实践出发，按照适度、自律及统一原则发挥礼仪的作用，并对自身形象加以塑造，而良好的礼仪修养也需要通过理论学习及躬行实践等方式得以养成。

思考练习

1. 什么是礼仪？
2. 礼仪具有哪些特征？
3. 谈谈中国传统礼仪的发展阶段。
4. 结合实际，谈谈礼仪对促进社会主义精神文明建设的作用。

案例分析

案例分析一

1960年9月，肯尼迪与尼克松在美国电视观众面前进行了第一次总统竞选辩论，两位总统候选人在才能、声望等各方面都大体相当。在辩论现场，肯尼迪身穿黑色西服，神态举止镇定自若，给人一种成竹在胸的感觉。尼克松则身穿灰白色西服，因脚痛而不断变换站立姿势，显得十分拘谨，同时因体重下降，本来合身的衬衫也显得过大而不合身，给人一种无精打采的感觉。最终，在这场关乎美国总统选举结果的电视辩论后，尼克松输掉了美国总统的宝座。

礼仪提醒：尼克松为什么会在电视辩论中失利？

案例分析二

销售员小吴的语言表达能力很不错，其学历、才能及工作态度在销售员中都比较突出，但在业绩方面总是很差。经过仔细观察发现，小吴平日里不爱修整边幅，经常留着较长的指甲，在就餐时爱吃大蒜等带有较强口气的食物，就餐结束后也不刷牙或漱口。他每次去拜访客户不是被客户拒之门外，就是与客户交流后不欢而散。

礼仪提醒：小吴做错了吗？若做错了，错在哪些方面？

项目四　个人礼仪

案例导入

中国自古就是礼仪之邦，中华民族传统文化中关于个人礼仪的记载是十分丰富的。例如，汉代韩婴所著《韩诗外传》中“孟子休妻”的典故，指的就是君子在各个场合都应该重视礼仪，举止得体，行为大方。

孟子是战国时期儒家思想代表人物之一，被后世尊奉为仅次于孔子的“亚圣”。汉代韩婴所著《韩诗外传》中记载了一则孟子与其妻子关于个人礼仪的小故事。孟子所处的战国时期，将双腿向前伸开随意坐着称为箕踞，在当时的社会，箕踞向人是非常不礼貌的行为。有一次，孟子的妻子在房间独处，便不顾当时社会的礼仪，伸开两腿随意坐着。不巧，孟子进房间看到了，对妻子的这种无礼行为非常生气，便对母亲说妻子非常没有礼貌，不讲礼仪，他要休妻。孟子的母亲在了解整个事情发生的经过后，指出没有礼貌的人是孟子，而不是孟子的妻子。因为《礼记》中记载君子在进门前，要先问一下里面是否有人；君子在堂屋时要高声说话；进房间时，眼睛要向下看，不要直视他人。孟母指出孟子在进房间时，没有出声询问提醒妻子，进房门时也没有低头，可谓先失了君子之礼，所以不讲礼仪的是孟子自己，而不是孟子的妻子。

礼仪提醒：“孟子休妻”的典故体现了战国时期对个人礼仪的重视及个人行为礼仪的一些内容。现代社会，不论是东方还是西方，都很重视个人礼仪。我们在各种社交场合都要保持得体的仪容、仪表、仪态等，这样既能彰显个人魅力，又有助于在人际交往中与他人建立良好的关系。庄重、得体的个人礼仪不仅能展现一个人自尊、尊人的品德素养，还是个人立足、立业、取得进步和成功的重要途径。

引言

"礼"，在《说文解字》中意为履行祭拜活动，用来敬神祈福的仪式。"仪"意为法度。在《现代汉语词典》中，"礼"指社会生活中由于风俗习惯而形成的，是社会共同遵守的仪式。"仪"指个人的外表。由典籍释义可知，"礼仪"就是人类社交活动中应有的礼节仪式。个人的教养良知、道德素质、文化修养等内在涵养，会通过个体在社交活动中的仪表、仪容、言谈、举止、待人接物等方面展现出来，我们将这个过程中所展示出来的个人行为规范和待人处世的准则称为个人礼仪。个人礼仪既是个人行为习惯、内在素养的展示，同时也是一个国家公民素质的展现，是国家文化和文明的生动诠释。在社交活动中，个体要关注强调个人礼仪，不断提高个人素养，用良好的精神面貌展现现代文明，彰显中华民族重德贵义的优良传统。

个人礼仪是社会文明标准在个人行为方面的具体要求，是个人在遵守社会主义公德的基础上，在社交活动中尊重他人、与人为善、彼此友好。这是个体将公共道德修养内化于心、外化于行的表现。个人对于礼仪的注意，是其个人修养的内在投射。我国自古以来就是礼仪之邦，讲究"言为心声，行为心表""诚于中则形于外"，也就是说一个人的内在修养、品德素质会表现在个人的仪容仪表、言行举止、待人接物上。有德才会有礼，一个人只有不断学习，崇德明理，才能在生活中尊重他人，与人为善，成为既有儒雅风度又能谦逊和善、热情大度、明辨是非的文明人。

礼仪与文明同源，个人礼仪不仅能反映一个人的内在修养、品德素质，同时也能折射出一个国家的文明程度。强调个人礼仪，不仅能够规范人的行为，而且能够有效提高社会文明。礼仪是社会成员约定俗成的、在社交活动中应该共同遵守的、符合社会公共道德的行为标准，是一种社会文化。《新时代公民道德建设实施纲要》提出，礼仪礼节是道德素养的体现，也是道德实践的载体。建立和规范一些礼仪制度，以礼化人，成风化俗，凝聚群众，对培育和践行社会主义核心价值观、提高新时代社会文明风尚有着重要意义。

任务一　个人礼仪概述

个人礼仪是对个人在社交活动中行为标准的规范和要求，是以个人为基点的。群体是由个体组成的，其发展进步也是在个体的推动下展开的，个体的道德水平、行为规范将对群体、组织，乃至国家的生存与发展产生至关重要的影响。大力提倡个人礼仪，对个体进行精神洗礼及文化熏陶，不仅能提高个人自身修养，还能在群体中成风化俗、凝心聚力，极大提高新时代社会文明风尚，促进社会的进步发展。

一个人的礼仪，能有效体现出一个人的内在修养素质。个人文明礼仪就是在社交活动中，能做到律已、敬人，给予他人尊重和理解的过程和手段，是个人道德修养的外在表现。所以，规则能不能被遵守执行，关键取决于个人是不是有道德修养。如果缺乏内在修养，不能从思想上认识到文明礼仪的重要性，规则即使存在，也是形同虚设。因此，个人礼仪必须以个人道德修养为基础。

在社会活动中，一个人如果不尊重他人，就难以得到对方的尊重。个人礼仪必须奉行尊重他人的原则。“敬人者人恒敬之”，只有尊敬别人，才能赢得别人对自己的尊敬。

好的礼仪形象可以美化人生。在社交活动中，遵循个人礼仪，能做到律已、敬人，可以促进人际关系的和谐，更好地塑造个人的自身形象，更充分地展现个人的精神风貌。人们可以根据文明礼仪辨别社交形象、品行道德的美丑，进而明确行为标准，改掉一些陋习，明辨是非，使个人形象日臻完美。

良好的个人礼仪有利于塑造美好的个人形象，营造和谐的人际关系，推动社会文明的提高。但是文明礼仪与风尚的形成不是一朝一夕的事。个人文明礼仪的塑造需要坚持不懈地学习积累，在不断提高内在素质的基础上用更高的标准要求自己的外在行为，从而达到礼仪文明、形象良好的效果。社会文明风气需要在规范礼仪制度的基础上，坚持因地制宜、循序渐进地开展，逐渐引导人们向真、向善、向美，形成良好的社会风气。

个人礼仪的核心是与人为善、尊重他人、表里如一、修睦和善。当社会个体在社交活动中都遵守文明礼仪，尊重他人，约束自身，人人都在细节处体现教养，举止大方得体，展示良好形象，那么所有公民都会自然真切、落落大方。

人是生活在复杂的社会环境中的，方方面面都要与其他人打交道。在社交活动中，良好的人际关系有利于事业顺利发展，从而实现人生理想。从小学习礼仪规范，养成良好的道德品质，懂得“君子有所为，有所不为”的道理，在与人交往时，敬人律已，和谐相处，社会各阶层就会展现出修睦和善的风气。

社会文明的形成与传承，是靠每一个社会个体共同努力维系的。个人礼仪修养的加强，可以带来社会成员的道德水平、文化修养、交际能力整体的改善和提高，反映在国家和社会层面，就是文明程度、道德风尚的进步。

任务二　个人礼仪的培养

良好的个人礼仪、规范的处事行为都是需要不断培养、加强和改进的。因此，自觉将个人礼仪标准落到实处，将文明规范由条文要求转化为个人良好礼仪行为，是一个需要个体坚持不懈地努力学习、精心教化、渐变升华的过程。

主观能动性是指人的主观意识对客观世界的反映和能动的作用，对人的发展起决定作用，是人身心发展的动力。人的主观能动性提高转变，将引导人的行为和思想发生转变。个人在社交活动中，只有发挥积极的主观能动性，才能展现良好的礼仪风范，不断提高自身素质。因此，我们每个人都要不断学习积累，形成良好的教养良知、道德品质，将思想化为行动，自觉做到律己敬人，用较强的自律性克服不良行为和失礼行为。

学习可以使人知书达礼，明辨是非，可以帮助我们提高人生境界。教师的引导、同学的榜样示范是个人学习的直接途径；保持阅读、从书本中获取知识是个人加强礼仪学习的重要途径；有效的行动、自觉实践是我们检验自身礼仪规范的关键。虽然个人礼仪的塑造是一个积累渐变的过程，但是只要我们坚持学习，就能积跬步至千里，积小流成江海。

任务三　仪容礼仪

仪容礼仪是个人礼仪的重要组成部分，其涵盖的内容包括个人在社交活动中展现出来的各个细节，比如发型、妆容、面部清洁等。

一、仪容

仪容指人的容貌。容貌之美，一部分要看遗传的先天条件，但同时，我们也可以通过后天科学的、艺术的修饰，让我们的仪容突破先天遗传的限制。干净整洁、大方得体是我们在修饰仪容时要遵循的两大原则。我们在这里重点讨论大方得体这一原则，即社交活动中，个人在修饰仪容时要与场合相适宜。

个人社交活动的主要场所，可以归纳概括为职业场所、社交场所、私人场所三大类。不同的场所对仪容修饰的要求是不同的。当我们处于私人场所时，只要自我感觉舒适即可，因为对仪容的要求，视个人标准而定即可。本项目中我们主要讨论在职业场所及社交场所下的仪容礼仪。

（一）发型

发型是个人形象的门面，人们在交往中对头发是有很高的关注的。在生活中，无论我们是否外出，在个人护理方面都应该对头发勤于梳洗，保持整洁，避免出现异味、油腻、打结、头屑等情况。对发型的选择，要做到自然大方、美观得体。

在正式场合，我们对于头发颜色的选择，最好是保持自然色或者是较为低调的大地色，不宜染成夸张鲜艳的彩色，也不宜使用过多的喷彩或啫喱水。对于头发长度的选择，从社交礼仪的角度出发，不宜过于讲究自由和个性，可以活泼但不能轻浮。

女士发型有时会使用发卡、发绳、发带、发箍等装饰品。如果是在正式场合或者职业场合，对于发型饰品的选择也要做到端庄得体，选择较为大方典雅的颜色和图案，不宜使用色彩过于艳丽、造型图案过于夸张的头饰。

对于发型的选择，最好是根据所出席的场合选择合适的造型。职业场合选择发型时要注意以下两点：第一，要选择符合职业身份的发型，不同身份、不同职业、不同性别、不同年龄的人应有不同的发型。销售人员应选择让自己看上去更加干练的发型，比如男士寸头、女士盘发。教师应选择端庄朴素的发型，既要显得自信专业，同时又要平易近人、庄重典雅。模特、演艺界人士可选择更加新潮时尚的发型，表现出更强烈的视觉吸引力。第二，发型的选择要与年纪相符。学生应选择简洁大方的发型，彰显年轻人的活力与朝气；职业青年的发型不仅要能够展现青年人的青春活力，而且要符合自身职业形象和职场氛围；年纪稍长的人在发型选择时要符合年纪的稳重。

人们在社交场合选择发型时，要根据个人的自身条件来选择。不同的脸型、肤色、身材应选择不同的发式。比如，圆脸最好选择中分，头顶的头发要蓬松，不要紧贴头皮，从而在视觉上起到拉长效果。菱形脸适合侧分的大波浪长发，用头发遮住颧骨，使整个脸型更加流畅柔和。长脸适宜加多脸部两旁的头发，以增加厚度。

（二）面容

人们在交际场合最为人注意、暴露时间最长的就是我们的面部，所以一定要注意面部的整洁与健康。保持面部的整洁，早上起床后一定要洗脸，同时要养成午休后、用餐后、外出归来后洗脸清洁的习惯，随时清洁面部油污、汗渍、泪痕之类不洁之物，使面部保持清爽。

日常生活中，保持面部的整洁，眼睛、耳朵、鼻子、嘴巴等各个部位都要认真清洁。

1. 眼睛

我们早上起床、午休过后，要注意清洁眼部分泌物。在社交活动中，也要时刻注意眼角是否有分泌物，并及时清除。眼部传染病患者，在发病期应尽量避免社交活动，以免造成公众恐慌。

眉毛也要保持整洁有形，定期修饰。但是对眉形不要过于强调标新立异，不要将眉毛绣成奇怪的形状或者染成奇怪的颜色。

在社交活动中，如果要佩戴眼镜，要挑选美观、舒适、简单、方便的镜框，同时要时刻保持镜片的洁净。

2. 耳朵

我们要养成清洁耳朵的习惯，将耳朵外部的油渍、汗渍及时清洁干净，同时要定期清洁耳孔中的不洁之物。在公共场合，不要出现挖耳朵的行为。

3. 鼻子

日常生活中，我们应时刻保持鼻腔卫生，及时清理，保持鼻腔干净无异物。我们在社交场合，要避免在人前出现吸鼻子、擤鼻涕、挖鼻孔等不雅行为。前往公共场合之前，要仔细检查鼻毛是否裸露在鼻孔外面，如果是，要进行修理，保持整洁。

4. 嘴巴

在社交活动中，保持口腔干净无异味，牙齿洁白无异物是基本的要求，同时尽量避免在社交场合发出清嗓、打喷嚏、吐痰等不雅之声。对于胡须，青春期男子最好不要蓄须，因为青春期还在成长中，胡须较为稀疏，蓄须则略显邋遢，影响仪容。成年男子除开宗教信仰和民族习惯，在社交中最好也不蓄须。少数女士会有类似胡须的汗毛，在社交活动前最好及时修理，保持仪容。

5. 颈部

颈部是日常生活中直接表露在外但同时最容易忽视的部位，在社交活动中要养成良好习惯，对颈部进行清理保养。我们在清理面部的同时可以一并清理颈部，在护理面部时同时护理颈部，保持颈部皮肤润泽光亮，不让颈部皮肤影响我们的仪容仪表。

6. 手部

在社交活动中，最常使用、互相接触的器官就是我们的手部，手部也因此获称“人的第二张脸”。日常生活中，要养成勤洗手的好习惯，保持手部的干净清爽。不要蓄过长的指甲，要定期修理，保持指甲长度适宜，指甲缝要保持干净无污垢，指甲周围的肉刺等也要经常清理。秋冬干燥季节，我们要加强对手部皮肤的护理，定期擦抹护手霜，保持手部皮肤润滑光泽。

二、化妆

化妆，是当前深受大众喜爱的一种修饰仪容的方法。人们可以利用丰富多彩的化妆品对自己的容貌进行修饰装扮，从而扬长避短，让我们的五官更加美丽动人。在社交场合，进行适当的化妆是有必要的，这既是自尊自信的表示，也是对交际对象的尊重。随着时代的发展进步，化妆不仅仅是女士专享的，男士也可以适当化妆。

（一）化妆的原则

化妆可以改变一个人的外貌，可以让人变美，也可以搞怪恐怖。在社交场合，我们须遵循以下化妆原则。

第一要美化。我们在社交场合化妆是为了修饰矫正我们容貌上的一些不足之处，适当修饰可以让自己更美丽、更自信。切忌毫无章法、毫无美感的化妆，肆意发挥，标新立异，造成妆面脏化、丑化、怪异化。

第二追求自然。我们在化妆时适当修饰即可，不要浓妆艳抹，适当地美化修饰面容，营造自然、生动、得体的容貌。

第三要协调。化妆要遵循整体协调的原则，妆面与我们的气质、穿戴、发型、场合、身份等要协调，化妆让我们整体造型更加出彩，而不是突兀失调。

（二）化妆的礼仪

首先，我们要尽量避免在公众场合化妆；其次，我们在社交活动中最好不要浓妆艳抹，避免脂粉气过重或香水味过浓，以免引起他人不适。在社交场合，若妆面出现脱妆，要及时避开人群补妆。

准备化妆之前，我们要认真清洁脸部，将脸上的污垢油腻洗清。完成脸部清洁后，我们要做基本的护肤保养，让皮肤更滋润，妆面更贴合。

完成妆前准备后，就可以打粉底了。要选择与自己肤色肤质相贴合的粉底，不能一味追求白，也不要选择比自己肤色暗沉的粉底色号。粉底的涂抹一定要细致匀称，眼窝、鼻沟、脖子、耳朵等部位都要适当涂抹，不要遗漏，以免导致粉底界线明显，影响形象。打完粉底后，要用散粉定妆，既可以吸收妆面多余的油光，也可以让妆面服帖，不易脱妆。散粉的颜色也要根据肤质肤色选择合适的色号，不要过白也不要过于暗沉。

眼部主要是上眼影画眼线。眼影的选择要根据我们眼睛的形状及眼部皮肤状态选择。肿泡眼最好避开色彩饱和度较高的颜色，选择大地色系更为合适。涂抹眼影时选择宽度较为合适的刷子，沿着眼皮边缘少量多次蘸取涂抹，可以在眼头或眼尾处加以强调，突出重点部位。眼线要沿着眼睫毛的根部外缘来画，一般上眼线可以全部描画，下眼线描画眼尾部位，眼尾处重点加强即可。

腮红可以为我们整个妆面提色增气。上腮红时也是遵循少量多次的原则，每次蘸取少许沿着颧骨向鬓边的方向轻轻扫过，根据脸型描画。

描眉前先要根据自己的脸型来设计眉形。选择一款适合自己的眉形可以衬托整个脸部，起到画龙点睛的作用。描眉时重点要放在眉峰、眉尾处，眉头用眉刷轻轻扫过即可。眉毛的颜色要与发色相协调。

涂口红前，可以先用唇线笔描出理想的唇形，再上口红。在社交场合，为了避免口红印在餐具上，一般先涂一层口红，然后用纸巾擦去多余的油脂，最后隔着纸巾用散粉在唇上涂抹定妆。重复几次上述步骤，即可让口红服帖，避免出现唇印印在餐具上的情况。

任务四　服饰礼仪

社交场合，服饰是最重要的礼仪内容。因此，人们在社交场合选择服饰时，不仅要遵循美观大方的原则，而且要符合相应社交场合的礼仪要求。

一、着装原则

虽然“穿衣戴帽，各有所好”，但是社交场合，选择合适的服饰不能仅凭心意，还须遵循一定的原则。

(一) 合体

再美的服饰也需要和谐才能发挥美感。每个人都应该根据自身的身材条件选择合适的衣服。高个子可以选择长款服饰，矮个子尽量避免长款衣服，选择短款为宜。衣服的颜色也要根据我们的肤色、身材来选择。

(二) 合适

选择服饰时，我们常常需遵循国际通行的“TPO”原则，T即time（时间），P即place（地点），O即occasion（场合）。也就是说，人们在挑选服饰时，除了讲究美观，还要根据时间、地点、场合三个条件来挑选合适的衣服。

1. 时间

我们在选择着装时，要考虑时间的适宜性，随“时”更衣。一般来说，早晚气温如果差异较大，那我们要根据不同时间、不同气温的变化添衣或者换衣。服饰的选择还要符合季节特征，否则会给人以怪异之感。如夏天温度较高，我们应该选择面料较薄的衣服，冬天则选择面料较厚的衣服，夏天少穿，冬天多穿。

2. 地点

选择服饰时，要根据所在地的不同，选择合适的服饰。比如同样是7月，在北半球是夏季，我们就要选择轻薄凉爽的服饰；在南半球却是冬季，就要选择相对厚实保暖的服饰，以抵御寒冷。

3. 场合

人们要根据不同的社交场合，选择相适应的服饰。在相对个人的场合，我们可以选择比较舒适居家的着装；在工作场合，我们要选择工作服或者较为得体的服饰；在较为庄重的场合，如晚会或者重要活动仪式，我们一般选择礼服或套装。

二、服饰的色彩搭配

没有不美的色彩，只有不美的搭配。我们在选择服饰色彩搭配时，要遵循相应的美学原则，做到色彩搭配和谐，层次分明。不同色彩的组合，会在视觉上带来不同的效果。选对色彩，能衬得人白皙光亮；选择了不合适的色彩，则会让人看上去灰暗无光。在选择服装色彩时，我们一定要根据自身的皮肤、身材等特点来选择。

(一) 根据肤色选择合适的颜色

在选择服装颜色时，我们首先要知道自己的肤色，不要选择与肤色相同或相近的颜色，要选择与我们肤色有反差的颜色。肤色较深的人，适宜选择浅色调服装，比如白色、浅灰色、浅蓝色等；肤色较黄的人，建议选择红色或橙色服饰，通过色彩的对比衬托，增加我们肤色的红润度；肤色泛红则应选择冷色调服饰，要避开蓝绿色系服饰，因为蓝绿色与泛红的肤色组合在一起会显得人面色发紫。人们在选择服饰色彩时要根据自己的肤色选择合适的颜色，通过色彩的反差对比，在视觉上产生和谐与美化的效果。

（二）根据体形选择色彩

高矮胖瘦不同的人，在选择合适的服饰色彩时也是不一样的。体形较胖者宜选择冷色调，通过冷色调的视觉收缩效果，使人看上去显得瘦一些。体形较瘦者，宜选择暖色调扩张色，让人从视觉上显得稍微丰腴一些。身材较高者，颜色宜选择深色、单色或较为柔和的颜色。身材较矮者，最好全身选择统一的颜色。

三、男士服装礼仪

在较为正式的社交场合，西装是男士通行的着装。选择一套合体的西装，可以让人显得身材挺拔、气质不凡。

男士西装共分为礼服西装、工作西装及休闲西装三类，根据社交场合的不同，可以选择不同的西装。

（一）男士西装的款式与场合

市面上最常见的西装款有两种，一种是平驳领、圆角下摆的单排扣西装，一种是枪驳领、方角下摆的双排扣西装。这两类西装细节上还可进一步分为两扣、三扣、四扣、六扣等。目前单排一粒扣深受年轻人喜欢，年轻人在各种场合都可以选择一粒扣。较之一粒扣，两粒扣的西装商务气息更浓。三粒扣的西装目前不如以往受欢迎了，三粒扣是最传统的西装款式。四粒扣的西装对穿着者的身材要求较高，这种款式的西装是从军装演变而来的，较为修身，穿上会显得挺拔精神。六扣的西装一般适合用于出席非常正式的场合，比如宴会、典礼。

以前西装多用于正式场合，男士在选择西装时常常是成套搭配。西装套装的面料、颜色必须是统一的。在更为正式的场合，还会搭配上同色同料的背心，形成西装三件套。三件套较之两件套更为正式，也更为美观。随着西装的改良，越来越多的年轻人日常生活中也会穿西装，所以单件西装外套也愈发常见。

（二）男式西装的礼仪

男士着西装时，西装的搭配、领带的选择、鞋包配饰等都需要注意礼仪细节。这些礼仪不仅关乎个人形象，而且也是对社交场合与对象的礼貌和尊重。

第一，西装是讲究线条美的，所以上身前一定要熨烫笔挺，挺括的西装才能凸显西装的质感，才能衬托穿着者的气质与精神。西装的收纳也要注意，不要折叠或者过度挤压，破坏西装的直线，最好是挂起，保持西装线条的笔直挺括。特别是西装裤的裤缝，一定要保持挺直。

第二，西装纽扣的扣法。单排一粒扣，可扣可不扣。单排两粒扣，正式场合要扣上面第一颗，第二颗可扣可不扣。单排三粒扣，非正式场合可以不扣，正式场合选择扣上面的第一颗或者第二颗。双排扣的西装一般是都扣上，这样穿着会更精致修身得体。西装里面的衬衫袖口一定要扣上。

第三，西装的搭配。在正式场合着西装要配领带和衬衫。西装里面除了衬衫一般不穿其他衣服，衬衫里面也不适合加其他打底内衣，以免显得臃肿。天气较冷的话在衬衫外面加一件 V 领羊毛衫。西装搭配的衬衫和羊毛衫的颜色、款式最好不要过于花哨复杂，以免给人轻浮之感。衬衫的领口一定要挺括有型，同时要洁净美观。一般而言，西装衬衫袖口、领口都要长于西装上衣的袖口、领口一至两厘米。在正式场合下，穿西装不要卷袖子，不管是衣袖还是裤腿，都不要卷，保持西装的自然笔挺。

第四，领带的搭配。领带可以说是西装的灵魂。正式的社交场合西装一定要配上领带，领带的选择要与西装、衬衫整体协调。不太擅长搭配的穿着者，可以按照西装—衬衫—领带的顺序，采用深—浅—深的配色方法搭配。尽量避免挑选颜色过于艳丽的领带。领带图案的选择，也要与西装、衬衫相配，要避免条纹领带配条纹衬衫，格子领带配格子衬衫。领带系好后的长度一般正好在腰带上方，或者高于腰带一两厘米。西装上衣系上扣子时，领带夹夹在衬衫第二、第三颗扣子中间，西装上衣敞开时，领带夹夹在衬衫的第四、第五颗扣子中间。

第五，西装口袋的使用。西装讲究直线美，线条越流畅，西装穿着越好看，所以西装的口袋基本都是起着装饰作用。西装上衣外侧腰部的口袋只作装饰用途，一般不装物品。西装上衣胸口外侧的口袋，只放叠好的丝巾、手帕等，可以凸显西装的美观优雅。西装上衣的内胸口处一般会有两个内袋，这是西装最实用的口袋，可以在这里放钱夹、钢笔等，但是也不要放过厚过重的物品，以免让西装鼓鼓囊囊，失去挺括质感。

第六，皮鞋及袜子的选择。西装要穿出优雅精致之感，光有服饰还不行，还要搭配上合适的鞋袜。穿西装一定要搭配皮鞋，不能搭配凉鞋、球鞋等，这样会显得不伦不类。皮鞋的颜色以黑色或深棕色最为适宜。皮鞋要保持干净有光泽，不要蒙满灰尘。袜子要选择与鞋子、裤子颜色相同或其他深颜色的。一般而言，浅色的、图案复杂的袜子与西装不是很搭配。

第七，公文包的选择。西装的口袋一般只起到装饰作用，如果男士携带的物品较多，可以使用公文包。目前男士公文包材质、款式越来越多，穿西装时最适宜使用真皮公文包。颜色选择上以深褐色或棕色较为适宜，不要选择颜色过于鲜艳、款式过于花哨的，以免给人轻浮的印象。

四、女士服装礼仪

女性服装无论是款式、颜色、种类都比男士服装多，女性在社交场合可以选择的服饰相应的就更多、更广。根据社交场合的不同，可以有多种选择。

（一）正式场合服装礼仪

女士在正式场合着装庄重得体，不仅能够彰显优雅气质和良好品位，而且能够凸显专业素养与严谨态度。我国女性在正式场合一般选择旗袍或是做工考究的西式礼服。旗袍是我国特色民族服装，各种场合都有相应的旗袍选择。在正式场合，一般选择面料高级、款式庄重的旗袍。在非正式社交场合，可以选择面料、款式、做工都比较低调的旗袍。着旗袍时，发型、首饰、鞋包配饰都要搭配好。

（二）商务场合服装礼仪

现代职场女性在商务场合一般是穿西式套裙。一套经典的西式套裙面料要高级，做工要考究，上身效果要挺括贴身，如果有条件最好是量身定做。

第一，套裙面料的选择。套裙的面料要有质感，上衣和裙子的面料要统一。最好选择不易起皱的，能保持套裙挺括有型的面料。

第二，套裙颜色的选择。西式套裙的色彩选择要遵循两个原则，一是要庄重优雅，二是要符合着装者所处的场合氛围。因此，一般情况下，过于艳丽的颜色最好不要选择，套裙颜色以冷色、素色为最佳。

第三，套裙的长度。传统的西式套裙，上衣一般不宜太短，裙子的长度也要适中，一般以到小腿肚最为丰满处的长度最适宜。

第四，着套裙的注意事项。首先要合身得体。女士一般在商务场合穿套裙，这种场合的服装一定要合身，既不能过大也不能过于修身，以免给人轻浮散漫之感。上衣最短也不能露腰、露腹，裙子不能过短，要符合所处场合的着装要求。在正式场合，套裙的扣子都要扣上，不能在社交场合敞开扣子或是将上衣脱掉。其次，着套裙时，鞋袜也要搭配得当。通常来说，着套裙时，要配连裤丝袜和高跟皮鞋。丝袜的颜色以黑色最佳，不要选择色彩鲜艳的丝袜。套裙要配合高跟或半高跟的皮鞋才能凸显线条美，着套裙时不宜搭配系带皮鞋或丁字式皮鞋。

（三）办公场合服装礼仪

女士日常办公场合选择服饰时，只要端庄、得体、文明、整洁，裙子、裤子、中式服装、西式服装都是可以的。虽然选择较多，但是有几点原则是要特别注意的。

第一，要干净整洁。在工作场合的着装，一定要保持洁净，不能有污渍和异味，要勤换洗，以免给人留下邋遢的印象。

第二，衣服要平整流畅，不能皱巴巴的。对于一些易皱面料的服饰，穿搭前要熨烫平整；对于比较挺括有型的服装，洗涤后最好是悬挂收纳，不要叠放挤压。

第三，着装要得体。在工作场合，不宜敞胸露怀，不宜挽起裤腿，一定要特别注意形象。同时，不宜选择颜色过于艳丽，款式过于暴露、贴身的服饰，比如吊带、超短裙等。

（四）日常休闲场合服装选择

在较为私人、悠闲的场合中，女士可以根据自身喜好选择轻松、舒适的服装搭配。

任务五　仪态礼仪

仪态是指一个人呈现出来的精神面貌。我们行走坐立的姿势、对待他人的态度、说话的语音语调、卫生习惯等都是我们仪态的呈现。

一、仪态的重要性

根据加州大学阿尔伯特·马哈宾博士人际交往相互传递信号3V理论，人们在社交活动中主要通过3V信号——visual（视觉信号）、voice（声音信号）、vocal（语音信号）来相互传递信息。视觉信号主要指我们透过他人服饰、肢体语言、面部表情等所获得的视觉信息；声音信号指我们在交谈中通过他人的语音语调所获得的信息；语音信号是指在交谈中，人们的遣词造句所透露的一些隐藏信息。

在人际交往中，人们会不自觉地关注他人的仪表仪态，关注细节之处反映出来的一个人的素质、教养，所以我们要重视个人仪表仪态、礼仪细节。

二、仪态礼仪的基本要求

良好的容貌是与生俱来的，并不是每个人都能拥有的，但是良好的仪态是我们通过后天的努力、锻炼能够培养出来的。在日常生活中，我们的站姿、坐姿、走姿、蹲姿、表情等的运用，都是表现我们仪态的无声语言，是我们内在修养的体现。

（一）站姿

站姿是我们社交活动中最基本的仪态。中国传统文化里要求“站如松”，站立要像一棵松树一样挺拔，让我们的整个躯体呈现端庄典雅之美。站姿是仪态美的静态呈现，是我们训练其他仪态举止的基础。

1. 站姿的基本要求

第一，双肩放松，自然下沉。

第二，收腹，挺胸，立腰。

第三，双臂放松，自然垂下，放于躯干两侧，手指自然弯曲。

第四，双腿并拢立直，两脚脚跟贴紧，脚尖分开呈60°。

2. 应避免的站姿

第一，无论男女，站立时要避免弯腰驼背、左顾右盼或扭来扭去，这样会让人显得精神不佳，缺乏教养。

第二，站立时，双手不要交叉抱胸，这是一种防御姿态，给人不友好的感觉。

第三，在较为正式的场合，要避免双手插兜或叉腰，不要出现抠手、咬指甲、玩弄衣袋等行为，以免给人过于紧张、缺乏自信之感。

第四，站立与人交谈时，要正面朝向对方，目光直视，保持一定的距离，不要站得太近，也不要站得太远。

3．不同场合的站姿

在非正式场合，我们的站姿可以稍微灵活变动，不用长时间保持同一姿势。在保持躯体挺直、收腹、立腰的前提下，双脚可以并拢，也可以一前一后，既保持站姿的挺拔，同时又呈现自然舒展之势。

女士和男士站姿都要求直立挺拔，但是细节之处又有些许不同。女士在站立时，保持躯体的挺拔，脚部可以并拢，也可以站成“丁字步”，即右脚稍微向前，脚跟保持靠在左脚上。右手搭握放在左手除大拇指外的四指上，并自然下垂贴在腹部。男士在站立时，双脚可并可分。并拢时，双脚脚跟贴紧，脚尖呈60°分开；如若分开，则双脚平行站立，双脚分开不要超过肩宽。双手可以采用背手姿势，即双手折叠贴在两臀中间，也可以左手握住右手腕，自然贴在腹部。

当我们站立在移动的交通工具上时，为保持平衡，可将双脚略微分开，但是不要超过肩宽，重心放在两腿正中，保持躯干直立，收腹挺胸。

在较为轻松的场合，我们可以采用稍息的站姿。可以将双脚略微张开，双脚距离不可超过肩宽，保持挺腰、收腹，双眼平视前方。

（二）坐姿

坐姿是我们在社交场合中难以避免又非常重要的静态造型。端庄优美的坐姿能给人以文雅、大方的美感。

1．坐姿的基本要领

第一，入座、起座时动作轻盈、平稳，不要猛地坐下或起身，给人莽撞之感。

第二，入座后，双膝双脚并拢，自然垂放，可以双脚并拢也可以保持一前一或小腿交叉，不要跷二郎腿或者将双脚前伸拉直。

第三，中国传统文化讲究“坐如钟”，不论何种坐姿，我们坐下时都要保持上身挺直，两肩自然放松，双手自然置于膝上或者扶手上。

2．女士常见坐姿

第一，腿正放坐姿。上半身挺直，大腿、小腿与地面呈直角自然垂地，双手手心向下，左手在下、右手在上叠放在大腿中部。如果身着短裙，可以将双手叠放压在裙摆上。在正式场合多采用此种正放坐姿。

第二，双腿斜放式。女士在坐较为低矮的椅子、沙发时多采用此种坐姿。这种坐姿要领是大腿、小腿都并拢斜放，可向左也可向右，双腿中间没有缝隙，双手自然交叠置于大腿中部。

第三，双脚交叉式。双腿并拢斜放或略微内收，双脚脚踝交叉，双手叠放或者平放皆可。这种坐姿多用于较为放松的场合，是较为舒适休闲的坐姿。

3. 男士常见的坐姿

第一，正姿。在正式场合，尤其是与尊者交谈时，常采用这种坐姿。双腿90°自然垂放于地，双膝并拢或者稍微分开，分开不要超过肩宽。双手掌心朝下置放于膝盖处。

第二，大腿叠放式。双腿大腿部分相叠，在下方的那条腿与地面垂直，位于上方的那条腿适当内收，靠近另一条腿，脚尖自然下垂。

（三）走姿

人们在行走时也要注意礼仪姿态，遵循相应的规范和准则。良好得体的走姿，不仅能够展示个人形象，同时也是对他人的礼貌和尊重。

1. 规范的走姿

第一，抬头，挺胸，收腹，下颌微收，目光正视前方。

第二，走动时始终保持双肩平稳，两臂以身体为中轴，小弧度自然摆动，一般而言，手臂向前摆动不超过35°，向后摆动弧度更小，不超过15°。走动时两手自然贴近双腿。

第三，起步时脚尖干脆利落地迈向前方，上半身同时向前方稍微倾斜，身体重心放在迈出的脚掌上。前脚迈出的过程中，后脚要用力保持绷直，使整个人保持挺直，呈现出昂扬的精神面貌。

第四，走动时，迈出的步子尽量走成两条平行线或者一条直线，不要向内交叉或者向外倾斜，走成“外八字”或“内八字”步。

2. 应避免的走姿

第一，行走时的步幅不能一会儿大一会儿小，双脚在落地时一般保持一个脚长的距离。

第二，行走的速度不要时快时慢，应保持匀速走动，给人以沉稳之感。

第三，行走时，身体不要晃来晃去，以避免轻佻、浮躁之感。

3. 几种常见的走姿

第一，为嘉宾或尊者引路时，走在嘉宾或者尊者左前方，保持两步左右的领先距离，微侧身体朝向嘉宾，向前伸出左手做引导姿势，视线在嘉宾与前行的方向来回转换，提醒嘉宾注意脚下的台阶、转弯等。

第二，与人告别时，一般不能立刻转身离去，而是应该先目视对方，脚步后撤两三步再转身，后退时步幅不宜太大，微微轻擦地面，转身后再转头。

第三，上下楼梯时，遵循靠右行走的原则，以免碰到对面的人流，行走中步幅不宜太大，保持匀速，不要慌忙向前冲。

（四）蹲姿

较之站姿与走姿，蹲姿是日常社交中使用频率相对较低的一种姿势，因而人们在社交礼仪训练中常常忽视这种姿势。但我们在个人社交礼仪的训练中，应该充分考虑蹲姿的训练，以备不时之需。比如物品不小心掉落在地，我们就需要蹲下拾起物品，有些人是直接弯腰，上半身前俯，臀部撅起，这种姿势是不太雅观的。女士着裙装时，尤其应该避免这种姿势，以防走光。得体的蹲姿是：下蹲时，双腿并拢，屈膝降腰，臀部自然向下，稳住身体重心。常见的蹲姿有以下两种。

1. 高低式蹲姿

下蹲时，左脚先向前迈一步，而后上半身保持挺直下蹲，左脚垂直于地面，整个脚掌平踩地面，右膝保持在后，弯曲向下，右脚脚跟稍稍抬起，右膝要低于左膝，右膝内侧靠在左膝内侧。整个过程中，保持上半身直挺，身体重心保持在右腿上。

2. 交叉式蹲姿

采用这种姿势下蹲时，上半身保持挺直下蹲，左右脚一前一后，一般是左脚在前，左脚垂直地面，整个脚掌平踩地面；右膝从左膝下方穿过伸向左侧，使左膝在上，右膝在下，二者交叉重叠，右脚脚跟稍稍提起。整个蹲姿过程中，臀部向下，保持上身挺直，呈现优雅蹲姿。

（五）表情

表情是人脸各种情态的总称。人的面部表情是丰富传情的，人们的眉毛、眼睛、鼻子、嘴巴都能通过动作传递不同的情感。甚至面部肌肉的走向、面色等都可以传递出不同的表情，比如欢快、难过、沮丧、惊讶、担心、愤怒、疑惑等，通过这些表情可以有效传达人们内心的真实感受。所以在社交活动中，表情是一种重要的交际手段，其中又以眼神和微笑最为重要。

1. 眼神

“眼睛是心灵的窗口。”眼神能够反映人们内心最真实的想法。在人际交往中，人们往往会不自觉地看着对方的眼睛说话，在社交过程中，会时不时观察对方的眼神，我们的眼神有时候会比言语更早、更真实地反映内心的情绪。所以在社交中，我们要注意眼神注视的时间、范围和方式等。

第一，眼神注视的时间。相关科学研究表明，在对话交谈中，人们视线注视对方脸部的时间占整个谈话时间的30%～60%。一般认为，注视的时间少于30%，意味着对谈话人和谈话内容都不太感兴趣；若注视时间长于60%，则意味着对谈话人本身表现出了超乎寻常的兴趣。所以，在社交谈话中，我们应该时不时自然而然地给予谈话者目光注视，并注意时间，不要一直死盯着对方，也不要眼神上下左右打量，以免给人无礼、轻佻之感。在谈话中，如果给予对方的眼神关注不足30%，一般会理解为对此次谈话不感兴趣，急于结束；若是给予对方的眼神超过60%，可能会给人过于热情的印象，被解读为对说话人有超乎寻常的兴趣。交谈时，我们的目光不能左顾右盼、不断向四周游离，这是很不礼貌的行为。在交谈中，我们也不能目不转睛地盯着谈话对象，可以适当地将目光转移，如果是多人谈话，还应该均匀地将目光分配给参与谈话的对象们。

第二，眼神注视的范围。谈话中，我们眼神注视对方范围的不同会传递出不同的信息。一般将视线范围分为三类：第一类是公务注视区间，这个区域是以我们双眼为底线，以我们的头顶为上线，连接形成的一个三角区间。目光保持在这一范围，能营造一种严肃认真、居高临下的压迫感，以期更好地掌握谈话的主动权。在商务谈判、外交场合中，谈话双方常常将视线放在这一区域。第二类是社交注视区间，这个区间是以我们的双眼为两个顶点，以我们的下颌为下线形成的一个倒三角区间。注视这一区域，往往会让被注视人感到轻松、平等，有助于营造自然、友好的谈话氛围，在日常谈话中我们常常使用这一注视区间。第三类是亲密注视区间，这一注视区间范围包括谈话人的眼睛、嘴唇、胸部、颈部等较为私密的部位，这一区间一般是有亲密关系的双方谈话时注视的范围，注视这些部位，能含蓄地表达爱意和感情。

第三，眼神注视的方式。在谈话中，我们的眼神注视谈话对象的方式也是需要注意的。正视的视线是坦荡真诚的，但是正视的视线也分柔和和逼视。柔和的视线是自然坦荡，正面逼视则是居高临下、带有命令性质；俯视一般是长者或者尊者适用的眼神注视方式；斜视一般表示鄙夷；眯眼表示疑问。在社交谈话中，我们的眼神、目光应该是柔和、礼貌的，这样既能让谈话对象通过眼神感受到我们的热情，同时又能传递出坦荡真诚之意。

2. 笑容

笑容也是极具传染力的表情之一，笑容能够传递出我们内心很多不同的情感。笑容的形式是多种多样的，有大笑、微笑、傻笑、冷笑、嘲笑、开心畅怀的笑容、羞涩含蓄的笑容等，不同的笑容能够诠释人们内心深处不同的情感。

最适合在社交场合使用的就是微笑。人们在微笑时，往往传递出温暖、亲切、友好等积极正面、有利于人际交往的情感。适当运用微笑，能够有效拉近人与人之间的距离。值得注意的是，在社交场合中，我们的微笑一定要是发自内心，真切诚恳，富有感染力，不能肆意大笑，也不能皮笑肉不笑。

结　语

个人礼仪包括个人的仪容礼仪、服饰礼仪及仪态礼仪。仪容礼仪指个人在社交场合的容貌装扮，服饰礼仪指个人在不同社交场合应注意的着装原则，仪态礼仪指个人的行为举止。在社交场合，良好的个人礼仪对我们的社交活动能起到积极的推动作用，一个仪容整洁、仪态优雅、仪表得体的人，是很容易受到大家的喜爱和尊重的。要实现这个目标，就要求我们重视个人礼仪，无论是着装的选择、妆容的美化还是个人行为的一举一动，都要符合所处的社交场合的特点，不能特立独行、我行我素。

思考练习

1. 个人礼仪包括哪些内容?
2. 着装的基本搭配原则是什么?
3. 规范的走姿是什么样的?
4. 在社交场合应避免的表情有哪些?

模拟实训

模拟实训一

小A是文学院秘书学专业学生,五官端正,形象较好。在校期间成绩优秀,能说一口流利的英语,在各类刊物上发表了多篇文章,写作能力较为突出。某次,小A参加一公司行政人员面试,在一众面试者中,小A的综合实力最好。当小A走进面试间时,身着迷你短裙、露腹上衣,妆容较浓,在和面试官问好后,小A不等面试官的指引就自行就座。面试过程中,小A跷起了二郎腿。面试结束后,该公司录取了简历不如小A的其他应聘者,并且小A是本次面试得分最低的求职者。

礼仪提醒:小A为什么会面试失败呢?请你为小A示范一次正确的面试。

模拟实训二

正确的坐姿、站姿、走姿和蹲姿有哪些?请你展示一下。

礼仪提醒:请注意男女有别。

项目五　家庭礼仪

案例导入

中国古代文献中关于家庭礼仪、孝敬父母的典故众多。《三字经》中“香九龄，能温席”指的就是东汉黄香“扇枕温衾”、孝敬父母的故事。

据说黄香小时候家境贫寒，生活艰苦，但他从小就懂得孝敬父母。9 岁时母亲生病，黄香非常难过，但还是无微不至地照顾生病的母亲，守在母亲的床前不离开半步，最终母亲还是去世了，孝顺的黄香自此便更加关心、照顾父亲。

一个冬天的夜晚，天气十分寒冷，捧着书卷读书的黄香读了一会儿就感觉双手冰凉，他不禁想到，这么冷的天气，父亲晚上肯定会冻得无法入睡。为了让父亲能够少挨冷受冻、安心睡觉，他读完书就悄悄进入父亲房间，替父亲铺好被子，然后钻进被窝里用自己的体温使被窝里尽可能暖和些，等被窝暖和了之后，他才招呼父亲睡下。

到了夏天，黄香家低矮的房屋难以透风，因而特别闷热，蚊虫很多。黄香就在父亲睡着的时候替父亲扇扇子，既能降温，又能驱赶蝇虫。自此，黄香“扇枕温衾”、尽心奉养长辈的故事就成为美谈。甚至京师有人称赞他“天下无双，江夏黄童”。

礼仪提醒：“扇枕温衾”的故事体现了黄香心中时刻怀有对父母养育之恩的感激，因此，他用实际行动来表达自己的孝心。孝文化是中国传统文化的重要组成部分，是使中华民族成为和谐、和睦的文明之邦的重要文化要素，而懂得感恩正是孝文化的核心。

引言

家庭是构成社会的细胞，在社会发展中具有重要的作用。家庭既是家庭成员相处的一个稳定场所，包含家庭成员之间的相互关系，而且是家庭成员们与外界取得联系、进行交往的重要场所，很多仪式、仪节都是在家庭中举行的。了解家庭内部交往和外部交往的礼仪，有助于提升人际关系，展现出良好的家庭形象和个人素养。

家庭关系，简而言之即家庭成员之间相处的方式。家庭成员彼此尊重信任、关心爱护，形成感情融洽、生活和谐的关系，这些都是重要的家庭环境因素。家庭和睦，对孩子的教育、品德培养和体智美的发展有事半功倍的功效。

文化氛围是一个家庭文化修养水平的体现。家庭要有良好的文化气氛，积极健康的文化体育娱乐活动不但可以调节家庭气氛，使家庭充满乐趣，而且能陶冶家庭成员的思想情操和精神情趣，提高文化修养水平。

家风是在家庭活动和家庭成员的交往过程中通过长者言传身教及家庭成员的共同努力逐步形成的。家风一旦形成，对每个家庭成员都是一种无形的教育力量，约束并规范着家庭成员的言行举止，具有继承性和延续性，对家庭成员的影响极为深远。追求理想、积极向上、团结和睦、民主平等、勤奋好学、勤劳节俭、爱好健美、讲究卫生等都是优良好家风下形成的优秀个人品质。德莱塞在《嘉莉妹妹》中称："和睦的家庭空气是世上的一种花朵，没有东西比它更温柔，没有东西比它更优美，没有东西比它更适宜于把一家人的天性培养得坚强、正直。"可见，无论中外，家风对一个家庭中成员性格的塑造具有重要作用。

任务一　家庭礼仪概述

中国自古有"礼仪之邦"的美称。礼曾一度作为治国的必备之道，在中国的社会生活中占有重要地位，不仅渗透在政治、军事、法律、文化、教育等方面，而且贯穿在日常生活当中，上至王公贵族，下至平民百姓，无不懂礼尊礼，守礼敬礼。

儒家经典三礼《周礼》《仪礼》《礼记》是古代社会礼仪、礼节教育的主要阵地，是各种社会礼仪理论和礼仪制度的滥觞，是中国古代非常重要的道德制度典范。《礼记·曲礼上》对"礼"在社会生活中的重要性做了深入的阐发："道德仁义，非礼不成。教训正俗，非礼不备。分争辨讼，非礼不决。君臣、上下、父子、兄弟，非礼不定。宦学事师，非礼不亲。班朝治军，莅官行法，非礼威严不行。祷祠祭祀，供给鬼神，非礼不诚不庄。”这就是说：道德仁义不通过礼就无法成就；教化、训导民俗使其走上正途，不通过礼就不完备；分辨纷争和案件的是非曲直，没有礼就不能决断；君臣、上下、父子、兄弟，没有礼就无法确定各自的名分；从师学习做官和学习知识，没有礼，师生之间就不能亲密；上朝列位，整治军队，担任官职，执行法令，没有礼就失去了威严；祈福祭祀，供养神灵，没有礼就不够虔诚和庄重。由此可以看到礼在古代社会扮演着极其重要的角色。荀子在《修身》篇中说：“人无礼则不生，事无礼则不成，国无礼则不宁。”这句话的意思是说，如果一个人不讲究礼仪、不遵守礼节，就难以在社会上生存下去，当然也不能赢得别人的尊重，办事情也不会成功，对于一个国家来说，如果没有礼仪规范作为言行的准则，那么这个国家就永远不会安宁。可见，讲礼仪是中华民族的传统美德，是贯穿于每个人生活习惯和行为举止的细节，它体现了一个人的素养，彰显着一个国家的文明程度。

《周易・家天下》写道：“家人有严君焉，父母之谓也。父父子子，兄兄弟弟，夫夫妇妇而家道正，正家而天下定矣。”这是说父亲和母亲是一个家庭中有尊严的家长，在家庭生活中，父亲要像个父亲，儿子要像个儿子，兄长要像个兄长，弟弟要像个弟弟，丈夫要像个丈夫，妻子要像个妻子，这样家道才能端正。如果都能正其家，天下也就安定了。《周易》详细地论述了家庭成员在家庭生活中应如何扮演好自己的角色，以及家庭成员的所作所为对良好家风形成的重要作用。

礼并不等同于礼仪，礼仪是对礼产生之后所需要进行的一系列祭祀活动的统称。东汉许慎在《说文解字》中提到：“礼，履也。所以事神致福也，从示，从豊，豊亦声。”意思是说要实现约定的事情，用来给神灵看，以求得神灵的赐福。“示”在这里指某种超自然的神灵，不难看出礼与祭祀神灵有关，而“礼仪”就是对类似祭祀活动的概称。在礼产生而礼仪尚未产生的时候，礼只是人们在心中对神灵的敬畏、对自己的规约，然而这种敬畏没有找到表达的途径和方式。礼仪出现之后，心中的敬畏等情感外化成了不同的形式，对神灵的祭祀是其中最重要的一种。在后期贵族阶层，出现了向长辈行礼以表达敬意的做法，“礼”最初的含义随时代的更迭变迁，主体意识不断强化的背景下逐渐消声于时代的浪潮中，人与人之间表达敬意的礼节逐步取代了人祭祀神灵时所形成的礼仪。现在我们所说的礼仪是广义上的礼仪，是人类为维系社会正常生活而要求人们共同遵守的最起码的道德行为规范，是包括礼、礼服、礼器、礼俗等在内的一个复杂多元的概念，在人们长期共同生活和相互交往中逐渐形成，并且以风俗、习惯和传统等方式固定下来，并不单纯指代对神灵的祭祀仪式。对一个人来说，礼仪是一个人的思想道德水平、文化修养、交际能力的外在表现；对一个社会来说，礼仪是一个国家社会文明程度、道德风尚和生活习惯的反映。因此，重视、开展礼仪教育已经成为道德实践的一个重要内容。

在现代社会诸多的礼仪当中，家庭礼仪是一切礼仪的基础。从礼仪执行的主体来看，家庭礼仪是家庭生活中亲子关系及兄弟姐妹、亲戚朋友、邻里之间关系的礼仪规范；从其功能和效果的角度而言，家庭礼仪是人们在长期的家庭生活中，用以沟通思想、交流信息、联络感情而逐渐形成的约定俗成的行为准则和礼节、仪式的总称。家庭礼仪在某种程度上即成员礼仪。成员礼仪主要指成员之间的礼仪规范，如夫妻之间的礼仪、父母子女之间的礼仪、兄弟姐妹之间的礼仪等。家庭成员是家庭活动的主体，也是家庭礼仪的具体操作者。一般的家庭是三世同堂：祖辈、父辈和子辈。夫妻是家庭的核心，夫妻感情是家庭稳定、幸福的关键。幸福的家庭都是相似的，不幸的家庭有各自的不幸。这里所说的幸福是建立在礼仪的基础上的。“相敬如宾、白头偕老”阐明的就是夫妻间也要有礼节才能幸福一辈子的道理。“父子和而家不败，兄弟和而家不分，乡党和而争讼息，夫妇和而家道兴。”可见，“和”是人与人之间相处融洽的关键。这个“和”用今天的话来解释，就是相互谦让、谦恭有礼的意思。

家庭礼仪在现代社会生活中发挥着重要的作用。简单地说，家庭礼仪是维持家庭生存和实现幸福的基础，家庭礼仪能调节家庭成员之间达成和谐的关系。同时，家庭是社会的细胞，家庭礼仪有助于社会的安定、国家的发展。总之，家庭礼仪是家庭和睦的保证，是社会和谐的基石。

任务二　家庭内部礼仪

《周易·家人》中说：“正家而天下定矣。”《礼记·大学》中也明确提出：“齐家、治国、平天下。”家庭教育的重要性显而易见。中华民族自古以来就十分重视家庭教育。一般来说，家庭具有生产、消费、抚育和赡养、教育、社会交往等各种功能。家庭不仅是其成员相处的一个稳定场所，也是家庭成员们与外界取得联系、进行交往的重要场所，同时又是人成长的摇篮。除了学校承担的教育任务，家庭对孩子人格品德、生活礼仪、生活技能等方面的影响教育也起着重要的作用。由此家庭的教育功能显得十分重要。

家庭是基于婚姻关系产生的一个概念。广义的婚姻家庭泛指自群婚制出现以来的各种两性和血缘关系的社会形式，其中包括群婚、对偶婚、一夫一妻制的个体婚和与之相适应的各种家庭形态。狭义的婚姻家庭仅指一夫一妻制形成以来的个体婚和个体家庭。家庭内部交往的礼仪建立在一夫一妻的个体婚姻和个体家庭的基础之上，是对夫妻、父子／女、兄弟、姐妹等有婚姻、血缘或收养关系的家庭成员行为的规约。

家庭礼仪以血缘关系为基础，以收养关系为补充，以联络感情为目的，以相互关心为原则。这意味着在遵守家庭礼仪的基础上要“正家而天下定矣”，正家即家正。《周易》将家国联系起来，把“家正”看作“天下定”的基础，凸显了家的社会地位和社会作用。

家庭成员之间的互相称谓是家庭礼仪中最为重要的一个环节，是其他礼仪得以执行的前提。家庭礼仪的目的是营造一个良好的家庭氛围。良好的家庭氛围以良性的家庭关系、规范的生活模式、轻松活泼的文化氛围和良好的家风组成。家庭活动中离不开某些仪式，如婚礼、葬礼、庆贺、馈赠等。这些仪式都有各自不同的一套行为准则与活动规范，尽管举办者与参加者由于所处的地位、立场不同，其行为都应遵从或符合一定的礼仪规范和要求，如祝贺礼仪等。

一、家庭称谓礼仪

称谓，广义上可以指名称；狭义上指人交往当中彼此的称呼。这种称呼通常基于血缘关系、职业特性、宗教信仰、社会地位等因素。家庭称谓是表示家属和亲戚之间关系的特定称谓。作为文化重要组成部分的称谓，对我们了解家庭结构至关重要。

（一）家庭一般称谓

我国是一个多民族国家，其家庭称谓也略有差异。我国以汉族人口最多，因而在此只介绍汉族家庭的称谓。汉族的家庭称谓有以下三个特征。

1. 属性特定

我国历史悠久、源远流长，经历了从母系社会到父系社会的发展过程，因此，汉族的家庭称谓也分为父系和母系两个脉络。这就是说，我们可以反过来从称谓上看出被称呼者属于父亲家族成员还是属于母亲家族。只要具有亲戚关系，一定是在这两种关系之下产生的，因此说称谓具有特定属性。

2. 划分性别

称谓本身具有划分性别的特点。不像外国家庭笼统的称谓，中国家庭称谓精细化、严密化，较为规范地规定了出于各种关系中的称呼。因此，在称呼时可以明确区分性别。

3. 确定辈分

所谓辈分，就是指称谓人和被称谓者之间的一种确定关系，这种关系通过称谓表现出来，区分长幼。

我国家庭关系中亲戚和亲属的构成系统在称谓划分上十分清楚。如：父亲的兄弟为伯、叔，父亲的姐妹为姑，父亲兄弟的子女为堂兄弟、堂姐妹。父亲称其兄弟的子女为侄子、侄女，父亲、母亲称其姐妹的子女为外甥、外甥女。母亲的兄弟为舅，母亲的姐妹为姨，母亲兄弟姐妹的子女为表兄弟、表姐妹。在直系和旁系上也有严格的区分。如直系长辈：父、祖父、曾祖父、高祖父。直系晚辈：子、孙、曾孙、玄孙。又如旁系长辈：祖父的兄弟为从祖父，曾祖父的兄弟为族祖父。旁系晚辈：侄之子为归孙，甥之子为离孙。

（二）家庭社交中的敬称和谦称

我国自古被称为“礼仪之邦”，为表示对亲友、长辈的尊重经常在交谈中使用敬称和谦称。在具体的交际活动中，人们为使自己的礼节更显庄重优雅，往往使用敬称、谦称，如“令、尊、贤”“家、舍、敝”等词。敬称和谦称要注意使用的场合和语境，切不可不明所以，随意使用敬称和谦称。

1. 敬称

敬称常用于谈话或者写信时，称呼对方的亲属。“令、尊、贤、贵、台”是常用的敬称。比如为表尊重，在提及对方父亲时可称“令尊”，母亲为“令堂”，女儿为“令爱”，儿子为“令郎”。为表示尊敬，同样可以用“尊、贵、大、台”等词构成尊称语，如“恭候尊驾光临”“恭候大驾光临”“贵体、贵府”“台驾、台鉴”等。现在对长辈老者，以“老”字构成尊称语较多，如“老伯、老人家、老先生”等。又如对德高望重的老人，常于“老”前冠其姓氏表敬重，如“钱老、赵老、吴老”等。

2. 谦称

使用谦称是我国的一种良好的交际传统，其目的也是表示对他人的尊重。谦称多用于在别人面前称呼自己的亲属，“家、舍、敝、小”是常用的谦称。向别人谦称比自己辈分高、年龄大的亲属时，通常在其前冠上“家”，如“家父、家母、家叔、家兄”等。谦称辈分比自己低的亲属时，则用“舍”，如“舍弟、舍妹、舍侄”等。对外称呼自己的子女及其配偶，常在称谓前面加上“小”，如“小儿、小媳、小婿”等。古代帝王也曾用“孤、寡”等自谦称呼，大多自谦语还以“愚、愚下、敝人、不才、卑人、鄙夫、区区”等词构成。并由此延伸，称自己的文章或著作为“拙文、拙著”，称自己的住所为“寒舍、陋室”等。

（三）家庭成员之间称呼的禁忌

在日常生活中，有的子女由于父母娇惯，不称呼自己的父母为“爸爸、妈妈”，常称呼父母为“老爷子、老头子、老太太、老太婆”，甚至直呼父母的姓名，表现出对长辈的不尊重。要想增进家庭成员间的感情，我们就要注意家庭称谓上的一些禁忌。

1. 忌颠倒称谓

兄弟相称并非一定要有血缘关系，朋友间表示彼此尊重友好，也往往有这一称呼，且打破年岁、地位，甚至性别限制。“愚兄”是一种表示自谦的客气语，而“贤弟”是对对方的一种礼貌敬语，切不可颠倒使用。

2. 忌“一笑而过”

有的人性格腼腆，或由于其他原因，见到自己公婆或岳父母，什么也不称呼，只“嘿嘿”一笑了事。有的夫妻不称呼对方的姓名，只一味地“嘿”“喂”“哎”。长期对长辈不称呼，很容易引起老人的误解。夫妻双方不称呼，也显得不够尊重对方。

3. 忌称呼粗俗

这种情况通常发生在家庭成员间产生矛盾时。有的父母在训斥孩子时，称子女为“没良心的、小兔崽子、小王八羔子”等。甚至吵到激烈时，双方会搬出最难听、最野蛮的字词来称呼对方。这种粗俗的称呼，必定使矛盾火上浇油，破坏家庭成员间的感情，造成不应有的家庭纠纷。

4. 忌称呼不适度

家庭称呼既要讲究文明礼貌，又要生动活泼，因此，家庭成员间通常称呼爱称或戏称，体现出成员之间亲密无间的关系。比如“一把手”“内当家”“财政部部长”“宝宝”等，充满着亲切感，体现出家的温暖、融洽。但爱称的使用要注意场合。有的家庭成员不管对方接不接受，不管地点、场合，一律称呼爱称、戏称。比如有位丈夫平时在家里总爱戏称自己身体较胖的妻子为“肥肥”。一次在办公室里，这位丈夫当着一些同事的面叫着妻子的戏称，妻子觉得丢了面子，回家后跟丈夫大吵了一架。因此，注意称谓使用的场合也相当重要。

二、家庭成员交往礼仪

家庭内部交往的礼仪是指一个家庭内部的主要成员之间交往的礼仪。家庭成员是家庭活动的主体，也是家庭礼仪的具体操作者，其地位相当重要，可以说，家庭内部交往的礼仪就是家庭成员的礼仪。成员礼仪主要指成员之间的礼仪规范，如夫妻之间的礼仪、父母子女之间的礼仪、兄弟姐妹之间的礼仪等。

（一）夫妻之间的礼仪

夫妻关系是家庭关系的主体和核心，是血亲和姻亲的基础，互相倾慕的爱情、共同奋斗的友情、互相体贴的亲情是夫妻关系得以建立的基础。夫妻之间朝夕相处，同桌共餐，同床共枕，同患难，共幸福，夫妻交往的深度和密度是其他任何人际关系都不能比拟的。夫妻关系本身的特殊性决定了夫妻双方需要培养更适合双方的交往方式和相处方式。结婚不同于恋爱。一方面，恋爱中的双方都尽力将自己最好的一面展现在对方面前，扬长避短，不愿将自己的缺点在心爱的人面前表露出来。另一方面，“情人眼里出西施”，处于热恋中的情侣很难用冷静客观的态度审视彼此，在甜蜜爱情的加持下，对方的缺点似乎也变成了独一无二的可爱。但在步入婚姻之后，更多的是生活的琐碎和茶米油盐酱醋茶的日常，彼此都看到了对方不加修饰与掩饰、更加真实的另一面。尽管这是完全正常的现象，但有的夫妻会因此对彼此失望。加之长久的相处造成了情感上的过度饱和，恋爱时的新奇与激动、兴奋与激情都在生活的琐碎中逐步递减，这说明，夫妻之间的相处模式不同于恋爱时的相处模式，甚至结婚多年之后的相处模式也不同于新婚时的相处模式。因此，在夫妻关系的不同阶段探索不同的相处模式，有利于长久地维护夫妻关系，夫妻感情也会在相处模式的不断调整之中更新、充实。

一对青年男女从恋爱到结婚可以说是为了满足生理和心理需要，但结婚之后一个家庭的组建就意味着夫妻双方要共同承担一些责任，共同履行一些义务，这就要求夫妻双方必须在情感上真诚专一，彼此忠诚，在生活上互相扶持，彼此守护。珍惜夫妻感情，就是珍惜家庭幸福，因此夫妻双方都应该追求良好的、和睦的夫妻关系，并为之做出努力。作为丈夫，应该摆脱传统男女观、夫妻观的桎梏，充分了解现代女性的特点，并在此基础上探求出适合夫妻双方的相处之道。现代家庭不再如同古代农耕社会处于与世隔绝的状态，现代化的、开放的社会渗透到家庭生活中，男女的相处模式也要在一定程度上适应社会的变化，做出适当的调整。有人认为“婚姻是爱情的坟墓”，很多夫妻因为不能很好地沟通交流，最终让婚姻生活变成一摊没有波澜的死水，爱情也在日复一日中消磨殆尽。

1. 互相尊重

要想做一个好丈夫，必须根据现代女性的特点，调适双方的心理和感情定势，尊重妻子的人格、个性、兴趣、能力、工作，注意自己的行为举止，用自己的阳刚之美、崇高的品德给爱情增添活力，使家庭生活协调一致。妻子温柔的爱是丈夫最大的需要，现实生活中不少妻子在婚后常常以抱怨、挑剔甚至是批评的态度来对待丈夫、埋怨丈夫：他不体贴，很少做家务，他不关心家庭，他邋遢、懒散，他不理解我操持家务多么不容易，他不记得我们的结婚纪念日……并企图以自己的愿望来改造丈夫。妻子也应该体谅丈夫，维护丈夫的尊严，尊重丈夫的人格，在互相尊重中形成和谐的夫妻关系。

2. 夫妻平等

中国传统社会中男性多为一家之主，因而大部分男性有较浓重的个人主义情结、夫权思想和大男子主义。事实上，丈夫和妻子应该互相体谅，互相包容。丈夫不应该认为照料家务、抚育孩子是妻子的责任。妻子与丈夫在教育、工作、经济收入和社会生活等方面完全平等，因此，在家庭生活中妻子与丈夫也应该完全平等。在家庭事务上，丈夫应该多为妻子着想，共同承担家务。大多数妻子在外有工作，回到家还要做繁重的家务，共同承担家务是必需的，也是合情合理的，丈夫要以正确的态度对待。比如妻子下班之后忙于做饭，丈夫可以为孩子洗澡、喂牛奶。饭后妻子洗碗筷时，丈夫可以擦擦桌子、扫扫地。丈夫分担家务，不仅可以节省时间，提高生活效率，还能在一起做家务的过程中增进夫妻感情。

3. 互相信任

丈夫不应该反对、干涉妻子的正常社交活动，或虽不明说，但在心里暗自生气，借此乱发脾气。丈夫有社会交往的需要，妻子同样也有。虽然丈夫和妻子是彼此亲密无间的人，但是妻子并不是丈夫的附属品，而是一个有自己的社交网络、朋友圈层的独立个体。丈夫对妻子的爱应该是正常的爱，而非是占有的、企图控制对方的爱。当妻子独自与异性交往，甚至交往密切时，丈夫可能会产生嫉妒等情绪。嫉妒是一种复杂的情绪，它是作为自我保护、自卫和爱情复苏的手段而产生的。爱情的专一性和排他性决定了在爱情之中的男女双方看到自己的伴侣与异性有亲密接触时产生嫉妒的情绪，这是正常心理现象。但是，任何事情都要有限度，这种嫉妒也要控制在一定的范围内。爱得发狂，嫉妒到发疯，对男女双方，对整个家庭而言都是不幸的预兆。一个有很重嫉妒心的人是可怜的，甚至有可能是可悲的，因为他时时刻刻提心吊胆害怕失去爱情，害怕相爱的人离开自己，于是他怀疑对方，对生活中的蛛丝马迹都异常敏感，以敏感的神经打破生活本该有的和谐、宁静，甚至适得其反，葬送了自己的爱情与婚姻。丈夫一旦发现了自己的嫉妒心，就应该尝试着与妻子沟通交流，毫不犹豫地向妻子坦诚表露，相信妻子也会用实际行动表明丈夫的嫉妒是没有理由的。为了化解夫妻双方对彼此交往的不信任，其中一个办法应该是公开二人的社交，特别是在涉及异性时，向对方说明情况；另一个办法是共同参与社交活动，这是消除不必要的嫉妒，巩固和发展夫妻关系的有效措施。

4. 互相理解

夫妻之间应相互信任。不管是有关家庭的决策，还是双方工作上的困惑或计划，都应该及时和对方交流沟通。夫妻关系中的“一言堂”，是夫妻之间沟通失败的表征，长此以往，没有交流的感情和婚姻最终只能是一盘散沙。

丈夫与妻子意见不合时，应该婉言相告而非争吵。生活平静的海面上有时也会被风掀起巨浪，在生活琐事上，夫妻二人不应该斤斤计较，在小事上丈夫应该容忍妻子，稍有不合就针尖对麦芒，非得彰显自己身为丈夫的威风，试图在争吵中占据上风，这其实是心胸狭隘、缺乏丈夫气概的表现。丈夫在小事上宽容忍让，并不是代表软弱无能，在妻子心目中的地位也不会因此降低。当然，在大事上与妻子意见不一致、产生分歧时应该向妻子表明，切不可因为担心说出来会引起妻子的不快或者引发争吵就认为不说为好，拒绝沟通与交流。有意见闷在心里，只会给自己的感情增加负担，还有可能影响夫妻关系甚至是家庭和谐。夫妻之间要敢于交流，善于交流，掌握一定的谈话技巧十分关键。夫妻沟通得当，不仅能化解误会，免除争吵，还能增进感情。如果沟通不当，吵架则在所难免。夫妻吵架在夫妻生活中尤为常见，但如何让吵架不破坏二人的感情，这就需要恰当的处理方式。处理得好，在争吵中夫妻双方会倾吐自己内心的真实想法，达到交流的目的，是另一种方式的深度沟通。因此，吵架也要遵守一定的“规则”：就事论事，不侮辱对方的人格尊严，不对对方进行人身攻击；不夸大事实，不翻旧账；不因为情绪过激说出让自己事后后悔的话；吵架后仍同室、同床而卧；耐心听妻子的话，不要对妻子的话横加指责，多站在妻子的立场想一想。夫妻始终恩爱，绝不吵架固然是好事，但面对朝夕相处生活中遇到的小摩擦、小矛盾、小分歧，吵架也无可厚非。争吵的唯一好处是，它比冷漠好得多，冷漠是感情死亡的表现。

5. 积极进取

丈夫要有强烈的进取心和积极昂扬的生活态度。一个积极上进、有强烈进取心和打拼精神的丈夫定会让妻子倍感欣慰，在此基础上若能取得一定成就，妻子更是会引以为傲。但这并不是说要让丈夫一心扑在事业上，事业与家庭绝不是二元对立的关系，而是统一的，甚至是相辅相成的。丈夫在投身于事业时不能将妻子撇在一旁，不管家庭的欢乐，不尽到丈夫应尽的责任。相反，如果丈夫不外出工作，只经营自己的小窝，围着妻子转，日久天长，也定会让妻子心生不满。除了希望丈夫有强烈的进取心，在投身工作的同时关注家庭，妻子还希望丈夫有一个积极昂扬的生活态度。表现在外部，就是要丈夫讲卫生，仪容整洁，穿着得体，符合年龄身份；表现在内部，就是要丈夫面对困难，有不屈的意志和乐观的态度，以积极的精神面貌对待生活。作为妻子，也要有事业心。

传统思想将女性固定在了家庭生活中，而在现代社会，工作与家庭对女性而言并不冲突。事业有成、经济独立的女性更能赢得丈夫的尊重。

6. 有效沟通

丈夫与妻子意见产生分歧时，应该好好沟通，而非争吵。在大事上夫妻意见不一致时，丈夫应该向妻子表明，并诉说心中的不悦。切不可因为担心说出来会引起妻子的不快或者引发争吵就拒绝沟通、交流。有分歧、意见闷在心里不说，只会给双方的感情增加负担，甚至让家庭产生众多不和谐因素。妻子也应该主动和丈夫交流。双方每天都应抽出一定的时间，共同交谈，使彼此之间的谈话成为心神交会的一种乐趣尤为必要。

7. 互相勉励

不要将自己的丈夫与别人的对比，这样容易打击丈夫，让丈夫丧失信心，从而心生不满。而是要学会宽容和包容对方的缺点，善于发现对方的优点，鼓励对方进步。不要吝惜向对方表达爱意，要经常看到对方好的那一面，并提出褒奖，在遇到困难时，互相鼓励，克服困难。

总而言之，夫妻相处必须学会以礼相待、互敬互爱、互相尊重、夫妻平等、互相理解、积极进取、互相勉励、有效沟通，为家庭和谐可以互相提出有建设性的意见，构建良好的家庭氛围。

（二）父母子女之间的礼仪

父母与子女的关系是一种以血缘或收养维系的亲情关系。当孩子年幼时，父母应该无微不至地照顾和抚养子女，当孩子长大成人之后，父母也逐渐年迈，子女也应该赡养父母，无微不至地照顾年老的父母，这是应尽的社会义务。父母是我们人生中的第一任老师，也是与我们相处时间最久、感情最深厚的人。学会与父母相处，形成良好的沟通、交流模式有助于我们在社会生活中更好地与他人、朋友相处。对待父母要做到长者先，幼者后，孝于亲，所当执。也就是说在用餐、就座等情况下，年幼的要礼让长者，要孝敬自己的父母，尊重身边的老人。孝敬父母不仅是给父母充足的物质保障，关心父母的身体健康，更意味着要关心父母的精神生活和精神世界，体谅父母的良苦用心。同时，父母对待自己的子女也应当做到关怀有度、教育有方、行为规范。尊重孩子的人格，尤其注重孩子的隐私权，既不溺爱也不体罚孩子。帮助孩子培养良好的学习、生活习惯，让孩子学会关心别人、尊重别人、善待别人、礼让别人。

孟子曾说：“古者易子而教之，父子之间不责善。责善则离，离则不祥莫大焉。”这就是说父子之间首先应该注重情感的亲密融洽，如果管教过于严厉就会损害亲情，亲情受损则会带来严重的后果。或孩子过于叛逆，做出过激的行为给整个家庭带来灾难；或孩子过于压抑，孩子的心理和性格在长期的压抑中极度扭曲变态，危害社会。因此，父母教育孩子，须先修己身，再言传身教。梁启超家庭教育的核心就在于“修身”。正如梁启超所说的“我有极通达、极健强、极伟大的人生观，无论处何种境遇，常常是快乐的”，这是一种极为难得的心态，也是一种极为豁达通达的人生观。修身的原则是反求诸己，一切境遇皆是心性修养的机会：不以利益得失，甚至生死为虑，对于自己的责任尽心尽力，只问耕耘不问收获，事业的成败结果亦无需挂怀。

曾国藩在写给孩子们的家书中有言："凡子之孝父母，必作人有规矩，办事有条理，亲族赖之，远近服之，然后父母愈爱之，此孝之大者也。"曾国藩把做人当作教导孩子行孝的出发点，也就是说，对父母最大的孝顺就是做人要有规矩、守规矩，惟其如此，才能得到亲朋好友的信赖，父母也由此更加放心子女，这才是对父母最大的孝顺。这意味着为人子女，处理事情要谨慎认真，且不能马虎敷衍、闯祸。

1. 孝敬和赡养父母

父母与子女的关系，除了父母要抚养子女，子女在长大成人之后，还应该关心父母，赡养父母。子女赡养父母是中华民族的传统美德。自觉赡养父母，是子女道德的基础，有助于子女品德的形成和交往能力的提高。子女赡养父母也是子女教育下一代的最佳模式。《礼记》有云："孝子之养老也，乐其心不违其志""孝有三：大孝尊亲，其次弗辱，其下能养。"作为孝子赡养父母要做到让他们心情愉快，喜乐无忧，做事不可以违背他们的意愿，顺其心意。最高一等的是言语、行为和内心都能尊敬父母；其次一等是不打骂侮辱父母，对他们好；再下一等的是能给他们养老送终，当然连养老送终都做不到的就是不孝了。现代社会中子女赡养父母主要体现在：重视对父母生活的照顾，要承担赡养父母的经济责任，要关注对父母情感的投入，要尽量满足父母的文化需求，譬如阅读、旅游、参观等，要关注对父母的心理调适，特别是高龄父母，帮助他们驱除孤独感。总而言之，做儿女的应该对父母养育之恩反哺、报答，不仅要有物质上的赡养，还要有精神上的安慰。

2. 关心父母的内心世界

在孩子有了工作、成家立业之后，父母就经常处于无所事事的状态。没有了年轻时沉重的生活压力，同样也没有了繁忙的社会工作，老人在长时间的无所事事中很容易产生孤独、焦虑等情绪。作为子女要关心父母的身体健康，更要关注父母的心理健康。只有拥有健康的心理，父母才能与子女有较为和谐的生活和关系。面对父母提出的合理要求要尽可能地满足，让父母找到自己的兴趣点，来将生活的重心转移到自己感兴趣的相关事务上来。

3. 关心父母的身体状况

《论语·里仁》有云："父母在，不远游，游必有方。"现代社会中大多数孩子的工作所在地和父母家之间都有一定的距离，繁忙的工作及成家之后家庭中的各种琐事让很多人会忽略父母。但其实，即使距家遥远也要时常内心挂念着父母，过节看望父母，如果不能看望也至少打电话问候父母，不让父母感受到被冷落、被忽视。经常给父母打电话或视频通话，询问他们的健康状况。这种交流不仅可以让他们感受子女的关心，也能让子女及时了解父母的健康情况。观察父母的饮食习惯、作息时间及日常活动。这有助于发现潜在的健康问题或者需要调整的生活方式。根据他们的年龄和健康状况，适时地提供建议，比如适当的锻炼、饮食搭配、睡眠等方面的建议。当父母劳累时，应当主动帮助父母做些力所能及的事；当父母生病时，应该主动护理、煎药、喂药，嘘寒问暖。

（三）兄弟姐妹之间的礼仪

一方面，兄弟姐妹之间存在同胞之情、手足之谊，在家庭关系中是较容易处理的；另一方面，兄弟姐妹在未结婚成家之前长期生活在一起，发生矛盾的机会也随之增大，产生摩擦和磕磕碰碰的可能性也较大。但是兄弟姐妹之间的矛盾并不是不可化解的，只要处理得当，兄弟姐妹之间的感情不仅不会受到影响，反而会变得更加深厚。因此，兄弟姐妹之间产生矛盾要及时解决，兄弟姐妹之间要彼此爱护，互相谦让，互相帮助，从团结的愿望出发，讲道理，重情义。兄弟姐妹之间长爱幼，幼尊长，情同手足，共同创造温馨祥和的家庭。《礼记·中庸》曰："君臣也，父子也，夫妇也，昆弟也，朋友之交也，五者天下之达道也。"传统礼仪将兄弟之间的关系与君臣、父子、夫妇、朋友四种关系并列，足见其重要性。兄弟姐妹之间的礼仪规范大体上可归纳为两点：兄友弟恭和兄仁弟悌。

兄长在一个家庭中有近乎家长的权威，同样也应担负起像家长一样的教育责任。《大戴礼记·曾子事父母》对兄长提出了相关要求：兄长在弟弟成年时要及时为弟弟举行冠礼；等弟弟到了结婚年龄，兄长又要为弟弟结成好的姻亲。日常生活中，如果弟弟的行为合乎正道，就赞赏他；如果不合正道，就要用礼来管教、帮助他；如果弟弟实在不可救药，也只好抛弃他。

弟弟妹妹在家中不应以小自恃，无理取闹，而应该尊重兄长姐姐，将他们当作知心人，遇到问题或者困难的时候应该主动争取他们的帮助。犯错时，应该虚心接受兄长批评，耐心听取建议。在弟弟妹妹进入恋爱阶段时，哥哥姐姐作为经历过的人应该提出中肯的意见，往往兄长姐姐的建议会比父母的建议更为容易让他们接受。

兄弟姐妹各自成家之后会遭遇到一些新的问题或矛盾。特别是在老人的赡养和遗产继承问题上，涉及很多切身利益，极易容易引起家庭纠纷，那么相互理解、相互谦让就显得特别重要，这是维系小家庭和谐相处、相互亲和的一条纽带，也是兄弟姐妹手足情深的一种具体体现。平时的生活中，兄弟姐妹之间也应当经常走动，联络感情，防止感情淡漠。在任何一方有困难时，兄弟姐妹都应该尽量帮助，节假日可以互相邀请，团聚畅叙。总之，要保持经常性的接触，使手足之情地久天长。

三、家庭用餐礼仪

（一）家庭宴会礼仪

宴会是家庭生活中常见的亲友相聚形式之一。宴会内容不一而足，既包括孩子的满月宴、生日宴会、升学宴，为刚参加工作的人庆祝，为即将远行的人践行，也包括为远途归来的家人朋友接风洗尘，与朋友、同事的畅谈聚会，等等。

1. 祝酒礼仪

宴会是众人相聚、兴高采烈的场合，饮酒也自然必不可少。在饮第一杯酒前，主人应致祝酒词。祝酒词应该围绕聚会的中心话题，语言简短精练，亲切有内涵，烘托良好的宴会气氛。碰杯时，主人应先和主宾碰杯，再和其他客人一一碰杯。人数较多不便碰杯时，可以同时举杯示意。劝酒要热情诚恳，不可强行斟酒，以免饮酒过量。

2. 用餐礼仪

家庭宴会中上菜顺序和上菜方式均有一定的讲究，一般情况都是先冷再热，先咸后淡。即先上冷盘以供客人佐酒叙谈，再上炒菜、鸡鸭鱼等肉类热菜。冷盘制作时间短，在与客人叙谈的过程中，主人也不必担心菜会冷掉而能保持口感。炒菜一类在喝酒差不多的时候上，点心、汤品在最后上。鸡鸭鱼等摆放的位置也有讲究，一般将肉多处对准主要宾客，以示尊重。

菜上桌之后应请客人先品尝，当客人相互品尝，不肯再下筷时，主人可以用公筷给宾客夹菜。夹菜时也应当注意，要首先夹给在座的主客或者长者，然后按照就座次序依次分菜，同时也要注意分菜的量要适中，切忌分得过多，导致客人因吃不了而为难。

（二）家中就餐礼仪

1. 用餐前

作为子女，在家庭用餐时应该帮助父母做好用餐前的准备工作，比如摆好用餐需要的桌凳、碗筷，擦干净桌子，等等，而不是坐在饭桌前等着吃饭。

盛菜端饭。吃饭时要主动盛饭，不能盛得过少或过满；端饭时要大拇指扣住碗的边沿，食指、中指和无名指托住碗底，以免烫到。端着饭菜时要走得慢一点、稳一点，以免饭菜洒出来。

饭、菜上桌要按照辈分来，先端给爷爷、奶奶，然后端给父母兄长，最后端给自己。如果有客人在，应该是先给客人，再按照家庭辈分顺序依次端上。合长辈口味的菜要摆放在长辈面前。

2. 用餐时

不抱怨饭菜不合口味。不管是在家吃饭还是在别家做客，一味地抱怨会让别人觉得没有礼貌和家教，要尊重别人的劳动成果，对别人的厨艺可以进行适当的夸赞。

在餐桌前要保持挺拔的姿势，身体坐正坐直。这样不仅好看，也有利于消化。手肘不要支放在桌面上，双腿放在桌子下面，尽量并齐，不可跷足。

吃东西要闭着嘴咀嚼，尽量不发出声音。食物在口中时不说话；要说话时应先把食物咽下去；喝汤用汤匙时，不要用嘴吸，以防止发出声音。

夹菜时不能在盘中挑来挑去，更不能夹起来再放回去。使用筷子时不能舔筷。离自己太远、够不着的食物可以不夹，不要站起来夹菜。拿距离较远的东西时，同样不要站起来去够，要请别人帮忙递给自己。

用餐时不东张西望，也不能一直看手机或玩平板电脑，吃饭过程尽量让孩子不要离开座位走动。

3. **用餐后**

用完餐后要轻放碗筷，用纸巾擦嘴。如自己先吃完，要同长辈打完招呼才能离桌，可以礼貌地说："我吃好了，大家请慢慢吃。"一言不发离桌而去是不礼貌的。

大家都吃完饭了，也不应该立即离开餐桌，而是应该帮助父母收拾碗筷，或者扫地拖地，做力所能及的事情。

四、家庭仪式礼仪

家庭与家庭交往过程中，经常要参加各种各样的仪式，最常见且典型的仪式有寿宴仪式、结婚仪式和丧葬仪式。

（一）寿宴礼仪

寿宴，顾名思义，是为庆贺寿辰而举办的一种宴会，一般是子女为老年人举办。在寿宴举行前一段时间，需要提前通知亲朋好友，可采取发请柬、打电话、发微信等多种形式。宾客须在寿辰当天前往祝贺，送上祝福。若不能当天到达，也可在前一天"预祝"或者在后一天"补祝"。

祝寿活动大多以寿宴形式进行，既可在家设宴庆祝，也可在酒店庆祝。无论设宴场地如何，宴场的布置基本相似：在礼台正中悬挂"寿"字，张灯结彩，并用花篮、寿桃等进行装饰。寿宴开始前，寿宴的操办者要在门口迎接客人，引导客人入席落座。寿星的位置要在显眼、尊贵处。

寿宴开始后，家人或者重要贵宾致辞，来宾举杯向寿星祝贺，致辞要简短精练，表达对寿星的美好祝愿。寿宴上必不可少的是寿面、寿酒和寿糕，即生日蛋糕。

参加宴会时要衣装整洁，忌黑色、白色的衣服，适宜穿颜色鲜艳明朗的服装。祝寿时说话要礼貌恭敬，祝词内容既可以是对寿星的祝福和庆贺，也可以是赞美寿星取得的成绩或做出的贡献等。祝寿时礼物的选择也有讲究，常见的有寿桃、寿糕、寿面、寿联、寿画等。字画多以松、鹤等具有象征意义的植物、动物为主要内容。

（二）结婚礼仪

婚礼在古今中外都被看作人生礼仪中最为重要的礼仪，但从古至今，人们对婚礼的认识不尽相同。《礼记·昏义》中指出："昏礼者，将合二姓之好，上以事宗庙，而下以继后世也。故君子重之。"可见，对于古人而言，婚礼与家族血统的延续、香火的传承相联系，是晚辈不容推卸的责任。此时对婚礼的认识，更多建立在男女阴阳交合和产生子嗣的基础之上。而现代意义上的婚礼已经少了很多的限制，但在形式上延续了古代婚姻的传统，并与西方婚礼相结合，体现出了现代婚礼的创造性特征。现代婚礼一般按照如下几个程序进行。

第一，宾客到席落座之后，由司仪宣布婚礼开始。此时配合着精心挑选的婚礼背景乐，新娘和新郎双双出现。

第二，正式开始时，新郎、新娘行礼。先向父母、长辈行鞠躬礼；接着新郎、新娘互行鞠躬礼；最后新人向全体来宾行鞠躬礼。

第三，司仪宣布证婚人讲话。证婚人一般由亲友中辈分较高或声望较高的人来担任，是双方婚礼的见证人，对新郎、新娘表示祝贺。

第四，新郎、新娘可讲述恋爱经过，或通过展示才艺以表示对所有来宾的感谢。

第五，新郎、新娘从主桌开始逐席向来宾敬酒，接受所有来宾的祝福。

结婚是件喜事，参加婚礼的着装颜色应该突出喜庆的气氛。在颜色上以红色为主。新郎、新娘着红色礼服，现场布置也以红色居多。一般情况下，新娘会在婚礼开始时先穿白色的婚纱，然后会再穿一身红色的新娘服，向亲人和来宾敬酒。参加婚礼的女性要避免穿整身的大红色、艳红色及纯白色，不能抢新娘的风头。同时，要避免整身的黑色，一身纯黑服装参加婚礼，显得过于压抑和沉闷，缺少轻松、喜庆和温馨的气氛。

（三）丧葬礼仪

丧葬礼仪同样是家庭生活中不可避免的一项重要礼仪。中国传统丧葬观中对亡者后事的处理极为庄严。以前讲究“入土为安”，现代社会更趋向于火葬，逝者一般在去世后被送往殡仪馆，家人在殡仪馆内举行遗体告别仪式，现场气氛肃穆。参加葬礼或吊唁活动的亲朋好友不能面无表情，左顾右盼，露出厌烦的神色，而是需要在哀伤的氛围中表示对逝者的尊重，必要时对逝者家属给予相应的安慰。

参加葬礼、吊唁活动时应穿适合场合的衣物。颜色搭配上，尽量选择庄重的颜色，比如深色或素色的服装等，不宜穿颜色鲜艳的衣物。为表示哀悼，既可在衣袖上戴上象征逝者的黑纱，也可以在胸前佩戴白花，表示哀悼。讲话时不可大声喧哗，要压低声音，以低沉的语调讲话，不能轻轻松松，若无其事。

仪式举行的过程中不能交头接耳、小声讲话，更不能谈笑风生、嬉戏追逐，要将随身携带的电子设备调至静音。

仪式结束后要劝慰逝者家属，用温情关切的言语劝家属节哀、振作。

任务三　家庭外部礼仪

一、与亲戚的交往礼仪

亲戚即与自己或自己的家庭成员有血缘关系或者婚姻关系的人。一般情况下，血缘关系和婚姻关系都是一种不可随意改变的人际关系。在社会生活中不可避免要与亲戚走动、联系，因此，我们必须与亲戚保持良好的关系，遵循交往的礼仪规范。

（一）平等相待

家庭关系网络的庞大复杂决定了亲戚不止是一个人，而更多是指一个群体。在这个群体中，可能有贫穷的人，也有富有的人。无论贫富，都要平等相待，切不可嫌贫爱富。

除了财富上的差异，亲戚可能也会有社会阶层和社会地位的差异。同样的道理，不管是身居高位者还是普通农民，同样要平等相待，尊重亲戚。

亲戚有远、近、亲、疏，有的可以相谈甚欢，有的却话不投机。面待这种状况，我们也要平等相待，对话不投机者不予理睬也是不礼貌行为的表现。

（二）保持联系

由于繁忙的工作和生活，与亲戚相聚的时间相对来说可能不会很多，但不论是否有求于亲戚，都应当与他们保持联系，尤其是对长辈，在节日里送去祝福，或打一通电话送去关心。

二、与邻居交往的礼仪

邻里关系是一种没有血缘、姻缘而又聚居于较小范围或地域内的人们之间的一种家庭与家庭的关系。俗语说："远亲不如近邻。"和谐的邻里关系既能增加相互之间的友谊，又有利于家庭生活，是家庭外部礼仪的一个重要方面。

邻里之间因居住的位置相近，低头不见抬头见，经常在一些生活琐事上打交道，聪明的人会在与邻里的交往中体会到一种趣味，而很多人不善于处理这种关系，导致邻里关系恶化，相见如仇，失去一个安全的生活环境。因此，邻里之间要和谐相处，互帮互助互让，不疏不近，经常往来，不断沟通。搞好邻里关系可以从以下几个方面着手。

（一）互相了解

相互了解是和谐友好邻里关系的第一步，家庭间的交往中邻里交往最为频繁。因此，邻居之间要做到最基本的互相了解，应该主要了解邻居的为人处世，以便邻居之间可以更好地相处。

（二）互相尊重

尊重是人与人和谐相处的根本前提。邻居之间无论从事什么工作，都有平等的权利和平等的人格。因此，彼此之间互相尊重能使邻居之间和平相处、相安无事。见面或者碰到的时候，应互相问候、点头致意。不随意打探邻居隐私，不搬弄是非、捕风捉影，避免邻居之间产生不必要的矛盾。

（三）互相帮助

邻里之间的互相帮助对于社区的和谐与发展至关重要，它不仅可以增进邻里关系，还可以提升整个社区的生活质量。邻居有事相求时应该尽量帮助，遇到困难时候应该积极伸出援手、主动帮助，不能幸灾乐祸、看人笑话。例如帮助搬运重物、照看孩子或宠物，这些小事情能够增进邻里之间的亲近感，促进友好关系的形成。在紧急情况下提供帮助，比如自然灾害、健康问题或者突发事件，邻居之间的支持和合作尤为重要。共同参与社区活动和志愿服务，增进社区凝聚力，创造更加和谐的居住环境。邻里互相帮助不仅使个体感受到更多的社区温暖和关爱，也能建立一个更加安全和稳定的居住环境。通过这种方式，社区的凝聚力得以加强，每个人都能在这种互助互爱的氛围中更好地生活和成长。

（四）礼让宽容

与邻居相处，要考虑自己的行为会不会给邻居带来不便或是困扰。比如晾晒滴水的衣物会不会影响楼下邻居，装修房屋的噪声是否会影响邻居的休息，等等。这些行为应该尽量避免，以防引起矛盾纠纷。在家教育孩子养成轻拿轻放东西的好习惯，平时多注意一些生活上的细节，就不会因为小事而伤了邻居之间的和气。

互相了解、互相尊重、互相帮助、礼让宽容，每一条都是邻里之间和谐相处的关键，因此，应该将上述行为规范、礼仪规约贯穿在日常生活的方方面面。

任务四 家庭礼仪与美学

高尔基说："照天性来说，人都是艺术家。他无论在什么地方，总是希望把'美'带到他的生活中去。"美学无处不在，家庭生活中同样存在无数的美学问题。美学在向家庭生活领域渗透的过程中，将日常生活中的东西审美化，不仅涉及物质层面的审美化，同样将意识形态、教育制度等审美化。家庭礼仪的审美化就是对家庭制度审美化的一种体现。以审美化的眼光要求家庭礼仪，意味着礼仪更要从各个层面来规范自身。

礼仪既是文化的组成部分之一，也是社会文明的一种标志。只有尊重别人，方能赢得别人的尊重。歌德说："一个人的礼貌就是一面照出他的肖像的镜子。"一个礼貌的人也许不一定是一个智慧的人，但至少不会让人怀疑他愚蠢。因此，无论是外在的衣着，还是内在的言行举止，都是一个人家庭教育和个人修养的体现。从某种意义上说，礼仪实际上是交往活动中的一种形式美。

一、家庭礼仪美学的研究对象和特征

家庭礼仪是一种社会行为，因而家庭礼仪美学隶属于社会美的范畴。社会美是指社会事物、社会现象表现出来的美。范围非常广泛，社会美是美的最直接的存在形式，是现实美的最主要、最核心的部分。社会美包括社会实践主体的美、实践活动的美及实践成果的美三个部分内容。人作为实践活动的主体，一切实践活动的美归根结底都可以表现为人的美，人的美即是社会美的核心。家庭礼仪重点突出人的美，这体现在两个方面：

一个是内在美，另一个是外在美。家庭礼仪更多是由外而内体现一个人的品质美。

（一）家庭礼仪美学的研究对象

家庭礼仪美学研究对象的是家庭礼仪和美学形态的一般规律，最基本的研究对象是家庭礼仪场合中主人公的服装美、言谈举止美等具体的美学形态及其在家庭礼仪的各种活动中体现出来的一切美的现象和其发生、发展变化的规律性，以及怎样依照这种规律进行家庭礼仪的审美实践。家庭礼仪美学是礼仪美学的一部分。

（二）家庭礼仪美学的特征

1. 家庭礼仪美学注重形式

这里的形式并不是指外在、外表，更多的是指一种由内在心理机制驱动的外在行为规范，其美学形式正是这种行为的规范化。参加活动时得体的着装、优雅的言谈举止等都是一种美的体现。

2. 家庭礼仪美学具有时代性

尽管从大的角度而言，礼仪都是为了规约人的行为，但因为社会在不断进步、发展，因而不同时代也有不同的礼仪规范。如封建社会家庭生活中以女人裹小脚为美，而从现代视角来看，裹小脚已经不再是美的代表，而只是一种封建陋习。

3. 家庭礼仪美学具有民族性

不同的民族，由于自然地理环境、语言文化传统等方面的差异，其家庭礼仪也有不同，因而会产生异质性的家庭礼仪美学。如汉族人的丧葬礼仪中，以土葬、火葬为主，而我国西南一些少数民族会采取悬棺等丧葬方式。

4. 家庭礼仪美学具有相对稳定性

尽管家庭礼仪美学会因经济、时代、民族等不同而产生差异，但相对而言它又具有稳定和明确的特征。比如，孔子认为家庭教育以孝悌为本，即所谓父慈子孝、兄友弟恭。这样的家庭礼仪思想仍具有现实意义，并以其规范性而具有美学意义。

二、家庭礼仪中的美学形式

美学是社会实践的产物，是关于美和艺术的哲学思考，是研究审美意识、美感和审美活动的最一般规律的科学。家庭礼仪所体现出的美的现象的规律性，与美学有着密切联系。美学的概念、本质、根源、形态特征、形式法则及审美意识、审美活动等基本理论和研究成果，对塑造良好的家庭形象具有重要的价值。

家庭礼仪通过个人的行为表现。孔子称："质胜文则野，文胜质则史，文质彬彬，然后君子。"意在说明一个很朴实的人，如果不注重礼仪，就会显得粗野；但如果只注重外表，缺乏内在的修养和品格，则又会显得轻浮和浅薄；真正有教养的人既有良好的行为举止，也有高尚的品德。家庭礼仪主要表现在两个方面，即仪表与仪态、礼貌与礼节。

（一）仪表与仪态：服饰衣着的美学

仪表指人的外表，包括容貌、服饰等，仪态是人的体态。其中，服饰的美是最显眼、最为关键的部分。服饰美体现在四个方面：称身适体、入时从俗、和谐统一、简朴大方。

1. 称身适体

这就是说服装要和一个人的身份、职业、年龄、性别、性格、场合等相称，同时还要与其体形相适合。比如白领上班，多穿衬衫和西装裤，体形矮胖的人应多穿深色、竖条纹的衣服等。唯其如此，年轻人才能展现出其活力，中年人才能显示出其成熟。

2. 入时从俗

这是指衣着应随季节交替变换，以时间、地点和条件为转移。比如出席葬礼，就应当穿庄重严肃的服装。出席宴会，可以穿礼服等。合适的着装既能充分展现自身形态之美，也能让观者或其他人感到尊重。

3. 和谐统一

这是指服饰既要色彩调配得当，又要上装、下装、帽子、鞋袜及其他服饰调配得当。当过多颜色同时出现在一整套搭配中时，就不再符合美的规律，因而要重视服装搭配中的和谐统一。全身上下的颜色不超过三种，给人以一种秩序井然之美。相反，奇装异服、炫耀时髦或满身五颜六色不仅不能产生美感，反而会使人觉得庸俗、杂乱甚至是怪诞。

4. 简朴大方

服装服饰的美并不意味着刻意雍容华贵、刻意雕琢，而是说服装应简朴大方、干净整洁、顺乎自然，没有故意炫耀攀比、炫富之意。一个人身着大方得体、适合年龄的服装，能在视觉上让观者感到赏心悦目，滋生一种美感。记得报纸上有这样一个报道，广州某厂曾举办过一次“最佳服装评比”，许多穿着花哨、颜色夺目的姑娘都落选了，而一位只穿黑白两色服的姑娘夺了魁，原因是她的服装简朴大方、质朴无华。她上身穿雪白长袖夏威夷衬衫，领子、袖口衬上尼龙花边，领口配有两条小黑带，给人以新颖、清雅之感；前襟点缀几颗小巧玲珑的黑纽扣，显得黑白分明，表现出主人追求纯洁、高雅的情操。下身穿黑色直筒弹力呢裤，与上衣对比鲜明，给人以稳重之感。这一身打扮不仅充分衬托出姑娘娴静文雅的性格，而且也充分表现出她质朴无华、落落大方的内心世界，因此获得一致好评。

（二）礼貌与礼节：言行举止的美学

礼貌一般是指人们在交往过程中互相尊重、友好相处的行为规范。礼节，是“礼仪”和“节度”二词的组合。“礼”的本义是敬神，后来这一含义泛化，成为“敬意”的通称。礼节是人们在社会交往过程中对他人表示敬意、致意、祝愿的惯用形式。得体的语言表达、恰当的行为举止更能彰显一个人的气质与风度。语言表达是家庭礼仪中关键的一环，既是人的内在美的外显，同时也是人的文明程度的表现，它充分反映了一个人的学识修养水平。大方得体、具有美感的语言表达是指说话人在说话时，内容条理清晰、准确生动、幽默风趣，语气亲切柔和，语速快慢适中，语调抑扬顿挫。这样的语言风貌能给人如沐春风之感，在交流的过程中展示学识修养、家风家教。

人的举止动作在社会生活中具有重要的意义，其中规范的行为举止同样具有美感。

举止美指人的行为、仪表、动作、仪态，是人在长期的社会实践中形成的个人风度。举止动作是经过后天的训练和培养习得的，因而从一个人的行为举止中更能看出家庭教育的影响。中国古语有“坐如钟，站如松，卧如弓，动如风”，反映了在不同场合下人应该具备的体态形式。车尔尼雪夫斯基说：“动作的敏捷与优美，是人体的端正和匀称的发展的标志，他们无论在什么地方都是令人喜爱的。”动作的敏捷、协调和准确，举止的端庄、优雅和稳健，在社会交往中会唤起人们的审美注意，从而在人际关系中产生融洽而协调的环境氛围。优雅的动作举止具有合目的性、合分寸感的特征，同时会呈现出富有节奏和旋律的动态美。桑塔耶那在《美感》中指出：“各个事物之所以美，就因为各个事物都能够在某种程度上使我们的注意力感到兴趣感到入迷。”① 家庭礼仪作为一种礼仪系统，遵循这一系统的人所展现出的有修养的语言表达、行为举止都能在一定程度上吸引人的注意力，让人倾听其讲话或与其相处时感到入迷。

三、家庭礼仪的美学意义

关于美的研究对象众说纷纭。一部分人认为美本身就是美的研究对象，也有人认为艺术是美的研究对象，但19世纪心理学兴起以后，他们将美的研究对象放到审美经验和审美心理上来，同时主张用心理学的观点研究审美现象。从这个角度而言，家庭礼仪作为一种社会活动，同样具有审美的功能、特点。规范的行为举止可以给人以美的心理暗示。家庭礼仪正是要求人们通过努力在家庭交往中不断完善自我的行为活动，将家庭礼仪规范化、标准化并融入日常生活的方方面面，此时，就会形成家风。家风的形成意味着家庭礼仪从一种外在规范变为一种内心的制约，具有自觉的意识，同时也是心灵美的另一种呈现方式。

结　语

家庭是构成社会的细胞，也是社会的缩影，在社会发展中具有重要的作用。每个人都是具体家庭中的一员，遵守家庭礼仪一方面能够营造温馨祥和的家庭氛围，生成轻松愉快的家庭环境，另一方面能够促进社会大环境的和谐稳定。学习和掌握家庭称谓礼仪、家庭成员交往礼仪、家庭用餐礼仪及家庭仪式礼仪内容，对掌握家庭礼仪，弄清家庭礼仪与美学的相互关系至关重要。家庭称谓礼仪要求学习者掌握各种成员称谓；家庭成员交往礼仪要求学习者知晓不同的家庭成员间各有侧重又互通有无的相处之道；家庭用餐礼仪要求学习者掌握家庭宴会和就餐中的一些礼仪规范；家庭仪式礼仪要求在各种重大

---

① 桑塔耶纳．美感：美学大纲［M］．缪灵珠，译．北京：中国社会科学出版社，1982：86.

家庭仪式活动中都能有得体的行为和表现。这四个方面内容相辅相成，其最终指向构建和谐美好的家庭环境，建立文明有序、互尊互重、互敬互爱的家庭礼仪与家庭美学。

思考练习

1. 家庭成员之间称呼有什么禁忌？
2. 简述家庭宴会礼仪中进餐的注意事项。除了书中所列的几点，你还能想到什么？
3. 简述家庭礼仪的美学特征。

案例分析

案例分析一

一个周末的晚上，一家人决定在家里举行一次家庭聚会。这次聚会不仅是为了庆祝某个特别的日子，也是让家庭成员们放松一下，享受和亲人在一起的时光。在这次聚餐中，一些家庭成员在吃饭时讲话声音较大，打断其他人的谈话；另外一些家庭成员则使用手机，与在场的人互动不多；还有人不等其他人就开始吃饭。

礼仪提醒：你认为这些行为符合用餐礼仪吗？如果是你，应该怎么做？

案例分析二

小王是家里的独生子，家人都很宠爱他。每次吃饭的时候家人还没坐上桌，他早就迫不及待地坐在餐桌旁等着了，看到好吃的就一把抢过来，放到自己旁边，吃完后飞奔回自己房间，爸爸妈妈想让他收拾收拾桌椅，打扫打扫卫生，他总是以学习为由拒绝。

礼仪提醒：小王的做法对吗？为什么？

项目六 校园礼仪

案例导入

中国古代素来有尊师重教的传统，由此形成了许多成语和典故。“程门立雪”这一成语即来自宋朝两位虚心求学者的故事。该成语出自《宋史·杨时传》，旧时意为学生恭敬受教，现指尊敬师长，比喻求学心切和对有学问长者的尊敬。

程颢、程颐是宋代著名的儒学家，对儒学有着深入的思考，他们的学说后来为朱熹吸收、继承并发展。这二人是洛阳伊川人士，很多学子都慕名而来求学。杨时和游酢二人亦是如此。当时杨时已经考上了进士，但他觉得学无止境，仍然希望继续求学，便去求师程颐。

他们来到程颐所在的嵩阳书院，意欲拜见老先生。来访之时，程颐正坐在椅子上，看到他们到来想特意考察这两个人，便闭目养神，看看他们会怎么做。杨时、游酢二人看老先生正在休息，生怕打扰，便肃然侍立，恭恭敬敬在一旁等候先生醒来。当时正值冬天，天冷雪寒，二人不知候立了多久，雪一直下，落在二人身上。二人也不曾松懈下来，仍然耐心等候着先生，不想错过求学的机会。

后来程颐醒来时，门外已经有了一尺厚的积雪。杨时和游酢看到先生醒了，也不抱怨自己等候了许久，而是踏着厚厚的积雪走进屋内，虚心向先生求教。这一故事传为学界佳话。杨时后来成为天下闻名的大学者。这个故事由此演变为成语“程门立雪”。

礼仪提醒：“程门立雪”的故事体现了杨时和游酢发自内心的对老师的尊重，因此才会在风雪中静候老师，既不打扰老师，也不放过求教的宝贵机会。一尺多厚的积雪正是他们在求学时的诚心与敬心。求学不仅学习学业上的知识，还更应该学习礼仪规范，学会“为学”的同时学会“为人”。校园礼仪是礼仪学习的重要部分，在校的学生不但需要掌握书本中的知识，提高技能，成为社会栋梁，更要学习并实践校园礼仪，将礼仪内化于心，外化于行。树立校园礼仪的意识，促进校园礼仪的建设，对于构建和谐校园有着不可或缺的重要的作用。

引言

校园是学生学习的地方，每个人的成长过程里总有一段时间是在学校中度过的。校园是教书育人、学习知识的场所，教师在校园里工作，学生在校园中学习。俗话常说，校园就是一个小社会。社会有一套礼仪规范，学校里也一样，校园礼仪的掌握是构建和谐校园的重要环节。校园礼仪更有助于学校的各个成员养成良好的礼仪习惯，具备相应的行为约束，利于校园和谐发展，帮助学生顺利走上社会。

礼仪教育是学校德育教育的重要内容，是学校教育的重要组成部分。拥有完善的校园礼仪意识和氛围的学校，必然拥有良好的校风校貌。校风校貌是一所学校展现给外界的形象。要想培养出优良的校风校貌，就需要学校中所有成员的努力。良好的校风校貌包括尊师重教、团结合作、互帮互助、懂礼守序、积极勤奋等。这些都是校园礼仪不可或缺的部分。一个文明和谐、讲礼懂礼的校园，展现给外界的必然是学生尊敬老师，老师关爱学生，学生之间团结互助，学风校风严谨稳重的美好图画。学校生活从另一层面上来看也意味着一种礼仪生活，从课堂课后、师生交往、宿舍生活、活动集会到毕业求职，校园中的人际交往和活动顺利展开都需要一定的礼仪保驾护航，礼仪贯穿于校园生活的方方面面。良好的校风校貌形成之后，一方面可以作为一种优秀的力量促进学校成员继续规范个人行为举止，另一方面也能够不断传承，为持续建设优良校园乃至和谐社会产生深远影响，具有延续性。

著名教育家陶行知曾说过："先生不应该专教书，他的责任是教人做人；学生不应该专读书，他的责任是学习人生之道。"可见在学校中，学会做人比知识的传授更加重要。学礼知礼，校园礼仪对学校中的每一个成员不断成长、完善自己，起着非常重要的作用。了解校园中的各项礼仪有助于保持和睦的人际关系，维持有序的校园秩序，有利于学生提高道德素质，逐渐完善自身，不断成长，迎接进入社会的挑战。

任务一　校园礼仪概述

校园礼仪是学校成员在学校学习、生活中需要注意并遵守的行为礼仪规范。校园礼仪的适用对象不仅仅是学生，也包括教职工在内的全体学校成员。每个人从呱呱坠地到长大成人的这一过程，大部分的时间是在学校中度过的。学校是教育的地方，一方面教师教会学生学知识，做学问，另一方面育才的同时更重视育人，帮助学生树立良好的观念，讲文明，懂礼貌。校园中除了实现知识的传递，还更应该促进并实现人的道德与素质的养成。

我国的历史源远流长，五千多年的文明古国素来以“礼仪之邦”闻名于世界。自古以来，我国的思想家、教育家、政治家都提倡“礼”，把礼作为人生立足、社会安定、国家发展的基石。早在几千年前，我国思想家孔子就提出了“不学礼，无以立”的观点。他认为，学礼知礼是人在社会上立足的重要条件，从礼的形式到礼的精神内涵都应认识并了解。孔子还专门编撰了《礼》书，里面专门记载君子行为礼仪的规范。作为人类文明载体之一的礼仪，反映着一个国家、一个民族的文明程度，在现实生活中起到规范个人行为，调节人际关系，促进环境和谐，保障社会稳定的积极作用。但礼仪不是一朝一夕就能养成的，一个人的礼仪素养往往是在其成长的过程中慢慢积累，逐渐培养出来的，因此需要在学校开展礼仪教育。礼仪教育是学校德育教育的一项重要内容，校园礼仪自身的重要性随着社会的不断发展逐渐被重视。礼仪教育具有深刻的德育功能，在德育的各个领域均发挥着不容忽视的作用。当前越来越多的学校开始重视校园礼仪的建设，开展校园礼仪教育已经成为学校德育教育的重要内容。许多学校通过德育课程、主题活动、趣味竞赛等方式对学生进行校园礼仪的培育，让学生了解和掌握与自己日常生活和学习密切相关的礼仪知识，对于形成良好的校风校纪，促进在校学生融入校园，更好地学习与生活，保证素质教育的全面贯彻，具有十分重要的作用。学校成员文明素质的养成应该从实践校园礼仪开始，强调开展学生礼仪教育也是继承中华传统美德，弘扬先进文化的需要，同时还是学生不断完善自我、提高素质、成才成人的需求，是促进文明校园建设建成，和谐社会构建发展，中华民族伟大复兴的一股重要力量。

校园礼仪是一所学校的文明程度、道德素养的体现。校园礼仪不只是印成铅字挂在墙上，而是要落实在校园生活的每个角落，贯彻到每个校园成员的心中。校园中的一事一物都能够体现出一个人是否注重小节，看重礼仪。我国教育史上闻名的教育家陶行知先生，就是素质教育的倡导者。他的四块糖的故事在教育界广为流传。这个故事说的是陶行知阻止了一名男生用泥块砸其他人，并让他放学时到校长室谈话。放学后，陶行知来到校长室时那名男生已经等在那里，于是他掏出一块糖果说：“这是奖励你按时到校长室的，你按时到来，我却迟到了。”男生接过糖果后，他又掏出第二块糖果说：“这也是给你的，因为我阻止你打人，你尊重我，立刻停下了打人的行为。”当男生惊讶地看着陶行知时，他又掏出第三块糖果：“我了解了原因，他们欺负女生，你砸他们说明你心中有正义，我更应该奖励你。”男生听完这些话，眼泪流下来，向陶行知认错：“陶校长，这件事我做错了，我不应该打同学。”于是陶行知掏出了第四块糖果，奖励他正确认识到自己的错误，谈话也到此结束了。在这个故事里，陶行知没有打骂这名犯错的学生，而是通过奖励与引导的方式让他认识到自己的错误，同时也看出了陶行知对学生行为的重视。他提倡“生活即教育”，主张教育与生活息息相关，教育蕴藏在生活的每一处。从守时、尊重、正直到知错就改，“四块糖”这一件事中就蕴含着人应具备的多种品德与礼仪。学生在校园中生活，每一处看似不起眼的小节其实都是行为举止磨炼的细节。正是对这些“小节”的讲究，才能养成学生懂得善待他人、尊重自己、礼仪为先的行为规范。学生掌握校园礼仪、交往礼仪、求职礼仪等基本礼仪知识，自觉养成讲文明、懂礼貌的习惯，才能让自身从仪容仪表、言谈举止到气质风度都符合现代社会的标准，才能在毕业时成为一名德才兼备的毕业生，走上社会后成为一名合格的现代文明公民。

校园礼仪，既是衡量一所学校文明素质的标尺，也是展现一个国家国民素质的社会窗口。校园就是一个小社会，它是大社会的缩影。校园礼仪所要求的行为规范在离开学校之后很多方面都还能够适用，如与尊长的交往、与同辈的交往、行为举止的规范、参加活动的礼仪、出席场合的礼节等，懂得讲礼的学生日后也会是文明识礼的社会公民。校园礼仪在现代社会生活中发挥着不可或缺的作用，校园礼仪能够维护良性师生交往与同学交往，是维护学校运转和实现文明校园的基础。校园作为专门场所，是社会组成不容忽视的重要部分，校园礼仪有助于社会的稳定运转，文明的社会必然离不开文明的国民，文明的国民必然需要文明的校园来培养，文明的校园势必是讲究礼仪的校园。总而言之，校园礼仪的提倡对于个人、学校、社会乃至国家都起着不可小觑的作用。

任务二　校园礼仪的基本原则与具体要求

校园礼仪是社会礼仪的一种，主要适用于学校的礼仪规范，它有其基本的原则与要求。原则是礼仪生成的指导，要求是礼仪实践的表现。从原则上看，校园礼仪的原则分为三个，分别是尊重原则、相互原则与适度原则。这三个原则指导校园礼仪的形成，帮助校园礼仪在校园中有序展开，促进学校成员的自我成才与完善，推动和谐校园的成功建立。从要求上看，校园礼仪对学生、教工都有着在言行举止上的要求。文明的言行举止意味着礼仪的成功实践与个人素质的提高与养成，言行举止的修养是每个文明人一生的功课，校园礼仪的要求正是帮助每一位学校成员规范自身的言行举止。

一、基本原则

校园礼仪基于尊重原则、相互原则与适度原则这三个原则生成并开展应用。这三个原则是校园礼仪得以顺利实践的基础。尊重原则重点指向校园成员面对人、事、物都应秉持尊重的态度；相互原则要求校园礼仪的运作是相互的，师生之间、生生之间相处与交往不是只要求一方讲礼，而是双方相互讲礼；适度原则意味着校园礼仪应在适度的范围内实践，避免完全不讲礼或讲究繁文缛节。了解校园礼仪的三个原则，有助于学校成员了解并把握校园礼仪。不管遇到何种情况，只要认识到校园礼仪基于这三个原则，就能做出妥当的应对。

（一）尊重原则

校园礼仪中最重要的原则便是尊重原则。校园是学校成员工作、学习和生活的地方，懂得尊重能够让每个人都度过有序且愉快的校园时光。尊重在马斯洛需求层次理论中属于人类的高层次需求。尊重体现在方方面面，包括但不限于尊重自己，尊重他人人格，尊重学校的规章制度，尊重校园的日常安排，等等。礼仪需要建立在尊重上，尊重是构建校园礼仪的基础，没有尊重，何谈礼仪。校园中的良性交往离不开尊重，学生尊重教师，教师尊重学生，通过礼貌、礼节等礼仪表现形式可以将尊重传递给交往对象，尊重原则要求每个人在做人做事时秉持着一颗尊重的心，这既是尊重他人、他事、他物的表现，也是自尊自重的表现。

（二）相互原则

相互原则是校园礼仪的一个原则。礼仪规范得以成功运行实施，离不开人与人之间相互讲礼。相互原则更多地指向人际交往上的礼仪。如果只要求一方讲礼，而不要求另一方，那么礼仪也无法维持下去。人与人的交往讲的是一个相互，校园中的成员亦是如此。同学与同学之间要相互尊重，互相帮助，共同进步。学生要尊重老师，见到老师主动问好，不出言顶撞老师，认真上课，遵守课堂纪律，尊重老师的付出。反之，老师也要尊重学生，认真备课上课，尊重每个学生的人格，尊重学生的隐私。俗话常说："尊重别人，自己才会得到尊重。"孔子和他的弟子们就是相互尊重的表率。孔子作为师长尊重学生，教诲学生时很注意维护学生的人格尊严，他的弟子们也发自内心地尊敬孔子，师生之间建立了深厚的情感。如果老师不尊重学生，对学生动辄打骂，不尊重学生的人格与隐私，那么久而久之，学生也不会对老师心怀尊重。可见，文明礼仪要想长久有效，离不开相互的作用。

（三）适度原则

适度原则也是校园礼仪的原则之一。社会讲礼才能更好地运转，适度的礼仪有助于形成文明的氛围与和谐的环境，校园亦是如此。过度讲究礼仪往往会适得其反。英国哲学家约翰·洛克就有言："礼节太繁，执意把过分的、别人受不了感到愚蠢、惭愧的礼节强加给别人，这种情形看起来与其说是尊重人家，还不如说是嘲弄人家。"校园是教书育人的地方，教师传授知识，学生学习知识，在这样的环境下，讲究繁文缛节容易破坏学校平等尊重的环境。举例来说，学生尊重师长在适度的范围内表现之一为主动问好，过度的礼节将演变为卑躬屈膝，打躬作揖，容易将阿谀奉承也当成礼节来用，令人感到尴尬与可笑。校园礼仪的存在是让学校成员之间能够相互尊敬、友好相处，过度的礼仪往往与之相悖，会让人与人之间感到疏远，有距离感，甚至还会让对方感到冒犯。

二、具体要求

校园礼仪对学校之中的每位成员在言行举止上都有所要求。校园礼仪是方方面面的，一个人是否有礼仪体现在其言行举止之中。正因为如此，一个文明和谐的校园势必会通过校园礼仪对学校成员的言行举止进行要求。人人坐得直、行得正，校园才能保证有序地运转。校园礼仪的要求是促进学校成员文明懂礼、学校氛围和谐融洽的重要方法。

（一）对学生的要求

学生是校园礼仪的主要教育对象和主要载体。学生一方面需要不断学习校园礼仪，另一方面更需要将校园礼仪内化于心，外化于行。学生应该遵守学校规定的各类规章制度，校规校纪是一所学校对学生的基本行为的成文规范要求，是校园礼仪外在化的显现。学生应尊重知识，努力学习，追求上进；尊敬师长，遇到老师要问好；与同学文明交往，友善相处，共同进步；衣着整齐端庄，不穿着奇装异服；精神态度积极向上，对学习与生活充满热情；爱护学校的设施，维护校园干净整洁的环境；培养自身内化礼仪规范，懂得学会维护个人与学校的尊严。

（二）对教师的要求

学校教师是校园礼仪的载体和传授者。校园礼仪不仅是教工要遵守的规范，更是教师要教导学生的教育内容。如果教师自己的言行举止不够文明，那么就无法指望学生能够遵守校园礼仪，校园风气就会受到巨大的影响，进而无法形成文明校园。因此，校园礼仪对教师也有着要求。学校教师要尊重学生，爱护学生，为学生着想；认真对待每一堂课，兢兢业业面对工作，为学生答疑解惑；终身学习，不断增长自身知识，提高道德水平；以身作则，为人师表，不仅要做学生知识的传授者，更要做文明的传承者。教师是学生的表率，学生在学习的过程中往往关注教师的一言一行，从教师身上学习为人处世的方式，所以教师的一言一行、一举一动，都应达到不愧为人师表的地步，才能够对学生产生良性影响。可见校园礼仪对教师的要求有着双重的作用。

（三）对职工的要求

学校的职工是学校成员的一部分，也是校园礼仪的载体。学校的职工包括安保人员、食堂人员、后勤人员等。学校职工是否文明讲礼，也会影响到校园的风气。职工的有序活动关系到学校的正常运转，职工的行为举止也关系到学校的形象。学校职工虽然不直接承担教书育人的任务，但是他们的行为举止也会在不知不觉中影响到其他人，尤其是心智还不够成熟的学生。因此，学校职工也应该注重自身行为举止，实践校园礼仪，认真遵守学校的规章制度，对待工作要认真负责，对待学生要亲切友善，努力营造文明氛围，建设和谐校园。

任务三　师生交往礼仪

教师与学生正如一盏明灯和行路人。教师奉献自己，点亮学生求学的道路，为学生指明前进的方向。学生依靠教师的指引，学习知识，树立三观，越走越远，最后学有所成。教师对学生应该悉心教育，授业解惑，关心学生的身心发展。学生应该认真学习知识，不辜负老师的教导，更应该尊重老师，敬爱老师。

师生之间的交往与相处，应该建立良好的模式。学生对待老师要以尊重为先，教师是长者，要以师者为尊，尊重师长是中华民族的传统美德之一，也是校园礼仪中重要的一项内容。教育事业是神圣的事业，教师一直是受到社会尊重的职业，每个人的成长过程中总离不开教师的身影。鲁迅就对自己的老师十分尊敬。他12岁时到三味书屋，师从寿镜吾先生，后来他到外地读书，每次放假回到老家绍兴，他总要抽空去看望自己的老师。再后来鲁迅出国留学，在异国他乡也常常挂念老师，经常写信问候老师并向老师汇报自己的学习情况。1906年，鲁迅从日本回绍兴结婚，在绍兴的短短四天时间里，他还专程前去探望了年逾花甲的寿镜吾先生。

同样的，教师也应该尊重学生。法国教育家卢梭曾说过："要尊重儿童，不要急于对他作出或好或坏的评判。"学生是学习的主体，现在的教学模式越来越从以教师为主转向以学生为主，教师在教育学生的时候应把握不同学生的不同特点，因材施教，尊重学生个体差异，还应该尊重学生的想法，倾听学生，了解学生，走进学生的内心，把学生当成平等的人来对待，摆脱传统的教师架子的束缚，成为学生的良师益友。良好的师生交往模式能够促进师生之间的和谐交流，既有助于教师顺利开展教学活动，学生学习知识，更有助于学校良好校风的建设。

一、尊敬老师

《礼记·学记》中说："凡学之道，严师为难。师严然后道尊，道尊然后民知敬学。"这句话的意思是在做学问的道理中，尊敬老师是一件难事。老师得到尊敬后，真理才会得到尊重；真理得到尊重，民众才懂得要尊敬学业。古人云："三教圣人，莫不有师；千古帝王，莫不有师。"意思就是古往今来的圣人、帝王们，哪一个没有老师呢？《吕氏春秋·劝学》中也讲道："疾学在于尊师。""戊戌四君子"之一的谭嗣同在《浏阳算学馆增订章程》中也曾告诫世人："为学莫贵于尊师。"尊师重教是中华民族的传统美德之一。从这些典籍资料中不难看到，中国历史上有所作为、名列青史的思想家、政治家和教育家们没有一个不尊重老师，不理解尊重教师的重要性的。从古到今，先哲贤圣对尊师重教的精辟论述中，为学的前提首先是要懂得尊敬老师。

尊敬老师是学生应该做的。遇到老师时，学生应当主动问好，对于认识的老师可以加上老师的姓氏，如“张老师好”，对于不认识的老师可以直接说“老师好”。不能在遇到老师时视而不见，或者表现得避之不及，这都是不尊敬老师的行为。老师是长者，更是为了学生辛苦付出的人，应当受到尊敬。与老师交流时，学生也应当注意礼貌，宜用“您”来称呼，交流过程中要文明礼貌，宜多用敬语谦辞，多使用文明用语如“请”“谢谢”“对不起”“劳烦”等。

康有为曾指出：“师道既尊，学风自善。”学生应尊重老师的劳动成果，上课是老师的劳动。《师说》中指出：“师者，所以传道受业解惑也。”老师通过教学活动给学生传授知识，准备一堂课往往会耗费老师大量心血。教师的课堂是教师劳动成果的体现，教师认真备课，学生也应该在课堂上认真学习，专心听讲，遵守课堂纪律，不能出现嬉笑打闹、在课堂上进食或睡觉等无视老师的行为。“不敬三师，是为忘恩，何能成道?”学生努力学习就是对老师的劳动成果的最大尊重。

二、关爱学生

苏联教育家苏霍姆林斯基有言：“教师技巧的全部奥秘，应在于如何爱学生。”师生之间的良性交往，既要求学生尊重老师，同样也要求老师要关爱学生。关爱学生是师德规范中重要的内容，是师生和谐交往的要求，是师德修养的灵魂。

学生的主要任务就是学习知识，修养品行，这意味着学生是正在不断成长的。学生的知识水平、心智发展和人生阅历往往比老师要少得多，再加上学生的生活往往围绕着学校展开，老师作为学校里的长者，需要承担起对学生的引导责任。老师应该多加爱护，关心学生的学习与生活，成为教书和育人的引导者。老师对学生没有爱，那就谈不上真正的教育。老师在与学生交往中，宜关心关照学生，把学生当成平等的对象看待；老师认真帮助学生解决学业上的难题、生活上的困难，不轻视学生的问题；老师关心学生的心理状态，学生往往容易受到各种事情影响，老师不仅需要关注学生的学业，更应当关注学生的内心世界，给予学生适当的引导；老师对学生一视同仁，不将学生分为三六九等，不偏爱或歧视部分学生；老师鼓励学生追求理想，激励学生不断前行，在平时可以多和学生交流、谈心，该严格的时候则应该严格要求学生，做学生的良师益友。

三、言行有礼

不管是课堂上还是下课后，学生在校园中学习和生活，总是会和老师有联系与交流。学生与老师交往时，双方都应该保持有礼的言行。

对于老师来说，有学生向老师行礼问好，老师应该点头以示回应，不应视而不见；学生如果有什么做得不够妥当的地方，老师应该心怀体谅，不过分苛责学生；教育学生时宜引导、开解、循循善诱，避免大声斥责，甚至体罚学生；教育学生时，要懂得保护学生的自尊心，保护学生的隐私，宜单独谈话而不是公开批评；学生来请教问题时，不应摆架子，不耐烦，应该耐心解决学生的问题；被学生指出了错误时，如果是老师自身确实做错了，应该感谢学生并改正，所谓“闻道有先后”，要明白学生有时候也会是自己的老师，不能因此恼羞成怒，让人笑话。

对于学生来说，具备有礼的言行需要注意的地方也有很多。学生上课时应该姿势端正，不能东倒西歪，从姿势可以看出一个人的态度，要以良好的态度对待老师。学生不能对老师的相貌、穿着、习惯指指点点，评头论足。学生做错了事，应该向老师道歉，虚心听取老师的教育。学生在课后如有问题要请教老师，要注意避开休息时间，以免打扰老师。学生进入老师的办公室，应该先敲门，说一声“报告”，等到老师示意了再进入办公室，向老师问好并说明来意。学生在向老师请教时，态度上应该虚心、诚心，老师站着，学生就不宜坐着。学生不过分苛求老师，如果老师有做错的地方，可以私下告诉老师，注意场合与方式。老师的观点与自己有出入时，学生宜平心静气与老师探讨，在对老师的观点表示尊重的基础上再提出自己的观点。

四、把握分寸

师生在交往过程中，还应该注意把握分寸。师生交往，要保持在互相尊重、文明友善的范围内。有些新入职不久的老师，比较年轻，喜欢跟学生做朋友，开玩笑，和学生区分不开，久而久之就难以在学生之中建立起威信。学生看到老师像朋友一样，就容易忘记老师的身份，该严肃的时候也吊儿郎当，那么就背离了“尊师”这一点，老师对学生进行教育时也难以产生应有的效果。因此，不管师生之间有多熟悉，都应该时刻记住彼此之间是教师与学生的关系，尊重礼待才能维护良好的师生关系。同样的，师生之间也不宜过分严肃，虽说“严师出高徒”，但是太过严肃的教师往往难以走进学生之间，无法倾听学生，了解学生所思所想，学生也不敢亲近老师，甚至连问题都不敢请教，那么“严肃”就适得其反了。师生之间的交往，最适宜的程度就是学生对老师敬重但不缺少喜爱，老师对学生有威严但不缺乏关爱，这两种情况结合在一起，才是有分寸、知进退的良好师生关系。

任务四　同学交往礼仪

同学关系是校园关系中的核心关系之一。同学之间朝夕相处，共上一门课，共同交流讨论，一起说笑放松，互相帮助，同学之间的友谊是校园生活的珍贵宝藏。同学既是一起学习的同窗，又是共同进步的朋友，甚至还可能是共住一个宿舍的舍友。有着这些多重关系的同时意味着同学之间的交往也十分重要。

奥地利心理学家阿尔弗雷德·阿德勒曾说过，一切烦恼都来自人际关系。同学是在学校学习过程中的伙伴，和同学保持良好的关系有助于学生在学校快乐学习和生活。相反，如果和同学之间的交往出现了问题，影响了人际关系，那么也势必影响到学校生活的方方面面。每个人都是独立的个体，个体需要交流，需要同学，需要朋友，就会需要相应的礼仪规范，礼仪规范可以让人学会如何与同学友善交往。同学与同学之间相处久了难免会发生一些龃龉，这个时候更需要礼仪来指导如何妥善处理问题，修复嫌隙，与同学重归和睦。

英国文艺复兴时期的哲学家弗朗西斯·培根说过："友谊的一大奇特作用是：如果你把快乐告诉一个朋友，你将得到两个快乐；而如果你把忧愁向一个朋友倾吐，你将被分掉一半忧愁。"他指出了友谊对于每个人的重要性，同学是我们的伙伴，在与同学的交往中能够收获难忘的回忆与珍贵的友谊。所以，学会与同学互相尊重友好地交往，学会与同学交往的礼仪规范是每一位学生的必修课程。

一、互相尊重

同学之间的交往要互相尊重。同学是与自己平等的个体。在与同学交往的过程中需要尊重对方的人格，不随意取笑同学，不评头论足，不在背后八卦同学；与同学交流应使用文明语言，语调平和，不可装腔作势，也不要过多谈论自己，不给别人说话的机会；重信守诺，答应同学的事情不轻易反悔，努力做到，做不到时应该向同学道歉；尊重对方的生活习惯，不过度插手，不干涉同学的日常生活；事关尊重或隐私的问题，不要去妄加谈论，一定要表现出体贴与尊重。古人云："敬人者，人恒敬之。"给予同学以尊重的态度，反过来同学也会尊重自己。一个喜欢对同学的外貌、穿着和习惯指指点点的人，往往不会有人愿意跟他做朋友，因为他不尊重他人，他人又何必尊重他并与他交好呢？同学之间交往最重要的是互相尊重，应该求同存异，兼容并包，一段长久的、良好的友谊建立在互相尊重的基础上。尊重能够让他人和自身都感到愉快和舒服，令人感到舒服的同学关系才能够不断维持下去。

二、互相帮助

助人为乐是中华民族的传统美德，每个人的成长中都会得到别人给予的许多帮助。学校生活往往会遇到一些学习上或生活上的困难，当同学遇到了困难，可以给同学提供力所能及的帮助。俗语常说："帮助他人的人也不会缺少帮助。"那么当自己遇到困难时，也会有同学来帮助自己。如果同学遇到学习上落后、生活不如意等难处，可以给予对方安慰与实际行动上的帮助，不能嘲笑、冷漠对待同学。在同学遇到困难时，须注意首先应询问对方需不需要帮助，有些同学可能自尊心过强，不询问即插手容易让对方感到冒犯；在帮助同学解决问题时，应保持友善和睦的态度，不能因为对方有求于自己就摆出居高临下的姿态；当同学帮助自己时，应怀着一颗感恩的心，别人的帮助是情分，而不是本分，要注意不给对方添太多的麻烦，问题解决之后应向帮助过自己的同学表示感谢。同学是一同度过求学时期的伙伴，不管是谁，总会遇到这样那样的困难，互相帮助可以加强同学间的联系，增进同学间的情感，在困难或受挫折的时候相互支撑，能够为自己和他人留下宝贵的人生回忆。

三、互相学习

学校生活是一种集体生活，在与许多同学每天的交往交流中，我们可以从同学身上学习到不少优秀的品质。孔子云，“三人行，则必有我师”。每个人都会有许多同学，每个同学身上都有自身独特的闪光点，比如高尚的品德、出色的才华、钻研的态度、广博的知识等。这些闪光点都值得发现并学习，“择其善者而从之，其不善者而改之”。看到了同学的长处，见贤思齐，自己可以多加学习，如果看到别人的短处，可以自己多加注意，或者友善且适度地提醒同学。自己在学业或者生活上有什么不懂的问题、不好的地方，可以虚心向同学请教，在请教的基础上发挥自身主观能动性，把问题搞明白，把不足补上来，同学之间本就需要互相学习、共同进步的关系。

四、真诚相待

真诚地对待每个同学，就要懂得发现同学的优点，懂得欣赏和赞美同学，向同学表达自己真诚的心，不表面一套背后一套，不做“笑面虎”。同学间的相处贵在真诚，有时候的伤害往往是无心的，同学给予的帮助却是真心的，闹了矛盾不宜冷战甚至绝交，而应该在冷静下来之后坐在一起理性讨论，解决问题，互相说一声“对不起”，一段美好的同学情谊必然需要每个人抛出自己的真心。此外，同学之间不可避免会有学业上的竞争，但是这种竞争是良性的，能够帮助同学努力学习，应该正确看待，不能因此而闹矛盾。例如，有些人故意不把老师交代要看的资料告诉班里的同学，为的是自己能拿到更好的成绩，这种行为就背离了真诚相待的要求，而演变为自私自利的行径。

真诚是美好的品质，真诚待人能够让同学感受到美好，并使得同学交往的氛围能够融洽、稳定。如果同学之间的交往缺乏真诚，洋溢着谎言与虚伪，那么就会造成不良的氛围，让人感到孤独、寂寞，甚至导致抑郁情绪的产生。这种消极的氛围必然会影响正常的学习和生活。

任务五 校园其他交往礼仪

除了师生交往礼仪、同学交往礼仪，校园中需要注意讲礼仪的方面还有很多。学校生活丰富多彩，除了日常的集会，还常常举办各种各样的活动，了解集会礼仪也是校园礼仪的重要部分。在集会礼仪之外，还有宿舍礼仪、图书馆礼仪等与学校有关的固定场所相关的礼仪。这些礼仪能够多方面地帮助学生融入校园生活，有效营造文明校园。

一、集会礼仪

集会是学校生活的重要部分之一，是学校经常要举行的活动。学校往往有着不少例行的集会活动，如升国旗仪式、开学典礼、讲座等。这些集会活动一般较为正式，多在大操场或报告厅举行，出席人数较多，更需要注重礼仪。

（一）升国旗仪式

升国旗仪式在我国的学校教育中属于爱国主义教育的一项重要活动。从小学到中学，每个学校都会固定在每周一早上举行升国旗仪式。升国旗仪式的场地主要在学校的操场，往往全部年级都要参加，人数较多，这就要求学生注意列队秩序，按照要求排列。在列队时，学生应该迅速找到自己班级或年级所在的位置，按照老师或班委的要求排列整齐，不应该嘻嘻哈哈、慢慢吞吞或者你追我赶，以至于花费大量的时间才列队完毕。

升国旗是一项严肃的活动。在升国旗前，应该排列整齐，整理自身仪容仪表；在升国旗时，要身正而立，如有戴帽须脱帽，面向国旗行注目礼并唱国歌。国旗是一个国家的标志性旗帜，是国家的象征，认真严肃对待升国旗仪式展现出的是对国家的尊敬与热爱，当五星红旗升起，在场的所有人都应神态庄严，用注目礼来致意，不允许出现嬉笑打闹、吊儿郎当的行为。升国旗仪式结束后，所有人也不应立刻松懈，行为散漫，而应该保持秩序慢慢退场。

（二）开学典礼

开学典礼是学校在每个学期开学时都会举办的活动。开学典礼有助于学生尽快从假期的放松状态转到学校的学习生活上来，是新学期开始时的重要活动。开学典礼举办的地点一般在操场或礼堂，不管是在室外还是室内，都需要注意典礼礼仪。

参加开学典礼的学生，首先要注重仪容仪表，按照着装要求，或穿校服，或穿较为正式的服装，穿戴整齐进入会场。到达会场后，按照班级的顺序就座，不私自调换位置，不大声喧哗，认真等待典礼开始。典礼进行时，学生应认真听取校长、老师和学生代表等的致辞或发言，参加典礼的过程中应保持饱满的精神态度，在适当的时候给发言人报以掌声，不交头接耳、窃窃私语。

（三）讲座

学校会定期举办各种各样的讲座，或是科普讲座，或是学术讲座，丰富学生的课余生活，拓宽学生课外知识面。

不管是参加什么类型的讲座，都应该注意礼节。首先衣着要整洁大方，并提前几分钟到达讲座举办的地点。不迟到、不早退都是对主讲人的尊重。除了要有时间观念，在讲座进行的过程中，还应认真倾听，不交头接耳，适时做笔记。如果听讲座期间确有特殊情况须提前离场，应悄悄起身，在不影响他人的情况下快步离开，不要因为自身而影响整场讲座。讲座邀请的主讲人往往德才兼备，学识渊博。当主讲人讲授结束、进入提问环节时，可以根据笔记对不理解的地方提问，使用尊称敬语进行友好交流。在讲座结束时，当为主讲人报以热烈的掌声以示感谢，并听从现场工作人员的指挥有序离场。

二、宿舍礼仪

宿舍生活是校园生活的一部分。就读于寄宿制的中小学及大学的学生，一般统一住在学校安排的宿舍里。一间小屋，几个同学，组成了求学生活中最珍贵的“家”的回忆。宿舍生活不同于一个人生活，在享受友情和陪伴的同时，还应该注意宿舍礼仪，为自己、也为他人创造良好的生活氛围与环境。越来越多的高中宿舍、大学宿舍的学生集体考上名校的事例被媒体争相报道，这些宿舍往往都有着和睦友善、相互鼓励的良好氛围。可见，宿舍的良好环境是多么重要，而这就需要依靠宿舍礼仪来帮助实现。

（一）尊重他人生活习惯

来自不同地方、不同背景的学生在一个宿舍里共同生活，每个人的生活习惯都不尽相同，容易产生龃龉。住在同一个宿舍，首先要做到相互尊重，尊重他人的生活习惯。例如，有些人晚上睡觉时间较早，那么在其入睡后，宿舍里的其他人就应该放轻行动，做完自己的事情后尽早入睡。同样，习惯早起的人在起床时也应该注意自己洗漱穿衣的动静，以免打扰到还在睡觉的舍友。旁若无人地横冲直撞是不尊重他人的行为，不利于和谐宿舍氛围的建立。对于舍友的生活习惯，只要不影响到自己，不要进行干涉。每个人都有自己习惯的生活方式，保持尊重，互相认同对方的独立性是宿舍生活的关键。

（二）保持宿舍干净卫生

宿舍是学生在校园生活中待得最久的地方，一个干净的宿舍环境不仅有利于愉悦宿舍成员的心情，更有助于宿舍一切生活活动的开展。宿舍是共同居住的地方，这就要求宿舍中的每个人不能随心所欲，宿舍的卫生不能什么时候想打扫才打扫，应该经常注意宿舍的环境是否整洁干净。一方面，宿舍里每个人要先做好个人卫生：勤整理桌面和个人物品，换下的衣物及时清洗，不在宿舍食用具有较重气味的食品。另一方面，宿舍的卫生环境也要集体共同来守护：宿舍公共区域每天固定一个人轮值，每周固定一天集体对宿舍进行大扫除，打扫地面，擦拭门窗，清理水槽和卫生间，保持宿舍内外整洁。

（三）建立和谐人际关系

建立起和谐的宿舍人际关系十分重要。和谐的人际关系要求在宿舍里与舍友相处时，要做到尊重但不疏离，关心但不过度。宿舍的舍友不仅是同学，更是朝夕相处的朋友，宿舍就是学生在学校里的家，与舍友保持良好和谐的关系，可以让人在回到宿舍的时候体会到归属感，感到幸福和愉悦。要想建立并维持良好的关系就要求做到他人的用品未经许可不得私自使用，不随意打探他人的隐私，不管彼此是否已经十分熟稔，在相处过程中都要保持界限感，不过度探问对方的私事，尊重他人隐私与人格。在日常生活中，做到和睦相处，互帮互助。相聚是缘分，如果发生矛盾应各退一步，把矛盾理清楚，争取把问题妥善解决，重修于好，不能因为矛盾就私下搞小团体，疏远、排挤舍友，影响宿舍内部感情。

三、图书馆礼仪

图书馆是学校设立的用来阅读、学习的专门场所。每天都会有许多学生甚至老师前往图书馆学习或者借阅书籍。进入图书馆，在图书馆进行学习活动，就要了解并遵守相应的图书馆礼仪。

（一）保持安静

学习往往需要一个安静的环境，图书馆中最重要的便是保持安静。进入图书馆，学生应该提前将手机等电子设备静音，馆内行走放轻步伐，迅速找到空位置就座。坐下后放置纸笔，翻动书本时也要注意避免发出过大的声响，以免影响图书馆内的其他人。在图书馆中，应以学习活动为主，宜少说话。如有特殊情况需要交谈，应放低声音，言简意赅进行表达，或者离开至无人处进行交流，避免嘀嘀咕咕，破坏图书馆安静学习的氛围。

（二）拒绝占座

图书馆是学校成员均可以进入并使用的地方，图书馆的座位不应随意或长期占用。自己要离开图书馆时应收拾好个人物品。用各种物品占座的行为不仅影响图书馆环境的整洁美观，还是个人素质不佳的表现。有些学生为了一个好位置，往往将自己的物品放置在上面占座，有时还会出现占了座结果人不来的情况，导致一个位置明明没有人用，但其他人不能用的局面。

（三）爱护图书

应珍惜、爱护图书馆的书籍。图书馆中有众多书籍可供学生借阅使用，学生借书后应对书本多加爱护，不在上面画线写字，不折角或裁剪，保持书本整洁且完整。还书前记得检查书本中是否夹有书签或便签，把自己阅读时做的一些外部标记移除，方便下一位读者阅读。同时，借阅书籍应遵守图书馆规定的时间，在还书期限之前将书籍归还图书馆，不应拖延以至于超时，影响图书馆的归档工作和下一位读者的借阅。

结　语

我国从古代开始便将知识与礼仪的学习联系在一起。古语有云：“知书识礼。”一个人若是满腹经纶却不懂礼，也不能够被当成君子来看待。反过来，一个懂礼识礼的人往往不会是一个文盲，因为礼就是行为道德上的知识。在学校中开展校园礼仪文化建设，实践校园礼仪，是逐渐提高国民素质，推进社会主义精神文明建设的重要基础。学习并实践校园礼仪，可以帮助学生学会做人、做事，成长为一名符合社会需要的新时代文明公民。

学生终有一天会离开学校，走上社会。在学校时，校园礼仪的要求能够帮助学生培养良好的习惯，度过文明和谐的校园生活；走上社会后，学生有校园礼仪作为基础，更易学会社会上各方面的礼仪，帮助学生顺利地与人交往，融入社会，获得更广阔的发展空间。

思考练习

1. 在学校中向老师请教问题时应该注意什么？
2. 参加学校举办的讲座有什么注意事项？
3. 在与舍友共同学习、生活中需要注意哪些方面。除了文中提到的，你还能想到哪些方面？

案例分析

案例分析一

小陈为人大大咧咧，遇到看不惯的事情喜欢当众直接指出来，比如一些舍友的缺点、同学的疏忽，在他看来，直接指出来对大家都有好处。他的记性也不好，往往说了就忘。有时候和同学约定了几点见面，他经常忘记时间，以至于迟到变成了家常便饭，让对方等待许久。他跟每个同学都有交往，但他一直没有发展几个比较交好的朋友，他也不知道是为什么。

礼仪提醒：你认为小陈没有交到好朋友的原因是什么？

案例分析二

两个班级在教室里举办了联谊活动，现场气氛活跃，节目应声喝彩。活动现场也邀请了两位班主任老师参加，但是由于人数较多，每一个同学都想挤到前排，没有一个人主动邀请班主任老师到前排就座。

联谊活动结束之后，现场遍地垃圾，纸巾、资料、矿泉水瓶等随处可见。一些学生拿了表演节目单，看完之后就随手扔到地上。还有些海报、宣传页张贴在教室门口的墙上，无人清理。在每次班级活动之后，学校后勤部门都需要花费许多时间和人力打扫和清理现场。

礼仪提醒：这场联谊活动中有哪些不文明的行为？这些行为应该怎么改正？

项目七 社交礼仪

案例导入

《论语》里记载了阳货打算会见孔子的故事："阳货欲见孔子，孔子不见，归孔子豚。孔子时其亡也，而往拜之，遇诸涂。"阳货有一次想会见孔子，但孔子并不想见他，于是阳货便给孔子一只蒸熟的小猪作为礼物。按照当时的礼俗，孔子不得不到阳货的家中道谢。于是，孔子便特意挑了个阳货不在家的时间上门拜访。阳货本是季氏的家臣，却以下凌上，把持了季氏家族的实权。而孔子本人一生奔忙，都不过是为了实现其克己复礼的政治理想，他强调君臣父子的伦理与政治等级秩序。可以想见，阳货的行为正是孔子所厌恶的，这也是他不想应阳货的邀约与之见面的缘故。可是相比之下，阳货毕竟手握权柄，孔子位居下风，总不能每次都态度强硬地拒绝，更何况阳货还赠送了礼物。

由于自己倡导的政治学说与道德伦常，孔子不能与阳货会面；但碍于阳货的权势，孔子又无法强硬拒绝。孔子最终的解决办法是：等阳货不在家中的时候专程去拜访。

礼仪提醒：从这个故事可以发现，无论见与不见，都将令孔子为难。而孔子最终想出的解决办法看似折中讨巧，实则却是非常适宜得体的。主动上门拜访，是对阳货的回应，而特殊的拜访时间又是一种彼此心照不宣的拒绝。孔子委婉表示"这件事情到此结束"的意思，总体上达到了既坚持了自身原则，又让双方都有台阶下的和谐效果。这也正体现了儒家所提倡的"礼之用，和为贵"，以及中庸原则。

引言

美国著名社会心理学家亚伯拉罕·马斯洛曾秉持着以人为本的立场，提出了需求层次理论。他将人类需求的不同发展划分成多个层次。通常来说，从低级到高级的需求依次是：生理需求、安全需求、归属和爱的需求、尊重的需求、认知需求、审美需求、自我实现的需求及超越需求。

当人类基本满足了获取食物、水源、稳定的生活环境等相对较低级的需求之后，便进而追求更为进阶的需求。譬如高质量的情感、来自他人的尊重、对知识的探索与对人生意义的理解，以及由此带来的自我满足等。

在人类社会早期，社会交往或许更多是源于人类在恶劣的自然环境中存活下去的渴望。人们“抱团取暖”，希冀能够集众人之力，获得更丰富的生存资料。而随着生产力的发展与社会进步，社交作为一种特殊的工具展现出其更多面向的功能。尤其在中国，从古至今人际交往都是极为重要的部分。与人交往除了可以增加得到物质资料的概率，同样也能与他人进行精神层面上的沟通，继而产生某种形而上的满足，譬如因观念相契带来的共鸣、因情感相合带来的归属感等。

进入新的时代，科技的进步，尤其是网络技术的普遍应用带来了社交的新形式。譬如电子邮件、即时通信软件等的普及，几乎已经取代了传统时代的车马书信；航空、铁路等交通工具的持续建设使得城市之间、国家之间更加密切地联系在一起，我们与其他民族、国家的人们接触的机会也随之增加。由此，国内与国外的交往联系日趋紧密，世界通过线下与线上的方式被联结成为一个整体。这种新情况极大地改变了过去人们进行社交的数量、形式、范围等，一切都日益多彩。因此，人作为社会性动物，即便想远承古人的“避世隐居”梦想，也早已变得不太现实。所有这些新变化导致的新形势，催生出社交礼仪应用的新空间，这就对我们在社会交往中的言行举止提出了更高的要求。在此情况下，了解与学习一些必要的社交礼仪以充实自身，就显得十分必要，也能有效避免在当今的社交过程中产生不必要的误会。

任务一　社交礼仪概述

在《荀子·王制篇》中，荀子说道，水火有气却没有生命，草木有生命却没有知觉，禽兽有知觉却没有道义。而人类有气，有生命，有知觉，且有道义，因此是最尊贵的。但人类力气比不上牛，奔跑又比不上马，牛马却能为人类所用，这是为何呢？荀子给出的答案是：人能群。即人能组成社会群体。荀子的看法可谓“人是社会性动物”的古代中国版，他明确指出了人类通过社会交往，逐渐实现智慧型的生存模式。不妨说，社交活动既是人类生存的手段，也是其结果。

由于以孔子、孟子、荀子为主体的儒家学说长期以来占据着中国思想的主导地位，他们更关注的是现实世界与日常生活，因此，人与人之间的交往便在其中占据了非常重要的部分。孔子所言的“君君、臣臣、父父、子子”，正是当时的历史条件下常见人际交往伦理的最佳注解。在春秋战国时期的贵族教育体系中，六艺（射、御、礼、乐、书、数）是主要的教育内容。礼居其一，可见其重要性。如何在社会交往中做到谈吐自如、进退有度，也成为优秀贵族的评判标准之一。

在社交活动中，分寸感非常重要。《礼记·曲礼》里记载“礼，不逾节”，即凡事依礼而行，不应越过节度。在与他人进行社交活动的时候，不论是面对面的直接交流，还是借助电话、网络等通信媒介的线上沟通，自身的面容、仪态、举止、言辞、态度等因素在很大程度上都会显现于外，这些要素与个体外在形象的塑造息息相关。在文明社会中，与人交往应当讲究合礼、适宜、得体，这不仅容易促使社交双方、多方产生信任感、愉悦感乃至美感，也更容易在此氛围中达成社交目的。可见，学礼、讲礼与守礼，并在社交活动中保持良好的形象十分重要。这可以说既是一种社会性的默契，也是用以规范社交活动的准则。我们通过理论学习，并在实践活动中不断地修炼自我而拥有了形象美之后，就不仅能为我们提供充足的自信心，也能令他人对自己良好的综合表现产生更高的认可度，有助于我们在社会活动中更好地创造与实现自身价值。

任务二 见面礼仪

现代社会信息开放、多样包容，我们需要去接触、见识更广大的世界，去参与更丰富的社会活动，借以贴近时代脉搏，了解社会发展。这也是实现自我提升的途径之一。因此对于多数人来说，每天都需要走出家门，与各式人群进行社会交往，“自我封闭”般的生活已经成为过去式。而在和形形色色的人见面、沟通的时候，我们需要知道一些相关的礼节，方能帮助自己顺利完成社交活动。

与他人见面的时候，最好能主动示意，以示尊重、友好的态度。这也体现出自身的道德修养。如果是在室内，最好在双方打招呼之前能脱下帽子、墨镜等饰品以示尊重。较为常见的示意方式有口头问好、握手、轻微点头示意等。无论使用哪种方式，在公开场合与他人见面，需要把握的原则都是大体相同的：得体、正确、适当。

一、口头问好

与他人见面打招呼的时候，根据双方或多方的关系，确定亲疏等级，以采取不同的称呼。具体而言，主要有下列几种人际关系。

（一）亲友关系

如果是家人、亲戚，或者是关系熟络的同学、朋友等，那么彼此之间打招呼可以稍显随意一些，只要能展现出亲近、友好的意味即可。如果是长辈，则应展现亲昵但不失尊敬的态度，且不能直呼其名。

（二）师生关系

在学校里若是遇上了自己认识的老师，则应当主动上前问好。既可以使用日常双方都认可的称呼习惯，也可以按“姓氏 ＋老师”的惯例称呼。若是遇见不认识的领导或老师，为便利起见，也可以从俗，说一句“老师好”作为问好。

（三）工作关系

若是身处职场之中，对于身边与自己平级的同事，不妨以“姓氏 ＋职务”相称，以示尊重。相熟的也可以只称其名，不称其姓。

对于自己的上级及更高职位的领导，可以用“姓氏 ＋职称”相称。如果不清楚对方的身份，保险起见，则可以统称为“领导”。

（四）陌生关系

在社交场合中，如果彼此之间是第一次见面，在互不相识的情况下，可以按照性别区分，称呼对方为“女士”或“先生”，显得郑重与尊重。

在和别人打招呼的时候，切忌使用“喂”“那谁”之类的不礼貌用语，也不能称呼别人的绰号，或者使用一些庸俗的称呼。

二、握手

握手礼是在漫长的社会生活中逐渐发展而来的一种重要且常用的礼节，目前仍然在许多国家流行。通常来说，握手适用的场合更正式，表示一种慎重的致意，因此在社交中并不是必需的。

握手的力度、姿势等往往能传递出许多重要信息。所以对于握手的方式与原则，有必要加以了解。

（一）握手顺序

根据握手双方的年龄、资历、身份、性别等的不同，握手顺序也有所区别。一般而言，位分较长的一方（譬如上级、长辈等）应当主动伸手，小辈再进行回握；若是男女握手，男士则应当等女士先伸手之后，再进行回握；若是宾主握手，主人应当主动伸手，宾客再进行回握。

如果在双方是朋友，或者是平级、平辈的情况下，先伸手的一方则显得更有礼貌。

（二）握手的要求

在握手之前，如果正戴着手套，应该先取下。若是多人在场，不要为了方便而同时与两方握手，也不要隔着中间的人握手。最礼貌的做法仍是依次相握。

除有特殊情况，否则与人握手时应当保持站立状态。

对于关系较为密切、已经熟识的双方，可以边握手边进行问候寒暄，时间稍长亦无伤大雅。而对于初次相见，或是彼此尚不熟悉的人来说，轻微且短暂地相握即可，时间不宜过长。男士与女士握手时，最适宜的做法是只轻轻回握一下对方的手指部分。位分高者向你伸手时，应快步上前。相握时，位分低者上身可以稍微前倾，以示尊敬。

与他人握手的时候，不应东张西望、态度敷衍。相反，双目视线应当注视对方，脸上保持微笑。同时注意握手的分寸和力度，既不要过分热烈，也不必刻意疏离，以免给对方造成不适感。

任务三　介绍礼仪

现代人无论是在生活、学习或工作中，大多需要与外界建立联系，进行交流，以实现一些目的，譬如交友、寻求帮助、自我展示等。然而个人能力毕竟有限，这就需要借助他人的帮助，从而扩大自身的交际圈。介绍正是在这种场合下的常用方式。通过这一基本方式，原本陌生的人们能相互认识和了解，缩短彼此的距离，乃至更进一步地建立起稳定的交往。

在社交活动中，介绍的形式是多样的。根据社交场合正式与否，可分为正式介绍与非正式介绍。根据介绍的方式区分，可以划分为自我介绍与他人介绍。

一、正式介绍与非正式介绍

当社交场合较为正式或严肃时，则应当按照前述，先口头问好、握手等，再进行交流。如果是非正式场合，则可以稍显随意，在相互尊重的基础上，不必过于拘泥细节。

二、自我介绍

现代社会，自我介绍是经常且广泛被使用的方法。无论是作为学生参与校园活动、升学考试，或者是学生走出学校去求职面试，即便在日常生活中，也会有与亲朋见面或聚会的时候，这都需要向他人做一个简要的自我介绍。

进行自我介绍时，首先应确定自身目的与对方身份，在此基础上有针对性地组织措辞，突出自己优秀的一面。但如果是在聚会上与从未见过的人相互介绍时，就不应透露过多个人信息。又如同样是自己的长辈，面对老师时，话语间仍然可以流露出一些亲近、随和感；若是求职时面对的是领导，则应当尽量褪去话语间的稚气，言行都应更稳重一些。

自我介绍的内容应遵循有效性与真实性，尽量做到言简意赅、实事求是。切忌说话内容冗长且重点不清，漫无边际又夸夸其谈，那样既耗时又无用，在旁人听来又显得啰唆。

三、他人介绍

在一些社交场合中，常会遇见大家都互不相识的情况，这时候就需要第三方介入为彼此引荐。一般来说，由于第三方的引荐者处于当事人双方之外，故而在某种程度上，其介绍显得较为客观。这就要求介绍者事前了解双方各自的身份、年龄、辈分等具体信息，以便介绍时做到准确、公正。

通常而言，在做介绍时，应该向长辈介绍晚辈，向主人介绍宾客，向女士介绍男士。如果遇到双方是平辈、性别相同或一时难以辨别辈分的情况，不妨将与自己较为熟悉的一方介绍给相对生疏的一方。

为他人作介绍之前，最好能先征询双方的意见，以免强人所难。介绍的时候，对双方的介绍应尽量平均，不要让其中一方感到被冷落。介绍时态度要和善大方、热情友好，语言应客观、文雅，音量适中。可适当配合手势动作，但切忌对双方指指点点。此外，作为引荐者，应当尊重双方，架起沟通的桥梁，不该喧宾夺主，只顾突出自己，使其他人沦为陪衬。

任务四　交谈礼仪

交谈是进行社交活动的重要途径，可以说也是最直接的途径。人们通过交谈，能够及时地表达自己的看法与接收对方的反馈，借此便可以进一步加深对彼此的了解，达到开阔视野、增进友谊等效果。在交谈过程中，语言是极为重要的沟通工具，因此交谈也是一种语言的艺术。不得不承认，一个善于交流的人，言谈举止之间确实可以增加自身魅力，较为妥帖地处理社交中出现的问题。春秋时期，“引诗”“赋诗”作为贵族阶层经常使用的一类言说技巧，被广泛运用在情志抒发、文化教育、典礼仪式、外交出使等场合中。所以孔子曾言，“不学《诗》，无以言”“诵《诗》三百，授之以政，不达；使于四方，不能专对；虽多，亦奚以为?”正体现出了学习《诗经》对于上层人士的重要性。其中，学习在社交场合中进行言辞的美化与得体的表达，占据了很大一部分。尽管时过境迁，古时候的交谈惯例与礼仪不再完全适用于现代社会，但是在与人交谈的过程中，我们仍然需要注意一些基本的交谈礼节与言说技巧。

一、确定对方的身份

交谈者的身份关系到称呼用语、交谈过程中的说话风格和说话态度等，要做到因人而异。譬如，若是与长辈或上级交谈，交谈时应当使用敬语，态度谦恭，言行稳重，并且根据对方的职业，使用相关的语言类型。若是平辈的同事、朋友之间的交谈，则可稍显随意一些，做到相互尊重、不卑不亢。

二、留意交谈的场合与话题

尽量为每次的交谈寻求一个匹配的场合，若确实一时难以实现，应当根据所在场合调整交谈内容，做到因时、因地、因事制宜。在图书馆的时候，不应高谈阔论；在相较嘈杂的公共场所，来自外界的干扰太多，就不适合谈论重要事项；在相较严肃的场所，也不应当为了活跃气氛而说出一些粗话或低俗笑话；等等。这不仅关系到交谈技巧，更体现一个人的道德素质。

对于话题的选择也是让交谈顺利进行的关键。交谈应当基于一个共同话题，要保证谈话围绕着一个确定话题进行，哪怕是发散式交谈，也应从一个话题过渡到另一个话题。否则容易形成大家各说各话的滑稽且尴尬的场景，导致无效交谈。此外，最好避免谈论一些较为敏感、可能引发争论的话题，以免交谈过后心生芥蒂，造成消极效果，反而失去了社交的意义。

三、营造并保持良好的交谈氛围

轻松友好的交谈氛围有助于让人保持身份愉悦，卸下拘束感，更好地专注于交谈过程。在交谈之初，可以通过适当的寒暄令对方感受到你的和善态度。在交流过程中，倾听对方的话语，并适时给予反馈，但不要随意打断对方或抢话。谈话时，目光应当随着对方而动，平视对方以示尊重，但不宜长时间盯着对方，可适当将目光移至对方眼睛稍下的位置。还应当注意保持合适的交谈距离。通常而言，在公共场合，保持1.2～3.6米的社交距离是最为适宜的。在这个范围之内，可根据交谈内容适时调整人际距离，既避免让对方产生被忽略感，也为双方留有一定的空间，不会产生身心不适感。

四、适当的反馈与应变

交谈不是单方上演的独角戏，而是一场依赖于双方乃至多方参与的社交活动。交谈包含了两部分的内容，即听与说。向他人清晰地表达看法，展示自我，是会说。倾听他人的讲话，了解其表达的意思，并适时给予反馈，是会听。若只有一方沉浸其中，另外一方却应付了事，那么显然达不到应有的交谈效果。

除此之外，不论是说话者还是倾听者，还应随时注意对方的神色，做到“察言观色”。如果对方流露出疲惫感、某种厌倦神情，又或是其他一些意欲离场的暗示性动作、表情等，那么说明到此就应当更换话题或是结束话题。

需要注意的是，与人交谈固然需要掌握一些表达技巧，但人的真挚情感不应被技巧的过度运用所淹没。真情实感终归是最重要的交谈原则。

任务五　社交媒体礼仪

在传统社会，人际交流的途径比较单一，基本是口头传递消息或书信往来，相对而言效率比较低下。进入19世纪，电话被发明，随后逐渐普及，人类社会开始实现即时通信。到了20世纪，互联网时代到来，可即时分享、传递的信息形式愈发多样，譬如音频、图片、视频等。作为人类文明时代第三次工业革命的重要标志之一，互联网技术与电子计算机极大地改变甚至颠覆了人类的生产与生活方式，“地球村”这个概念的产生形象地展现了众多地区及国家因日益便捷的交通工具与飞速发展的科学技术，而被集结成为一个“小村落”的结果。科技的进步，顺理成章丰富了各类现代媒介工具，也催生出信息时代的社交媒体礼仪。

一、电话使用礼仪

在互联网技术普及之前，固定电话能够帮助人们快速地联络到想要联系的人，并实现即时通话。虽然固定电话只能在已安装了电话的地方使用，但相比过去已经是巨大的进步。随后，移动电话的发明更是打破了对使用地点的限制，电话的外形也变得愈发小巧，人们几乎可以随时随地利用移动电话满足自身的交流需求，一日千里的科技发展也使得电话资费不断下降。由于电话的众多优势，即便在进入互联网时代之后，它也没有被轻易淘汰，而作为一种重要的社交工具，依旧被高频使用着。因此掌握基本的电话使用礼仪也十分必要。

（一）拨打电话前，准备好说话内容

在社交活动中，带有目的性的电话沟通占据了很大一部分，哪怕只是日常与亲朋好友寒暄，也仍然需要一个大致谈话范围。因此在拨打电话之前，应梳理好将要表达的内容，做到简洁明了。初步打一个腹稿，也可以列举内容大纲，对话时依照概要而行，避免通话时记忆卡顿，腹稿暂时落空的尴尬情况。若是比较重要的通话事项，为保险起见，拨出电话前不妨简要模拟演练一遍，以增加熟悉度与自信心，做到有效输出，达到通话目的。同时还应了解受话人的姓名（或姓氏）、性别、年龄、身份等信息。拨打电话时，要仔细检查号码是否正确。

（二）拨打电话时，应选择合适的时间

当自己作为主动的一方拨打电话时，应选择一个对方方便的时间。过早或过晚都会影响别人的休息。一般来说，不宜占用别人的上班时间、休息时间、节假日等。若是国际电话还应该考虑时差问题。每次通话应当有意识地控制时长，不宜过长。

（三）通话时，应注意说话语调

电话谈话与日常见面的最大不同在于，前者是个“只闻其声”的过程，对方能够根据传来的细枝末节大致上判断出说话者的形象——是态度专注还是三心二意，是真诚亲切还是呆板敷衍……这都会直接或间接地影响通话效果。因此，在与他人电话沟通时，要做到一心一意，态度诚恳。说话时做到吐字清晰，礼貌用语，音量和语速适中。声音会将说话人的良好状态传递到受话人耳中。切忌一边做着别的杂事，一边与别人说话，一心二用是非常不尊重对方的行为。若确实出现了特殊情况或突发事件，应及时向对方说明，避免产生误会。

（四）及时接听来电

听到来电铃声后应尽快接听，尤其在工作场合中，这非常重要。若是因为特殊原因无法及时接听，在通话伊始应当先向对方表示歉意，并做出简单解释。

（五）专心倾听，做好记录

接听电话时，应专心倾听对方的话语，了解对方通话的意图，适当给予反馈。对于一些重要或复杂的事情，可以用纸笔记下要点。如果一时之间无法做出回应，应当告知对方会及时回复。

（六）代接电话时，尊重他人隐私

若接听电话时发现来人找的不是自己，应当及时将来电转接给对方要寻找的受话人。若受话人暂时不在现场，可询问对方的意图并记录要点，后续及时转交。其间应当注意分寸，不应过多窥探双方的关系、通话内容或其他隐私信息。不要因为自己代接了来电而感到不耐烦，或随心所欲打发了对方。仍需要以礼相待，友好答复。

二、微信使用礼仪

微信是一款为手机等智能终端提供即时通信服务的免费应用程序，它突破了电话只能固定在一个运营商的限制，借助于网络技术，支持跨通信运营商、跨操作系统平台发送文字、语音、图片、视频等多种形式的信息。除了前述的基本功能，微信还具备多种丰富的辅佐功能。基于这些强大的功能，微信在当今中国社会发展势头极为迅猛，基本已经成为人们生活、学习和工作中不可或缺的沟通工具。正确且得体地使用微信，是我们需要掌握的重要素养之一。

（一）文字消息应简洁得体、突出重点

虽然微信聊天与电话沟通都能达到即时通信的效果，但两者较为明显的差异之处在于，电话主要为双方提供口头交流机会，而使用微信时，文字信息的传递与接受占了很大一部分。电话沟通要求通话双方在听到声音之后，必须要在很短的时间里做出回应，否则后续交流就难以为继。但使用微信文字交流时则不存在这个问题。尽管最恰当的做

法仍然是在短时间内予以回复，但这个反应时间相较来说被延长了不少。在这个范围里，用户有充裕的时间去理解对方信息的意图，继而组织好语言，做到内容简练、重点明确。有时甚至不妨字斟句酌，这样既能保证内容的严谨，又能增强文字信息的艺术性，达到更好的交流效果。

此外，使用微信尽量以文字沟通，特别是涉及工作、学习中一些复杂事项时，一目了然的文字内容总是优于几大段语音信息。

（二）可使用适当的表情配合文字

通篇文字信息多少是枯燥的，在多媒体时代，表达自我的方式愈发丰富。使用微信时，在文字之外，可灵活选用一些恰当的表情符号，能够更直接地表达自身情绪，活跃气氛，也能增强亲和力，拉近双方的心理距离。但需要注意，表情符号要适度使用，不要淹没了重要的文字内容，更切忌出现“刷屏”现象。

（三）应选择适宜的时间发送消息

与拨打电话相类似，发送微信消息时也应注意选择恰当的时间。若是公事，则应尽量避开对方的私人时间。

（四）注意隐私保护

使用微信聊天也是网络交友的具体展现，身处发达又鱼龙混杂的网络世界之中，始终应牢记保护隐私的重要性。如果对方并不是自己很熟悉的人，甚至是初次聊天的陌生人，那么关于自己的住处、学校、电话号码、家庭情况、身份证件、与他人的聊天截图等重要的隐私信息一定要慎重对待，不能轻易透露。

此外，即便是自己比较熟悉的亲友，也不意味着可以完全放下戒备心理。在不少新闻报道中，与金钱相关的违法犯罪，也存在着熟人作案的例子。有时候正因为这层熟人关系，违法犯罪行为才变得更加容易，反过来更滋生了此类案件的发生。

（五）聊天内容要合法、合情、合规

近年来，以网络为依托的违法犯罪事件频发，为我们敲响了警钟：网络并非法外之地。即便在网络世界，我们仍要为自己的言行负责。使用微信聊天时，内容要符合当今社会的主流价值观，绝对不能出现挑战国家政治底线及触犯法律底线的内容。做到不信谣、不传谣，也不散播低俗内容，自觉、主动维护良好的网络聊天空间。

三、电子邮件使用礼仪

电子邮件可谓最为正式的社交方式之一。它是传统信件的电子化，故使用时的注意事项是相似的。

（一）使用规范的格式

在邮件主题栏可以写一个概括性题目，能让收信人对这封邮件的大致内容一目了然。

也可以避免被当作垃圾邮件而被过滤。

首先，邮件开篇要有称呼和问候，常用的表示尊重的格式有“敬爱的/尊敬的/亲爱的×××，上午/下午好”等。

其次，要有简单的引入语。简要做个自我介绍并解释发出这封邮件的目的等。

再次，可以对邮件目的做具体的分段叙述，要明确且礼貌地表达自己所希冀的事情。

最后，再次礼貌地致敬或问候，作为邮件的结束语。如有必要，也可以再次写上自己的名字，以示郑重。

（二）用语应得体、正式

一般来说，使用电子邮件的场合大多比较官方、正式，因此书写邮件时，遣词造句应规范、恰当，内容简洁，重点突出，表达流畅。避免使用网络用语或当下流行的“梗”，以防收件人看得云里雾里。此外在电子邮件中，即便想要抒发很强烈的情绪，也不要滥用标点，这会显得非常轻浮。

（三）仔细检查所要投递的邮箱地址

当电子邮件书写完成，最后一步便是将其投送到相应的电子邮箱里。这看似轻巧，却依旧不能掉以轻心。发送邮件之前，应再次检查所要投送的邮箱地址，确认无误后再点击发送。否则邮件投递错误，又无法撤回，就会陷入非常尴尬的境地。若邮件里还含有工作往来的重要信息，一旦泄露，更可能造成严重后果，甚至要承担相应的法律责任。

四、微博使用礼仪

微博是近年新兴的侧重分享个体兴趣爱好、传播实时信息的互联网平台。它呈现出开放式、传播性、便捷性、泛娱乐化等一系列特征。同时微博也显出很强的个人性。用户隐身在网络背后，在自我这方天地中，可以无需顾忌他人指点，进行自由表达。这固然尊重了个人喜好的自由表达，但另一方面，其过强的自我倾向性与分享内容能够被众多陌生用户实时观看的开放性之间的矛盾，也容易激发网络争论。故使用微博时注意相应礼仪极为必要。

（一）理性讨论，文明用语

很多人以为网络世界的隐匿性，便在互联网平台上肆意发表看法，有时甚至是大放厥词，全然不顾表达内容的条理性与逻辑性，乃至掺杂着不少低俗用语，更多只是个人极端情绪的发泄。由于微博往往和流行时尚、当红明星等话题相联系，这加剧了其娱乐特性，在内部形成众多相对独立的亚文化领域。这样产生的各类圈子因其无形壁垒，容易形成信息茧房，并逐渐固化内部用户思维，最终导致精神层面愈发狭隘的畸形现象，非常值得警惕。微博允许公众自由表达想法，这难免会遇到异己的观点。在合情、合理、合法的情况下，应当尊重他人的观点。要时刻提醒自己保持理性思考，谨防被一些极富煽动性、情绪化的发言所蒙蔽利用，更不能因此失去理智，进而升级为骂战。若在网络上遇到故意挑衅者，不妨“先礼后兵”。当发现与对方无法理性沟通时，不要过多纠缠。当出现涉及辱骂、诽谤自身等情况时，可以保留证据，严重时向平台或网警举报，以维护自身权利。

（二）应当考虑内容输出传播后果

使用微博时要遵循公序良俗，遵守网络相关法律。不要发表违纪违法的内容，不轻易传播未经证实的消息。在发言之前，应当考虑其传播后果，以免让自己卷入不必要的纠纷之中。

（三）注重自身隐私保护

微博平台可谓直接面向所有微博用户，因此不要轻易上传可能泄露自己、家庭、亲友隐私的内容。

任务六　拜访礼仪

拜访是指亲自登门与主人见面的一种社交方式。与其他社交方式相比，拜访更为直接，同时也显得更有诚意。拜访基本可以划分为日常拜访和工作拜访，两者大致是非正式拜访与正式拜访的区别。不过两者之间并没有绝对的界限，一些相关的拜访礼仪也是共通的。

一、拜访前进行询问，约定好拜访时间

有时候需要拜访的对象可能工作繁忙，又或是当天已有别的活动安排。如果在对方一无所知的情况下登门，自己成了不速之客，对方也难免会有些尴尬无措。要是对方恰好不在家，那就白跑一趟了。因此，登门拜访之前最好先取得对方同意，并约好一个时间，后续再进行正式拜访。

确定了拜访时间之后，当天最好预留出充裕的出行时间，准时到达。若中途出现了特殊情况，导致错过约定时间，在条件允许的情况下，应该及时告知拜访对象。

二、注重拜访过程的礼节

登门之前可以适当准备一些礼物。常见的如水果、糕点、鲜花、食品礼盒等。抵达主人住所后，先按门铃或者敲门，待到有人应许或开门相迎了才可进门。否则，即便大门因其他原因已然敞开，也不能擅自进入。

进入室内后，带来的礼物或者背包、外套等随身物品，应在询问主人后在特定的位置放好。切忌进屋之后随意堆放。对于原本就在屋里的人，应依次问候。

三、掌握基本的交谈技巧

落座或寒暄后，可向主人表明此番前来的目的。如前述的交谈礼仪，交流时应掌握基本的社交技巧，做到礼貌得体。

四、把握好辞行的时机与方式

当此番拜访已持续了一段时间，拜访目的已基本达到，又或是临时有事需要提前离开的情况下，可委婉表示叨扰已久，应当告辞的意思。若在交谈过程中，发现主人有想要结束此番见面的意图，也应主动表明告辞之意。如果中途有另外的来访者登门，那么即便主人挽留，应该在与新的来访者打过招呼后，礼貌告退。切忌展现出一副迫不及待想要离开的神情。

任务七　馈赠礼仪

馈赠是指人们在社会交往过程中，赠送对方礼物，以表达感激、庆贺、尊敬、纪念、交好、慰问等的一种行为。人与人之间能够通过馈赠行为沟通感情、增进情谊及流露出保持联系的意图。

馈赠应当是真诚大方的正向行为，不该沦为某种意欲达到某些不可告人的目的，而采用的纯粹物质手段。

一、根据馈赠对象及馈赠目的，准备恰当的礼品

明确赠送的对象，考虑其性别、年龄、身份等，根据对方的爱好及馈赠的目的挑选合适的礼物。不必陷入“价格误区”，觉得送出的礼物越贵越好，要做到因事制宜，情真意切，做好礼品物质性、精神性与实用性的平衡即可。

二、选择适宜的赠送时间

赠送礼物不宜突兀，通常而言，最佳的馈赠时机是在一些特殊的时间节点上，例如节日、宴会、喜事、远行等。

三、注意馈赠原则

赠送礼品时，应当目光注视对方，双手奉送。若是同时赠送多人，应先长辈，后晚辈；先女士，后男士。还应注意不能犯忌。例如不要给年迈或多病者送钟表，异性之间的馈赠要注意分寸，过于私人的物品不要送出，等等。

四、若是受赠人，应把握受赠分寸

一般来说，如果收到了贵重的礼物，或以自己的了解，是超出了赠送者购买能力范围之外的，应婉言谢绝。若是常规的小件礼物，只是赠送者为了聊表心意，或真诚希望交往的，可在道谢后收下。如果是赠送者有求于人，但所求之事是自己不能为或不愿为的，应说明情况，谢绝对方。

任务八　出行礼仪

在社交活动中，出行是不可避免的一种情况。使用不同工具出行也各有其需要注意的地方。

一、乘坐公交与地铁

公交与地铁因其交通网络日益发达，客运量大且票价低廉，是城市居民十分常用的出行工具。在搭乘公交或地铁时，应注意遵循以下事项。

（一）自觉排队与购票

候车时应在相应位置自觉排队及购票，列车停稳之后有序上车，随后酌情在车厢内移动。当车门即将关闭的提示音响起后，停止上车，不要强行上车、挤占空间。这既是道德要求，也是为自身安全着想。

（二）在条件允许时，礼让他人

当看见老弱病残、妇女儿童等在车厢内寻找座位时，在自身条件允许的情况下，应主动礼让。考虑到少中青群体每天上学、上班途中也会疲惫，因此也建议出行不便的人群，尽量错开上下班高峰期出行。这既是为自己出行更快捷考虑，也是为了自我保护，避免争抢。

（三）注意公共卫生

乘车时最好不要饮食，若因特殊需要必须饮水、进食的，应在停车间隙尽快解决，以免泼洒到周围。公交车上通常会配备垃圾桶，不要乱扔垃圾。应注意维护公共卫生。

（四）听从乘务员指引，遵守公共秩序

公共交通工具事关全车人员的安全，要遵循公共秩序。例如不干扰司机行驶、扶好把手等。若车辆在行驶过程中遇到意外，不要惊慌，听从乘务人员的指引行动。

二、乘坐轿车

有时候考虑到出行的便利与舒适度，会选择乘坐轿车（出租车和私人车辆）出行，

那么，应注意以下事项。

（一）选择恰当的座位

一般而言，在驾驶座之外，轿车的副驾驶座最尊，其次是后排座位。若驾车者是亲友、车主、长辈等，最好选择坐在副驾驶座上。但若出行人群中有妇女或儿童，则不应让其就座。

如果是乘坐普通出租车，则可按需就座。

（二）注意举止

上下车要讲究礼貌，不抢座，不挤占他人位置。落座后系好安全带，注意维护车上卫生。

（三）若是因公出行，注意照顾上级

在公务活动中，要尽量让领导方便。上下车应帮助领导打开车门，让其先行，始终坚持“上级优先”原则。

三、共享单车

随着“共享经济”概念的提出，共享交通工具也开始出现。目前最为人所普遍接受的莫过于共享单车，那么，在使用时要注意以下相关事项。

（一）按相关规定使用

对于共享单车，用户只有一段固定时间的短暂使用权，它并不是个人私有物。因此，应根据与共享单车相关联的手机软件上的规定，按要求解锁并骑行。使用时应爱护公共财产。切忌私自改装甚至破坏车辆。企图将共享单车占为己有的行为，不仅违背公德，严重时也涉嫌违法犯罪。

（二）遵守相关交通法规

使用共享单车时要按规定在自行车道上骑行。遵守交通灯要求，礼让行人。切忌横冲乱撞，更不能蓄意用共享单车做违法犯罪的事。

四、乘坐火车、动车、高铁列车

火车、动车、高铁列车等交通工具是人们进行远距离出行时的常见选择。乘坐这些工具出行时，需要注意以下事项。

（一）提前到达指定站点和候车间

根据出行需要购买车票，仔细核查个人信息及出发、到达站点。一般而言，可以提前 30～60 分钟抵达指定地点较为稳妥，以便有充足时间办理取票、安检及计划外事项。切勿携带违禁物品。

按车票或车站屏幕、广播等提示，在指定站台候车。遵守车站规定，文明候车，爱

护公共设施。

（二）按车票信息就座

对号入座。不要逃票。发现车票登记的到达站点与实际不符时，如有需要，应及时主动补票。

按要求摆放好随身行李，过大、过重的行李不要放置在小桌板上，以免造成安全隐患。

（三）遵守列车行驶过程中的相关规定

听从车厢广播的安全提醒。列车运行时，不要四处行走，若是全程禁烟的车厢，不要抽烟，以免影响行车安全。

（四）若到站下车，可提前到门口等候

有时候因行车路线较长，故站与站之间的停站时间较短。要注意听车厢广播，预估到站时间。若即将到站，可以根据车厢广播提示或听从乘务人员指引，按要求提前在门口有序等候下车。

五、乘坐飞机

作为一种极为高效的交通工具，飞机也被愈来愈多的出行者所选择。相对而言，乘坐飞机的要求更为严格，应注意以下事项。

（一）提前到达机场

乘坐飞机最好能提前 60～120 分钟到达机场，以便有充足的时间办理取票、值机、托运、安检等一系列事宜。此外，不同地区、国家对此要求不尽相同，若是在国外乘机，或搭乘国际航班，务必提前咨询相关要求。

若对机场位置、登机流程等不熟悉，要及时寻求工作人员的帮助，以免错乘航班。

（二）不带违禁物品，配合安检

对于无法随身携带的物品，可在工作人员的指引下办理托运。对于违规或无法携带的物品，譬如压缩气体、刀具及其他危险物品，应在工作人员指引下丢弃到指定位置。进行安检时，不要轻易相信、应允他人帮助携带物品，以免被不法分子利用。

（三）遵守相关规定

搭乘飞机时要配合乘务人员工作，仔细倾听或观看安全乘机相关科普知识。按要求放置好随身行李，系好安全带。飞行时，不要随意走动，如有需要，可按键或举手示意，以获取专业帮助。

休息时，注意调整座椅靠背，不要影响到后排。若飞机上提供餐饮服务，最好在规定时间里就餐。

结 语

马克思指出，人的本质是一切社会关系的总和。社会是人们交互作用的产物，人的发展取决于和他直接或间接进行交往的其他一切人的发展。早期人类通过寻求合作，以期达到共赢。后来又借助语言等符号系统，巩固与延续人际交往活动，也由此逐步组织起最为复杂的人类命运共同体——社会，同时留下了众多珍贵的历史遗产。社会交际可谓人类最古老的活动之一，也是人的社会本质的充分展现。对于现代社会的人们而言，正视社交的重要意义，学习一些基本的社交礼仪，既提高了社会适应性，也是对自我力量的又一确认；既联结人类社会的过去，同时亦在展望着未来。

思考练习

1. 你认为在社会交往当中，最重要的原则是什么？请简单谈谈你的想法。
2. 你认为社交活动对于人类社会而言有哪些重要意义？
3. 你经历过的社交活动哪一次印象最深刻？现在回想，你认为自己还有哪些可以改进的地方？

模拟实训

模拟实训一

假如你所在的大学即将举行建校100周年的校庆典礼，你作为校庆活动负责人的助理，需要通知部分校友母校即将举办校庆的消息，并邀请他们出席这一盛典。

礼仪提醒：你将会选择何种方式通知他们？又将如何礼貌说服及邀请他们出席校庆典礼？

模拟实训二

小明是个活泼开朗、乐于分享的人，除了在日常生活中很热情，容易与同学们打成一片，也热衷于网络世界，习惯将公众平台当作“日记本”。小明会在网络平台上记录学习与生活，表达观点，抒发情感。在他发布的记录中，常出现他与同学、朋友、老师的经历，以及其他一些真实的个人信息。如果对生活中的事情感到不满，或与身边人产生了观点不一的情况，小明也会直率地表达自己的情绪。为此，有所察觉的同学曾委婉提过意见，但小明觉得，记录日常是自己的事，与他人无关。

礼仪提醒：小明的做法从礼仪上来说有哪些不妥之处？假如你是他的好朋友，请你指出他的不妥之处，并且告诉他正确的做法。

项目八　职场礼仪

案例导入

自工业革命以来，东西方职场礼仪文化差异碰撞不可避免，但仍有趋同的地方。了解并熟知职场礼仪文化，对于促进人际交往、商务交流具有重要现实意义。

我国某知名企业与国外某同行知名企业签署合约为互惠互利合作关系。正值合作10周年之际，该企业被邀请前往国外企业进行参观学习。为了此次外出交流顺利进行，该企业董事长做出重要指示，并指派总经理全程负责组织这项参观活动。

总经理组织活动经验丰富，他先让负责人拟定出国人员名单，并为全体参观人员邀请了培训老师，学习合作企业所在国家的政治、经济、文化、习俗等方面的知识。此外，总经理将领队、接洽、翻译、食宿、安全、宣传等工作落实到个人，每位参观人员都有具体分工安排。

最后，总经理还邀请礼仪专家给全体职工讲授出国参观学习的礼仪规范，在语言表达、着装、交谈、应酬等方面的注意事项进行了具体的培训。果不其然，经过培训的团队，在此次出国参观过程中表现得体大方，在参观结束时受到了合作企业的高度认可，并签署了进一步合作的协议。

礼仪提醒： 总经理对参观人员进行培训，请礼仪专家给团队成员讲授参观学习的礼仪规范，实际是学习职场礼仪中的参会或者参观礼仪。当作为单位代表与对方单位进行交流学习时，如何大方得体地展现我方单位的风采和形象，是一门学问。

职场礼仪不仅事关个人形象，也事关企业形象。一个企业或者单位注重员工的职业礼仪，能在一定程度上体现出管理者的素质水平和管理理念。对于单位或者企业而言，注重职场礼仪既是对员工个人素质的提升，也是展示单位形象的必行之策，是现代竞争的附加值，是企业发展的重要内容，是展示企业信誉度的重要抓手。

引言

现代社会，职场竞争不仅是学历、知识、能力等方面的较量，也是职场礼仪、职场形象的比拼。职场礼仪是职场沟通的纽带，既是个人教养、风度、气质和魅力的集中展现，也是个人学识、专业水平、社会认知水平的综合体现。职场礼仪就像一块磁铁，将个人与企业单位进行紧密衔接。学习并运用职场礼仪，有助于个人在职场生活中树立良好形象，促进活动开展，创造经济效益，实现个人价值。

职场礼仪，顾名思义，是指人们在职业场所中应当遵循的系列礼仪规范。我国常见的职业类型如下：第一大类为国家机关、党群组织、企业、事业单位负责人；第二大类为专业技术人员；第三大类为办事人员和有关人员；第四大类为商业、服务业人员；第五大类为农、林、牧、渔、水利业生产人员；第六大类为生产、运输设备操作人员及有关人员；第七大类为军人；第八大类为不便分类的其他从业人员。无论身处何种职业类型，在任何职场，职场礼仪和职场个人形象都是分不开的，能熟知并正确运用礼仪规范，也是自身专业性的一种表现。现如今，越来越多的企业、事业单位愈发重视职场礼仪，并在招聘过程中将其作为考核内容。要想更顺利地进入社会工作，就必须掌握一定的职场技能，让沟通交流更为顺畅，使职场人际关系更为和谐，增加职业竞争力。对职场礼仪进行剖析，掌握、了解职场礼仪，对于提升良好的个人素质修养，协调和谐的人际关系，创造经济效益，塑造文明社会风气，建设社会主义精神文明，均具有一定的现代价值。

任务一　职场礼仪概述

宋朝文天祥《送僧了敬序》说“姑与之委曲于人情世故之内”，这是“人情世故”一词最早的记载。立身于世，必有其准则。在互联网短视频时代，我们常常看见某些“00后无法理解职场规则，以辞职整顿职场”的言论。抑或众多大学毕业生刚进入职场之时，最常出现的描述便是：好不容易找到一份待遇不错的工作，刚入职时最大的烦恼既不是工作艰辛，也不是自身专业无法满足工作需求，而是与同事打交道困难、职场受排挤导致无法融入团队工作等。

《红楼梦》第五回：“世事洞明皆学问，人情练达即文章。”究其原因，这些大学毕业生在职场中遇到的问题关键在于能否掌握好职场礼仪这门学问。不同于课本上的专业知识，职场礼仪属于社会知识的范畴，它是人们在现实职场生活中不断历练、观察、思考、总结和积累的规则，随着环境时代和交际群体的不断变化，它能帮助我们在职场中顺利建立良好的沟通和人际关系。

比如儒家十三经之一的《仪礼》，以记载士大夫的礼仪为主，是我国春秋战国时期的礼制汇编。其中第六篇《燕礼》记载的是诸侯及大臣们举行酒会的详细礼节，酒会上还会有宫廷艺术家的演奏和歌唱；第八篇《聘礼》记载的是国君派遣大臣到其他诸侯国进行礼节性访问的具体细节；第九篇《公食大夫礼》记载的是国君举行宴会招待来访大臣的礼节；第十篇《觐礼》记载的是诸侯朝见天子的礼节，均仿若现代社会职场中的接待礼仪。这些都是古人留给我们的关于职场礼仪的宝贵财富。

泱泱大国，巍巍华夏，中国作为“礼仪之邦”，国人理应在职场中自然而然地展现出彬彬有礼的精神风貌。当今社会竞争激烈，职场人要在竞争中保持优势地位，必须从思想观念到具体行为上都文雅有礼，处世从容，行事有度。

任务二　求职礼仪

求职礼仪是指求职者在求职过程中与招聘单位接触时所需要秉持的行为规范、态度风貌。求职是绝大多数人在人生道路上的一个重要节点，能不能找到工作，找到一份什么样的工作，找到的工作是不是自身的理想工作，这些都将影响到以后的人生，由此可以看出，求职非常重要。求职所需要具备的既有个人的专业能力、知识储备，又讲究几分运气，还有容易被忽视的个人的礼仪风貌、道德品质。在求职过程中，一个人的素养如何，懂礼仪，知进退，才会给招聘者留下好印象。如果专业知识扎实、职业技能良好，但是不懂得求职礼仪，一般也不会得到招聘单位的青睐。所以，求职礼仪是每一名求职者都需要重视并具备的礼仪，它能帮助求职者在大局处表现个人整体风貌，在细节处与其他求职者拉开差距，增加招聘单位的好感，最后成功找到工作。

一、求职前期准备

求职是一个需要求职者做多种准备的活动。求职意味着求职者要将自身的特点、优势与岗位的匹配度等信息展现给招聘单位，招聘单位通过求职者的信息和表现来筛选出最适合这一岗位的人才。那么求职者在求职前期，首先要做的就是准备各项材料。这些材料主要包括个人简历、学历证明、资格证书和获奖证书等，其中最重要的莫过于个人简历。

简历是招聘单位最先看到的个人材料，往往被放在所有材料的最前面。简历撰写需要注意把个人信息放在显眼的位置，个人信息包括姓名、联系方式、毕业院校、所学专业和求职意向。个人信息写得清楚且完整，有助于招聘单位快速把握求职者的大致情况，如果信息不全，还需要招聘单位额外确认，那么这份简历就容易在众多简历中被放过。

除了个人信息，简历还应包括教育经历、实习经历、获奖情况、技能证书取得情况等几个方面。在进行这些部分的内容撰写时，求职者应该根据自身的实际情况描述，不得出现夸大、编造或隐瞒等行为。曾有一名大学毕业生在简历中写自己的成绩每年都位列前三，后来招聘单位向学校求证后发现并非如此，本来属意于他的单位最后选择了另一个求职者，不为别的，原因就是这名毕业生的不诚实。求职者应在实事求是的基础上，根据应聘单位岗位的要求，将自身的特长与岗位联系起来，选取与岗位相关的经历写在简历上。与岗位工作相关的经历能够体现自己具备相应的经验，提高自己与该岗位的匹配度。其他无关的经历不必提及。如求职意向是政治教师，但简历上写的都是其他学科竞赛的奖项，这样的简历不仅不能对求职有帮助，还可能因为写了太多导致简历冗长而影响美观，难以从其他求职者中脱颖而出。求职者应选取适量的内容，针对岗位要求有的放矢，实事求是的同时根据招聘单位的需求在简历上介绍自己，如此，才可以有效地增加获得工作机会的概率。

一份好的简历要重点突出，不仅要有内容、有特点，还要页面整洁大方。求职者在排版时须注意简历是否美观，内容是否清晰可见，有没有什么地方被遮挡。在做好简历打印之前，可以先将简历文件格式改为 PDF，因不同电脑设备会出现显示不同的问题，PDF 格式的文件不受设备的影响，可以有效地保持简历页面最完整且美观的状态，避免向招聘单位递交的是一份格式错乱的简历。在打印好简历后，也要注意检查打印出来的简历是否因打印机的问题而出现内容缺印、漏印的情况。一份大方美观、打印整齐的简历，相比一份内容欠缺、页面残缺的简历，会更能给招聘单位留下好印象。

二、联系招聘单位

当求职者准备好求职所需的材料之后，接下来就是联系招聘单位投递简历，表明自身求职意向了。联系招聘单位可以分为线上和线下两种方式。

线上联系招聘单位一般通过邮箱来进行。许多在互联网上发布岗位招聘的单位往往会留下投递简历的邮箱地址，求职者在使用邮箱投递简历时，首先需要注意对方是否有文件命名要求和邮件主题命名要求。如果有，那么求职者应该根据要求来进行重命名，如果没有，求职者也不应该直接原样发送，而是要在命名处备注上自己的名字，以便招聘单位查看。还要注意的是，求职者将个人材料添加在邮件的附件处后，也应该在邮件正文处表明自己的身份和求职意向，直接发一份附件过去，正文什么都不说是不礼貌的行为。邮件正文的内容一般由“我是谁，要应聘哪个职位，从哪里看到的招聘信息，为什么想来公司，以及为什么能胜任这份工作”等组成，正文宜写 300～500 字，内容在 1 分钟左右可以看完最合适，并在正文最后对招聘单位表示简短、妥当的祝福。

线下招聘会则意味着直接与单位的招聘者面对面接触。线下的招聘往往不止自己一个求职者，还会有其他求职者前来。这就要注意先来后到，递交简历时要注意有序排队，不争不抢，不要看到求职者太多就着急，硬生生挤进去。在轮到自己与招聘者面对面交流的时候，求职者需要讲文明、懂礼貌，用“您”称呼对方，用简洁的话语向对方表明身份和求职意向，并递交自己的简历。交流时，求职者要注意谈话礼仪，在对方说话时要懂得耐心倾听，不可随意打断，并不时点头表示明白。离开时，求职者要懂得向对方表达自己的感谢，不可起身就走。

在求职过程中，求职者要保持不卑不亢的心理与风度。有些求职者容易自大，觉得胜券在握，在求职时对招聘者言语缺乏尊敬，态度傲慢，这种情况导致的结果可想而知。保持适当的紧张有助于求职者调动身体机能，更加专注于当下的事情，但切忌过分紧张。求职是人生中的一个经历，不用过分担心自己找不到工作，多给自身一些“我可以”的暗示。求职者若过分紧张会导致在招聘者面前话不敢言、畏畏缩缩，容易让对方认为自己抗压能力弱从而错失机会。求职者从容自然的神态、大方得体的举动应该贯穿于整个求职过程。

任务三 面试礼仪

面试礼仪是指应聘者在招聘单位举办的面试环节中所应具备的相应礼仪。面试是求职中的一个重要环节，大部分招聘单位都会在招聘过程中设置面试环节。通过面试，招聘方一方面可以了解应聘方的综合能力，判断其与岗位的适配程度，另一方面可以考察应聘方在面试过程中表现出的态度和行为，最终筛选出合适的人才。

一名应聘者是否具有面试礼仪，也是招聘者所关注的重要方面。从走进面试间的那一刻开始，所有的细节都将成为考察的对象。有一名即将毕业的学生参加心仪岗位的面试时，他拿着优秀的成绩单，凭借自己良好的专业技能在一众面试者中脱颖而出，给面试官们留下不错的印象。然而最终经过面试官们的综合考量，他并没有获得这份工作，原因就在于他进入和离开面试间时总是风风火火，关门时“砰”的声音响彻面试间。如果他能够注意到这一点，这份工作很有可能就是他的了。一个求职者要想成功获得一份工作，单有面试礼仪而没有岗位所需的技能是不可能获得工作的；反过来，如果只有技能而没有礼仪也是如此。可见，面试礼仪是应聘者在精进自身专业技术之外，应该重点关注并培养的素质。

在面试前，应聘者就应该着手为面试进行准备。除了需要对面试时可能被问到的问题做准备，相关的面试礼仪也需要了解并内化。从面试的衣着，到精准的时间观念，再到面试过程中的行为举止，还有面试后对招聘单位的致谢，都是面试礼仪的重要组成部分。

一、衣着要求

了解面试场合的衣着要求是学会面试礼仪的一部分。进入面试间那一刻，面试官们首先看到的就是应聘者的着装，着装是面试官对面试者第一印象的重要组成部分。着装看似小节，实际上从一个人的衣着打扮就能够窥见这个人对于当下某一件事的态度，第一印象好，那么这个人在面试官心中就会比同等条件的其他人更有录用的优势。

面试时如何进行着装，这其中有着一些成规与讲究。应聘者要明确自己的身份，意识到面试场合的严肃性，了解这两点后在选择着装上就有了方向，即端庄大方。端庄大方并不意味着穿着一整套正式的西装。学生求职者因社会经历较少，大多数人还带有学生气，这时穿着过分正式很有可能适得其反。那么什么样的衣着才是端庄大方呢？

首先，在色彩的选择上，宜选取低饱和度的颜色，如白色、黑色、米色、灰色等，避免穿着红色、粉色、黄色等亮色。亮色代表着活力与激情，在面试场合容易给对方留下不够沉稳的印象，相反，暗色则能够展示出内敛与冷静，穿着这种颜色服装的求职者要比穿着前一种更显得成熟稳重。

其次，在服装的款式上，男性与女性都应该选择带领子的衣服，有领的服饰往往比无领的更正式。女性求职者如着裙装，不应穿短裙，须注意裙长应过膝盖；男性求职者可穿衬衫、长裤，并以穿皮鞋为主，切忌穿短裤再配运动鞋，给人感觉态度随意且不端正。同时，不管男性女性，均不应该穿着奇装异服。

最后，还要注意的是衣着一定要整洁。衣物不要出现脏污、褶皱过多，衬衫扣子松脱等情况，并在进入面试间前再对衣服进行整理，调整到最佳状态。由于互联网的发展，越来越多的单位选择开展线上面试，但线上面试并不意味着就可以在衣着方面有所松懈，同样也应该打扮得体。穿着妥当且合身的衣物，能够帮助面试者在心理上增强自信，从而展现出更饱满的精神状态，给面试官留下好印象。

二、时间观念

大多数面试都会由招聘方事先与应聘方约定时间和地点，这就涉及一个时间观念的问题。按时到达地点参加面试，面试时在规定的时间内进行个人发言，这些都是面试礼仪中不可忽视的部分。

应聘者可以在约定的面试时间前半小时到达面试地点。30 分钟的时间足够应聘者签到并熟悉现场情况。如果早到一两个小时，那么等到自己面试的时候很有可能会稍显疲惫，状态不够饱满。若是面试迟到，就会给招聘单位留下缺乏时间观念的印象，甚至认为应聘者态度不端正而不给予考虑。不少招聘单位在碰到面试者迟到的情况下，就直接取消面试的资格。所以，不管是参加线上面试还是线下面试，都应该多次确认时间并提前做好各项准备，避免着急忙慌。线下面试还要注意的是，如果对面试地点不熟悉，那么更应该提前出发，避免路上遇到一些特殊情况导致迟到。

在面试过程中，同样也要有时间观念。有一些面试因为面试者过多，往往采用群体面试的方式进行。群体面试中每个人都有 1～5 分钟的自我介绍时间，面试者应充分利用这个自我展现的机会，在有限的时间内把自身的亮点展示出来。进行自我介绍的时间不宜过短，否则无法展现自身的优势，并且可能会让面试官觉得准备不充分甚至态度随意。同样，自我介绍更不能超过规定时间，时间到了还在陈述，不仅让面试官觉得面试者没有规矩意识，还会影响到整个面试的流程。

三、行为举止

歌德曾说过："举止是映照每个人自身形象的镜子。"从每个人的行为举止中，可以窥见这个人的道德修养。在面试时，礼貌应该贯穿在个人的举止中，面试官能从看似细枝末节的地方判断出一个人的修养。所以，面试者的行为举止十分重要，这很有可能影响到自己能否获得心仪的工作岗位。

进入面试间时，面试者应当向面试官问好，离开时要表示感谢。面试者在回答问题时应该使用敬语，用"贵单位""贵校"等称呼对方单位，用"您"称呼面试官，对面试官表示尊重，切忌言语随意、吊儿郎当。面试间的门宜轻开轻关，落座时拉开椅子也应注意不要发出过大的声响。坐下来后，面试者也应该注意自己的坐姿，最恰当的坐姿是挺直腰背，坐椅子的三分之二即可。最好不要整个后背都贴着椅背，切忌出现全身松懈、瘫在椅子上的情况。在面试结束后，面试者要记得把椅子恢复原位，如果面试官没有要求，面试者还应把自己用过的纸张等一并带走，保持台面的整洁。

面试者对自己的竞争对手应当表示出尊重。一个岗位往往有其他的应聘者，面试当天是大家见到对方的时候，在等待面试的过程中可以和对方进行友好交流，避免发生矛盾，严词相向，诋毁、轻视彼此都是不礼貌的行为，这会让招聘单位的人认为到面试者的素质低下。在群体面试的过程中，一个懂得尊重且知礼的面试者不会滔滔不绝，而是在明确完自己的观点后，给竞争对手发言的时间。不给别人开口的机会，就算有再多的才华和能力，也不会给面试官留下太好的印象，最后往往得不偿失。对于面试者而言，宜保持不卑不亢的态度去应对面试，不轻视也不过分紧张，拥有良好的风度势必能为自己加不少的分。

在面试结束后，不要过早打听面试结果，给人不稳重的感觉。无论面试结果如何，都可以向对方表达谢意，可以通过邮件或短信的形式向面试单位表达自己的感激之情。每一次面试既是一次求职的机会，又是一次可以增长个人经验的机会，懂得感恩的人才能走得长远。

任务四　通信礼仪

通信，即通报音信，互致问候，在职场中，可指互通书信或者利用电信设备传递信息。语言作为通信的载体，是人类进行沟通交流的表达方式，而表达方式又因表达者不同产生差异。融洽友好的氛围是沟通顺利进行的前提，我们必须使自己的言行文明得体，以免造成不必要的误会，使沟通陷入尴尬。

一、电话礼仪

电话作为现代人便利的通信工具之一，使用频率极高，是职场沟通的重要工具。它分为固定电话和移动电话，掌握正确的电话礼仪是必要的。

（一）接听电话前

准备好个人习惯的记录工具，在办公桌面随时准备笔、纸；在室外时，工作电话显示时准备好手机备忘录、电脑等。在接听电话前做好心理调适，不要让自己的心情状态影响交流，带着微笑和愉悦的心情接听，因为对方能从你的语言中感受到你的情绪。

（二）接听电话时

接听时间要注意，固定电话尽量在第三声接起，移动电话在第五到六秒内接起，勿过早过晚，既能给对方准备问题的时间，又不会让对方等待时间过长。注意使用礼貌用语，如“早上好、请、您、谢谢、抱歉、再见”等。接听电话环境不可过于嘈杂，交流过程中注意语调语速适中、恰当。

遇到未知来电对象可以咨询“请问您哪位?”或“请问如何称呼您?”如果电话中途需要搁置，应当说明原因，且隔一小段时间询问对方是否愿意等下去。如果当下不方便接听电话或者手机出现未接电话，要及时对当下工作不便之处进行解释或回复信息询问待沟通事项。一般情况下，由打电话的人先挂电话，接听电话的人后挂断电话。但如果对方是上级或者客户，无论我方是接电话还是打电话一方，均应等对方先挂断电话。

（三）拨打电话时

拨打电话应提前做好心理预设和准备，打电话环境不宜过于嘈杂，预设好沟通内容，主动问候，并进行自我介绍。自我介绍一般为问候语加上单位、部门、姓名。注意拨打电话时间，如果非紧急事件，选择上班时间中间段，不要掐着点在刚上班或者临近下班时间进行联系。另外，周末或者其他假期休息时间，非紧急情况不联系。时间就是金钱和效益，注意掌握好通话时间，最佳通话时长为3分钟内，最好不要“煲电话粥”。结束对话时，尽量等待对方先挂电话，如果使用的是固定电话，注意话筒要轻拿轻放。

需要注意的是，如果拨打电话的对象是上级或者身居要职的领导，一般先提前发送短信咨询是否方便接听电话，或者在拨打电话时先问：“您好！请问现在方便接电话吗?”

（四）禁忌事项

切忌态度恶劣，没有人会喜欢和带着恶意的人进行交流。在沟通过程中，不可过于随便或极不耐烦，展现出傲慢无礼的姿态。接打电话时，嘴里不可有食物，声音不宜过大或者过小。另外，切忌在过程中命令对方“说”或者“讲”。切忌掐着上班开始时间或下班时间联系沟通对象，或在假期休息时间沟通非紧急必要事件。不能在应保持安静的公共场所接听电话，比如美术馆、音乐厅、电影院等。切忌在加油站等易引发火灾的地方接听电话。

人生有度，男女有别。当因工作需要与异性同事进行沟通时，注意电话联系的时间，不宜过早或过晚，称呼不宜过度亲密，应做到语气平稳，并主动报出姓名及职务，称呼对方尽量正式，以免引起不必要的误会。

二、短信或电子邮件礼仪

由于通信的表达形式及载体的区别，单位与单位、单位与个人之间进行洽谈还会涉及书面文字方式沟通的信函，主要为短信或电子邮件。在使用信函联系沟通时，应当注意以下方面。

一是确认发送对象准确，以免收件人错误造成信息泄露等问题。二是邮件主题要精练、准确，使阅读对象在标题中就能了解到大致信息。三是内容要简明扼要有礼，标题、称呼、正文、结束语、落款或者签名这五点信息尽量完整，格式要正确。切忌邮件不写标题或者正文，邮件要慎重、完整，不要出现需要补发第二封邮件的情况。如果不能及时回复，最好设置自动回复功能，给发件人“来信收悉”的反馈。

完整的信函主要涉及以下几点：称呼应合适恰当，最好为收件单位的全称或者具体部门的全称，少用、慎用简称。问候是必不可少的，除了基本的“您好”，如果恰逢重要节假日，还可适当选用“新年好”“节日快乐”等问候语。正文用语上，注意所用语言文字的词性、褒贬，是否有歧义等，注重逻辑，表达自然，不使用带有祈使语气的句子。如果作为下属单位做出请求也不要卑躬屈膝、低声下气。祝福语一般为“此致敬礼”“盼复”“顺颂商祺”等，注意格式要求。商务信函的落款一般为发件人的姓名全称、所在单位及部门全称、联系方式等，也要注意落款的格式要求。

任务五　会议礼仪

召开会议的目的一般为群策群力商议某个问题，传达贯彻某个方案行动。会议礼仪，顾名思义，指在召开会议前、中、后及与会人员应当注意的一系列礼仪规范。

一、会前准备

会议召开之前，及时发送会议通知，详细告知会议时间、地点、主题、主办单位等。根据会议需要摆置桌椅，一般分为长桌型、圆桌环绕型、报告型和散座型。如果是固定的桌子，则需要根据与会人员数量摆放好椅子，避免椅子过多导致与会人员随意就座，影响会议相片的拍摄。一般报告型会议，与会人员较多，需要为主讲人准备好名牌；如果与会人员职级不一，更须妥善安排领导及其他与会人员的座位。会议上的茶水饮料按照领导指示进行准备，如无特殊指示，以摆放矿泉水为佳。

为方便会议组织者查明会议到场和缺席人数，一般应设置会前签名簿。如果会议议程较多，须打印会议议程，加上备用稿纸和笔放置在与会人员座位上。会前还要检查好视听器材。如果使用投影，需要检查投影仪、PPT、电脑等设备是否能正常运作；如果使用黑板或者白板，则需要检查一下粉笔、万能笔、板擦是否准备齐全。

作为职场人，无论何时都要注意个人形象。参加会议时更应比平时稍正式，着装大方得体，带好纸笔，如需发言则提前准备好发言稿。开会前自觉将手机调至静音或关机状态，如因事不能出席，须向会议工作人员做好请假工作。

二、会中礼仪

首先，注意会议座次。这里主要介绍领导在主席台的座位安排：如果领导人数为奇数，中间位置为主位，然后按照左为上的原则布置第二位领导，第三位领导位于主位右边，依此类推。如果领导人数为偶数，主位为中间两位，这两位又以左边为最尊，第三位领导位于左边领导的另一侧，依此类推。如果是圆桌会议，一般以门为基准点，靠里的位置为主要位置。

其次，会议发言。会议发言一般分为正式发言和自由发言。正式发言一般需要到指定位置如主席台，或者起立发言。发言时要注意口齿清晰，内容符合规定时长，简明扼要。在讲话时，注意关注会场和与会人员，不要低头读稿。发言完毕，须对听众的倾听表示感谢。如有提问环节，礼貌作答，对与会人员的批评和建议表示感谢。如果作为提问人，不能随意打断发言人，要适时提问，注意礼貌。如果为正式发言，待发言人发言结束，与会人员应鼓掌致意。

如果仅作为与会人员，无需发言的情况下，应当保持良好的坐姿。一般而言，以坐满椅子的三分之二为宜，上身自然挺直，身体微微前倾。切忌全身放松倚在靠背上，表现出对会议的轻视态度。但也不能身体过于绷直，表现出过于紧张的情绪，影响其他与会者的与会感受。在会议过程中，对于重要事项和安排要做好相关记录，无需记录的情况下可偶尔与发言人进行眼神交流，并适当做出反应，如点头、微笑等，表示正在认真倾听。

最后，在与会途中，不要和身边人聊天、说悄悄话，不要一直低头玩手机，或者出现打瞌睡现象。切忌出现过多的小动作，比如转笔、掏耳朵、擦鼻子等，除了让人觉得不注重个人卫生和形象，也让会议发言人或主持人认为不尊重会议。无特殊情况不能随意离场，即使中途离场，须向负责人说明原因，且要动作放轻，避免影响会场秩序。

任务六　接待礼仪

接待不同于会议，它具有综合性的特点，涉及内外联络、食宿安排、车辆保障等，是一个系统性较强且繁杂的工作。接待工作的质量能直接反映组织管理的整体水平，涉及商务政务洽谈的前序、后续环节，直接关系谈判结果，影响双方合作关系。

一、接待准备工作

“工欲善其事，必先利其器。”作为接待人员，在接待前应当做好充分的思想准备和完善的物资准备。接待人员应仔细了解会议或者活动的基本情况，掌握来访者的单位、姓名、职务、人数等数据，对其中的要求和注意事项进行整理，并将必要的信息发给与会人员作为临行前的提醒。

根据活动的具体情况，安排好会场和布局，美化环境，按要求准备好办公室用品，搞好清洁卫生，检查调试好设备，比如水、纸、笔、照明、空调、音响、话筒、投影仪等。接待方要提前准备好相关文件、资料，便于会面时进行查阅、沟通，提高工作效率。

二、迎接礼仪

《庄子·山木》曰：“其送往而迎来，来者勿禁，往者勿止。”“送往迎来”即送别离去的人，欢迎来访的人，是社会交往招待活动中常见的情景，是表达主人情义、体现礼貌素养的重要一面。在职场招待中，尤其注重迎接，毕竟第一印象非常重要。

（一）接待规格

注意接待规格，身份对等。对于前来参加会议论坛、商务洽谈的宾客，要提前了解对方抵达的车次或者航班，安排与宾客身份、职务相当的人迎接。如果团队中有贵宾，需要我方领导迎接的，要提前与领导确认行程和安排；如果我方领导因事未能前往，须向贵宾说明清楚原因并礼貌表达歉意。在过程中还须讲究礼宾顺序，主要是为了解决多边商务活动的位次和顺序排列问题，一般有几种方式：按身份与职位、来宾的姓氏笔画或英文首字母顺序、活动抵达先后顺序等。

除须安排级别相当的人员对接，还须安排好接送车辆。负责接待的工作人员须提前抵达车站或机场，为宾客准备好交通工具，不能让宾客久等。接到宾客后，先进行问候，如“欢迎各位领导来到我们某某公司”“一路辛苦了”“欢迎您来到我们美丽的×××”等。再做自我介绍。如果有名片，可递交名片。

接送名片也须注意礼仪细节。当与长者或身份、职务更高者交流名片时，应双手递上，身体微微前倾，并表示“请多关照/指教”。如果希望获得对方名片，应以谦逊请教的语气咨询："如果您方便的话，可否留一张您的名片给我？"

如果我方作为接名片的人，双手接过名片之后，应先浏览一遍名片，切忌没有浏览直接揣进口袋或者随意放置桌上。

如果会议活动时间超过一天，涉及安排住宿问题，也要注意住宿规格，将不同的宾客进行相应的住宿安排。安排妥善后将住宿安排告知宾客，确认无误后帮忙联系办理入住，并将客人送到酒店房间，同时热心介绍住处服务和设施、活动日程安排。如果宾客舟车劳顿，不可过久停留，留下自己联系方式后让宾客早些休息。

在接待规格上，要慎重选择，安排得当。如果招待规格过高，容易导致经费紧张，宾客会局促不安；如果规格过低，容易导致宾客不满，对主办方产生不满的情绪。两者均会对接下来的工作安排造成不利影响。

（二）引领规则

如果须招待宾客到会议室，需要注意以下几点。第一，让宾客走在内侧，引领人员在宾客两三步之前，步伐适中。上楼梯时，宾客在前，引领人员在后；下楼梯时，宾客在后，引领人员在前。乘坐电梯时，引领人员按好电梯，单手作挡住电梯门状，宾客先进入电梯，自己后进入，选好楼层，关闭电梯门；出电梯时，同样以手挡住电梯门或按住"开"键，宾客先出。

抵达会议室时，引领人员用手示意，请宾客坐下，并以茶水待客。如需离开，行点头礼说明缘由或者后续安排后离开。特别注意，一般靠近门的一方为下座，如宾客坐错位置，须指引宾客重新就座。

另外，如果宾客没有提前预约，是临时到访，接待时要注意：先礼貌咨询到访何人，联系到访对象是否有预约，能否安排会面。如果宾客要找的对象不在，告知清楚事由及预计返回单位时间。请宾客留下个人信息，如姓名、电话、单位地址，告知到访对象，由其联系宾客。如果宾客须稍作等待方能安排会面，须向宾客阐明等候理由与预估等待时间，若宾客愿意等候，及时为宾客安排茶水或者单位宣传材料以供其阅读，切忌漫不经心冷落宾客。如需处理其他公务，可请其他同事帮忙招待，或征得宾客同意后离开片刻。

三、送客礼仪

满意是一个持久的过程，不是一时片刻的状态。送客礼仪与迎接礼仪一同构成接待礼仪，二者相辅相成。如果宾客离开涉及返程票预订、酒店退宿等工作，应先与宾客进行行程确认，按时为其预订好车票或机票。在离开当天，要提前抵达酒店为宾客送行，协助办理酒店退宿业务，同乘车辆送至车站或机场并陪伴候车或登机，直至宾客离开视线。若是经费允许，可向相关领导申请为宾客准备伴手礼，一般为当地的特产、纪念品等。选择的礼品应注意符合宾客的习俗爱好，不可犯了忌讳，也不宜过于贵重。比如，如果宾客为德国人，伴手礼包装就不能用白色、黑色和棕色，也不能送尖锐的东西，因为这些元素被视为不祥之兆。若因事不能当天送行，须提前与宾客当面道别，表达歉意，征求对方谅解，对未来合作表达期望。若不涉及机场或车站送行，尽量将宾客送至单位、公司大门，礼貌道别。

任务七 颁奖礼仪

颁奖典礼或者表彰大会目的清晰，活动意义主要为鼓励先进、激励他人，能在一定程度上展现领导对工作的重视、关心团队的集体意识，达到树立先进典型、凝聚战斗力的效果。在颁奖活动中，无论是作为工作人员还是颁奖人、受奖人，均要在活动中尽可能地展示个人风采，注意礼仪细节，促进个人更好发展。

一、礼仪组人员的礼仪要求

在一场颁奖典礼中，礼仪组的工作是不可或缺的。同时，礼仪组成员也是最受瞩目的，举手投足、一颦一笑均会影响典礼的整体观感。无论是严寒酷暑还是工作时间长短，礼仪组人员必须坚守岗位。他们可能需要忍受冷热劳累、饥饿疼痛，仍须展现出真诚热情的微笑、严谨认真的态度。因此，高端的颁奖典礼通常对礼仪组成员的素质要求极高，不仅仅是外貌，更有举手投足、一言一语间的礼仪要求，且必须具备吃苦耐劳的精神、坚强的毅力、高度的工作责任心和敬畏心。

在颁奖过程中，礼仪人员须从引导位指引受奖人上台领奖，用托盘托住奖品、奖杯或证书上台，手臂与腰的距离大概为一拳。另一组礼仪人员由引导位指引颁奖人上台颁奖，微微鞠躬，大致15°，并双手呈递奖品、奖杯或证书给颁奖人，然后回到等待处。等颁奖人、受奖人拍照合影留念之后，分别引导回位。

另外，手势动作有规定礼仪，正确的手势动作有利于展示职场工作形象、传递当时感情。在大多数人际交往中，垂放是最基本的手势，主要展示为双手自然下垂，掌心向内，或者叠放相握于腹部前。在颁奖典礼中，礼仪组成员待场通常双手叠放于腹部前。

在做引导宾客、指示方向的手势时，通常是以右手或左手抬至一定高度，五指并拢，掌心向上，朝指引方向做出指示。注意，高度不可过高或者过低，不可以食指做指引。

二、领奖人、颁奖人的礼仪要求

领奖人在候场时要注意正确的站姿：抬头挺胸，双手自然下垂；收腹提臀，两腿并拢，人体重心在前脚掌，站立时应保持微笑。领奖人在入场时要注意正确的走姿：以站姿为基础，面带微笑向前行走，双臂自然摆动，步幅适中。特别是女士，如果身穿裙子、旗袍或者高跟鞋，步幅应当适量减小。

领奖人在领奖时，双手自然接过颁奖人给予的奖品或者奖杯，稍作鞠躬并低声表示感谢。如有握手环节，注意握手时间不宜过久，握手力度不宜过轻或过重，握手姿势不可左右摆动，宜上下微动。如有合影环节，领奖人听从主持人指挥，手掌向上向左或向右指引颁奖人站在自己身侧，面带微笑保持 3～5 秒。合影结束后，领奖人再次表示感谢，之后听从主持人或者礼仪工作人员指引离开舞台。

如果作为颁奖人，须提前注意主办方在邀请函上注明的着装要求，一般以正装出席。抵达现场后，须提前与主办方或者主持人沟通相关流程，确认自己所负责颁奖的奖项，以及需要颁发的奖品及证书等，了解握手、合影等环节的走位。在颁奖时，颁奖人面带微笑对获奖人表示祝贺，之后注意听从现场工作人员的指引离开舞台。

任务八　发布会礼仪

新闻发布会，简称“发布会”，又称“记者招待会”，是一种主动传播各类有关信息，谋求新闻界对某一社会组织或者某一活动、事件进行客观公正报道的有效沟通方式。发布会时效性强、人物事件集中，且免去了媒体预约采访对象、确定采访时间的程序，已成为媒体较为期待的获得新闻的一种形式。

一、企业商务发布会礼仪

在商务活动中，发布会是联络新闻媒介、协调与新闻媒介相互关系的重要手段，主要涉及事件为新品发布销售、公司经营重大举措公布、企业领导人更换等。一般的发布会筹备主要为：准备主题材料，包括发言稿、新闻稿、宣传材料、记者提问提纲；确定主持人和发言人；确定邀请记者的地域范围，明确邀请人员并提前送达请柬；选择合适的时间、地点；做好预算；等等。

首先是发布会的筹备，做好活动方案和主题材料的准备。明者因时而变，智者随事而制，恰当的时机是发布会成功的保障。发布会的时间一般为上午 10 点，或者下午 3 点，时间不宜过长，最好控制在 1～2 小时内，1.5 小时最佳。特别提醒，商务型发布会在时间选择上，尽量避开重要的政治事件和社会事件、避开其他单位的发布会，以免冲淡企业产品或者活动的宣传效果。在空间选择上，如果在室外进行，提前查好天气预报。提前向上级汇报并确认发言稿、新闻稿、宣传材料是否妥当，邀请的新闻界人士是否需要补充、删减等。

其次是现场的安排，主持人和发言人尤为重要。在发布会进行过程中，随时要面对媒体提出的各种确定和不确定的问题，存在很多不确定因素，作为工作人员应当齐心协力，密切配合，沉着应对，把握全局。商务发布会的主持人应当选择仪表优越、应变能力强、幽默风趣、善于控场且具有丰富主持经验的专业人员。对于某些尖锐的问题，如果发言人表述不当或者冷场时须进行提醒、纠正、补充和热场。

最后要做好善后工作。在发布会结束之后，应当整理会议资料做好台账，总结活动效果和经验教训。还应跟进各媒体宣传内容和舆论导向，进行评估，做好应对策略，并汇报上级。

二、政府新闻发布会礼仪

在商务活动范围之外，事业单位、政府机关的官方新闻发布会更正规，沟通更正式。作为工作人员，须精心安排发布会地点，邀请记者、各方媒体负责人、行业部门主管、各协作单位代表及政府官员。官方发布会的主持人一般为办公室主任或者部门副职，要性格沉稳，见多识广，善于把握大局、引导提问和控场。新闻发言人一般为单位主要负责人，最好群众基础扎实，具备较好的学识素养，思维敏捷，能言善辩。

如果是宣布某活动及项目的进展，可在发布会上进行双向互动，先发布新闻，后请记者提问。官方发布会应当选择合适的时机，要在活动前进行预热。例如，火把节一般在农历六月二十四日，活动方案最好提前做好，于农历三月召开新闻发布会，可更好地进行活动宣传，吸引游客，增加当地旅游收入，促进地方经济发展。

在道具安排上，注意提前调试设备，如麦克风、电脑、投影仪、音响等，提前安排好会场背景板、座位、外围布置等，做好嘉宾指引。在场地选择上，不同于商务企业发布会一般选择五星级或者四星级酒店，政府机构新闻发布会为体现权威性一般会选择人民大会堂、政府会议室等场所进行。

如果是公布某社会事件的调查结果，要特别注意邀请的新闻单位，数量不宜过多，要选择影响力大、公信力强、报道公正、口碑良好的新闻单位。提前为出席发布会的媒体人制作好工作证，做好会场签到工作，以免某些新闻人为抢热点新闻而混入会场。还应当注意主题集中单一，针对公众所质疑、疑惑最多最大的地方进行正面回应，不能同时发布其他不相关的信息。

任务九 签约礼仪

签约是商业交易的公证方式，即经过签署契约形成法律上的约束或合作关系。商务活动中，贸易双方就某项重要交易或合作项目达成协议，往往需要通过书面签字仪式来完善其法律程序，使其行动具有法律的约束力。政务工作中，国家或相关单位通过谈判签约，在政治、经济、科技、文化等领域达成协议，形成相互合作关系。签约礼仪需要注意以下几方面。

一、签约前

签约仪式一般于室内进行。布置签字厅的总体要求是规范、整洁，氛围要庄重、清静，并能营造严肃氛围，备好地毯、签字桌、桌布等设施。在桌椅准备方面，签署双边性合同时，可放置两张座椅，供签字人就座；签署多边性合同时，可以仅放一张座椅，供各方签字人签字时轮流就座，也可以为每位签字人提供座椅。若签字双方皆有随行人员，则根据具体情况设置座椅，但应遵循“对等规格”“座位主左客右、职位高前低后、双方对称”来设置座椅。

在签字桌上，应事先放置好待签的合同文本，并准备好备用合同，以防止突发情况发生。在合同准备方面，如有需要，合作双方可一道指定专人，共同负责完成合同文本的翻译、定稿、印刷等准备工作，并为合同文本上正式签字的有关各方均提供一份待签的合同文本；必要时，还可再为各方提供一份副本。同时要备好签字笔、吸墨器等签字时所用的文具。签署涉外商务合同时须摆放国旗，在其位置与顺序上，必须按照礼宾序列。例如，签署双边性涉外商务合同时，将双方正确规格的国旗分别插放在该方签字处。

在签约仪式正式开始前，主方应提前 20 分钟左右在合适地点等候客方，不可准点到达或迟到，以免给客方留下不好印象。客方也应提前 15 分钟左右到达。客方到达后，主方应以热情饱满的态度上前迎接，并带领客方前往签字厅，同时注意速度与步伐要适中，不宜过快或过慢。主方领头人应与客方领头人保持平行，不可领先过多。双方人员语言、举止、着装要大方规范，皆要注意社交礼仪。进入签字厅后，由礼仪人员或者工作人员引领双方按既定位置有序就座。

二、签约时

签约仪式正式开始时，须由主方指定的主持人致辞，表达对客方的欢迎，并简明扼要地宣讲本场签字仪式的主要内容。发言致辞时间不宜过长，要简洁、明了地说明签约相关事项，整体氛围应是庄重、严肃。主方一般需要提供专门的助签员，帮助客方准确、细致地阅读完签字文件，以免出现错签、漏签的情况。仪式开始时，由助签员负责翻开文件，指明签字处，引导客方在正确的地方签字；一方完成后，由助签员交换文件，双方在对应签字处进行签名。待签署完成后，双方再次对各方保存所属文件进行确认，待公证人员完成审核，宣布合同生效后，方可结束签约仪式。

需要提醒的是，虽然相对于谈判时的紧张氛围，签约仪式显得气氛比较轻松和谐，但仍不可忽视。签约某一环节出错，可能造成整个合作前功尽弃，徒劳无功。双方签字代表身份和职位应相当，不能过高或过低；随行工作人员在座位上也应妥善安排。在签字仪式完成前，工作人员都应庄重严肃，保持会场安静，不能随意走动和交谈。

签字还应遵循“轮换制”的国家惯例。所谓“轮换制”，即签约者应先在自己保存文本左边首位签字，再在对方保存的文本上签字，也就是双方都有位居首位签字的机会，以示平等。

三、签约后

待签字仪式正式完成后，主持人宣布合作成功，全体人员要起身鼓掌，各方签字人应握手庆祝道贺，表示合作愉快。国际上通用的庆祝方式是各方签字人当场用香槟酒举杯庆贺。主方要组织各方拍照合影，根据职位高低按照从前往后、从中间到两边的顺序安排人员站位，面对镜头，保持微笑。退场时先请各方领导退场，再轮到其他随行或工作人员。主方最后须将客方全体送至约定地点，并相互道别。

任务十　职场沟通礼仪

根据大多数职场人的工作性质，与同事打交道是不可避免的。职场中如果与同事相处十分融洽，则工作心情愉悦，效率提升；如果与同事容易发生摩擦，则影响职业形象和事业发展。

一、语言沟通礼仪

在职场中，尤其要注意办公室语言的使用。在职场中，要学会正确表达观点，不能人云亦云，但要注意态度友好，用语礼貌。语调要适中，不可声音过高惹人烦，不可音量过低让人听不清楚；语速要适宜，不可过快让人感觉急躁不安，不可过慢让人等待心烦。注意表达完整，节奏分明，重点突出，有逻辑。讲话时思路要清晰，详略得当，不可颠三倒四。在交谈中慎重使用专业术语、生僻用语或者方言用语。身体语言要得体大方，眼神要有对视以表真诚，表情要自然，保持一定的社交距离，不可过于亲密以至于侵犯同事的个人空间，必要时可以加上手势。在交流过程中，要善于倾听，当同事在阐述时，不可贸然打断对方的讲话，也不可过于直白反驳对方。

二、与同事沟通礼仪

良好的办公氛围，能使人在愉悦的心情、平和的心态中开展个人工作，推进团队合作。作为同事，首先应当彼此尊重，对同事遇到的困难及时表示关心，对同事获得的荣誉及时表达祝贺。在交往过程中，不在背后议论同事，不给领导打小报告。一千个读者眼里有一千个哈姆雷特，由于教育背景和个人经历的不同，每个人的做人做事标准、为人处世理念各有不同，不能简单地以自己的标准和观点要求他人。对于工作中的意见不合之处，不可直接发生言语冲突，不可批评、议论他人的工作方式。对自己的工作失误要勇于承担责任，不推诿。对同事之间的误会，要大胆主动说明缘由，如果责任在自己，要表示歉意。职场沟通要大方，切忌唯唯诺诺，胆怯懦弱。

一个篱笆三个桩，一个好汉三个帮。所谓众人拾柴火焰高，同事之间应当相互帮助，对于同事工作中的失误，及时、委婉、礼貌地指出并纠正，在同事需要助力时给予力所能及的支持。海纳百川，有容乃大。如果同事善意指出自己的错误，应当表示感谢。在无法取得共识的部分，可以保留争议，求同存异，以大局为重。对于同事的优点和长处，要善于取长补短，争取进步。千里送鹅毛，礼轻情意重。同事之间，可以偶尔互赠一些小礼品促进感情交流，毕竟礼多人不怪。

需要提醒的是，合作可实现价值最大化，竞争可实现个人价值的最大化。竞争在职场是必不可少的，但要注重道德和信仰，讲究方法和策略。只有公平公正的竞争，才能准确衡量自身和对手的实力，才能赢得尊重。切忌在职场竞争中不择手段、搬弄是非、弄虚作假、行贿受贿、玩弄阴谋，造成竞争秩序混乱，败坏社会风气，影响自身职场形象和单位形象。

切忌在与同事沟通中发生以下事项：

（1）在同事面前表示与领导或某一同事关系亲近，炫耀私交。

（2）未经同事允许，私自使用其物品。

（3）打听同事的隐私，拉帮结派，诋毁他人。

（4）向同事诉苦抱怨，谈论私人生活。

（5）借钱给同事或向同事借钱。

（6）不信守承诺，两面三刀，阳奉阴违。

（7）讨论工资待遇。

三、与领导沟通礼仪

在其位，谋其职。没有规矩，不成方圆。对于上司及其工作，应当表示尊重、理解，学会换位思考，即“人人都有难念的经”。作为下属，应当维护领导的权威，保持谦虚的态度。对于以前的上司，也不在背后做评价或议论，保持尊重。在公众场合与领导相遇，必须礼貌示意，不可过于热情或者冷漠。打招呼时须注意分清场合，保持严肃、认真，不能使用简称。如果当时领导与其他人在一起，应主动按照职位高低依次问候，面带微笑，热情大方。但如果领导当时在交谈不便回话时，微笑点头示意即可。有领导在的场合，如果自己需要离场，须与领导说明缘由。特别注意，不可在公众场合与领导讨论私事家事。当领导接听私人电话时，下属要自觉回避。听到同事讨论不利上级的消息，不应轻信并加以传播。

与领导沟通注意技巧，倾听和表达两者须达到一定的平衡，既不能光听不说，不积极回应，也不能光说不听，不按照领导指示工作。在沟通过程中，不过于敏感亦不过于迟钝，若领导询问工作进度或者同事去向，礼貌应答即可。一般来说，领导交代的任务无论自身是否理解，均要无条件执行，以政令畅通为目标，把政策落实到位。对于一些较难执行的任务或者指示，应当私下委婉向上级提出工作困难和建议，不可当场直接反驳领导。下级切忌只从自己的立场出发思考问题，或者对领导指示的工作妄加评论。当上级与下级发生矛盾冲突或者误会时，应积极调解，切忌煽风点火、挑拨离间。

在领导布置任务时，要做好记录并一一和领导确认，保证工作方向的正确性。在工作过程中，主动请示汇报，能少走弯路、少犯错误，保持清醒头脑和稳定心态。从领导的角度来说，也可以从中观察到你的工作积极性、你对领导的尊重和信任。在汇报工作时，要事先做好汇报的材料、语言准备，选择合适的时机，注意简洁明了，只说结果，提升工作效率，态度不卑不亢，切忌大谈特谈、大倒苦水。对于工作中领导疏忽之处，下级要委婉提醒，提出改进建议。

古人云："心地坦荡，不藏邪私，如光之昭然，是良心之谓也。"需要说明的是，如果涉及原则问题，下级应当坚持己见，学会拒绝领导的不合理、不正当要求，不能违背公序良俗，不能丧失人格志气。

四、与下属沟通礼仪

作为管理者，要特别注重上下级之间的有效沟通以增强团队的合作和凝聚力。平时要多与下属沟通谈心，了解下属工作真实情况，尊重他人，平等交流，方可得到下属信任。切忌以高高在上的姿态进行谈心谈话，随意打断下属说话，夸夸其谈，不着边际或避重就轻，大搞无谓的说教。对于有特殊才干的下属，领导应当及时给予赞扬；如果下属取得成绩，应当给予肯定，且利益与下属分享，共享成果才能促进发展。

在下属汇报工作或者难题时，作为管理者要摆出自己的态度，切忌应付糊弄，应做出切实的指导，帮助下级进步。作为团队的主心骨，如果不及时表明自己的态度和指示，下属只会像无头苍蝇无法妥善解决困难。在沟通过程中，应建立和睦友好的关系，特别是对于比自己年长的下级，应以礼相待。

人非圣贤，孰能无过。上级对下级工作应严格要求，但当下属工作出现失误时，作为领导，尽量不要在公众场合批评下属，否则很容易伤害下属自尊心，难以赢得下属的信任。一般表扬要在公众场合，批评须单独谈话。特别需要注意的是，作为管理者应以身作则，成为下属的工作榜样，起到示范作用，切忌自恃身份违反规章制度。

兼听则明，偏听则暗。作为领导，要善于倾听下属的想法，切身实地帮助下属解决实际困难，才能要求员工换位思考解决问题，达成一致。只有为员工提供公正的晋升环境、保障承诺兑现的机制，方能留住员工，营造和谐向上的团队氛围。

任务十一 职场礼仪与职场美学

职场形象包含三要素，即职业化、技能化、专业化。作为"个人名片"，无论是初出茅庐刚工作的大学毕业生，还是职场工作经验丰富的打工人，知礼、明礼、懂礼、守礼，方能促进职场形象的塑造。

美学时代的潮流，使得在职场工作的上班族抑或企事业单位的领导人越来越重视职场形象管理。美国烟草商人理查德·雷诺兹说：“我一直都很重视形象这一关，我觉得我不管做什么事情，都要和形象相关联。”在别人没有了解和接触你之前，只能通过形象来感觉。因此，对于职场人来说，必须塑造良好的职场形象。一般而言，优秀的职场形象包括良好的沟通交流能力、演讲能力，出色的口才和文笔，得体的外表形象即穿衣打扮、体形仪态等。礼之用，和为贵，职场中应按礼行事，达到和谐的境界。比如，有些语言看似职场人际交往中的客套话，实则是职场沟通的桥梁、促进工作对接的利器。

美是研究人与世界审美关系的科学，审美是人类理解世界的一种特殊形式，是无功利的情感活动。人类的审美活动，除获得作为精神文化活动的自我愉悦外，也是自我完善的一种手段。礼仪是宣示价值观、教化人民的有效方式，也就是“道之以德，齐之以礼，有耻有格”。人的形象包括职场形象，是反映社会真、善、美形象的镜子。自我形象设计，实质上是强化人的自我意识的审美教育。而美育的目的正是培养活泼敏锐的精神和高尚纯洁的人格。

职场礼仪可以多维锻炼人的思考和行为模式，提升个人品德修养，促进人的全面发展。习近平总书记指出，一种价值观要真正发挥作用，必须融入社会生活，让人们在实践中感知它、领悟它。要注意把我们所提倡的与人们日常生活紧密联系起来，在落细、落小、落实上下功夫。所以，职场礼仪的运用也应当达到“百姓日用而不知”的程度，就像我国古代强调的“非礼勿视，非礼勿听”“礼者人之规范，守礼所以立身也”等，就是将道德教育渗透到衣食住行、言谈举止各个方面。

因此，我们强调职场礼仪，强调职场形象。职场形象的塑造能提升人审美化的生存能力，在生命体验中实现生存目标、自我价值。审美是人的生命活动向精神领域的拓展，作为价值判断总是趋向真、善、美的统一。因此，涉及职场形象的外貌、形体是人的外在美，专业学识、行为举止、言谈风度是人的内在美的外显，都是美的表现形式。学习职场礼仪，塑造专业的职场形象，既能提高个人审美能力，在职场更加如鱼得水，促进个人事业发展，又能完成人格的审美塑造，超越功利性局限，提升人的精神境界。

结　语

随着高校扩招，大学生就业压力越来越大，就业市场竞争越来越激烈，对人才综合素质的考察越来越受到重视。面试中，大方得体、彬彬有礼的大学生更能打动招聘单位。试岗中，规范的职场礼仪更能展示自身的工作态度和精神风貌，提升工作效率。将所学职场礼仪运用到具体的工作实践中，可内强个人素质，外塑单位形象，获得更多资源支持，取得持续的、较强的竞争力。

职场礼仪是职场文明的外化，是职场沟通的开始，是现代职场人文明程度和道德修养的外在表现形式。在职场交往中，自觉遵守礼仪规范，方能达到礼尚往来、建立良好人际关系的目的。此外，职场礼仪作为一种行为规范，能够对职场人的行为产生约束，有效稳定职场人际关系，包括同事、上下级、业内业外人员等。再者，在现代社会的不断进展中，职场礼仪的教育功能也显得尤其重要，作为道德习俗对每位职场人进行教化，成为中国传统文化——“礼”的重要组成部分。每一位职场人都应学习、掌握和运用职场礼仪，促进和谐美好的职场环境构建，利用语言、文字、行为细节等构建生动的职场美学。

思考练习

1. 收发邮件有哪些注意事项？
2. 如何在职场中与同事、领导、下属相处？
3. 简述注重职场礼仪的意义。

案例分析

案例分析一

上海某新能源汽车企业的部门经理麻总近期心情十分愉悦，因为他带领的团队与公司某合作单位交涉了一个月的时间，组织了几场参观，忙活了两周的招待，终于对进一步的合作达成意向。尽管还没有签约，但麻总认为可以暂时松口气了，毕竟对方单位负责人已经亲口承诺合作。于是，麻总将签约仪式交代给部门某位刚入职的成员小王，未做其他交代。由于麻总的交代过于简单，且其神态自信，小王对即将到来的签约仪式并没有高度重视，只叫了两三位同事一起准备。

签约仪式当天，对方单位负责签约的代表抵达签约现场时西装革履、精神抖擞，而麻总因为小王工作失误未提前得知签约时间，身穿休闲装匆忙到达了会议室。由于公司大会议室已被提前预约，小王擅自将部门开会的小会议间作为签约厅。对方签字代表心想：“这会议室也太小、太简陋了吧？公司实力不是很强吗？麻总这着装也太随便了。”出于该公司前期的周到招待和长时间的接触，签字代表没有当场表示不满。

但到签约仪式开始时，小王匆忙跟经理汇报：“麻总，不好了！签字合同找不到了，你们先等等，我们马上重新打印！”对方签字代表听到小王的汇报，按捺不住了，直接表示：“不用打印了，我会回去向领导汇报此次签约的情况，请示领导考虑是否继续合作！”说完直接离开了现场，麻总听完气不打一处来，对着小王怒目而视。

礼仪提醒：签约仪式应当注意哪些礼仪？

案例分析二

小李根据工作安排到某单位准备采访王总经理，但王总经理不在单位，秘书当时不在工位上，看到小李后急匆匆从茶水间跑出来，急忙道："你好！是小李吧？我是秘书小金。王总经理不在单位，但交代了要我好好伺候您，要什么给什么。"小李说："我已经和王总经理约好时间了，怎么就不在单位了呢？预计什么时候回来？还有，不用伺候我，给我拿瓶水就可以了。"秘书说："我也不知道王总经理的安排，您先到吧台这边稍作等候，我问一下。您要喝什么水呢？"小李说："你们有什么水呢？"秘书回答："有茶水或者矿泉水，还有咖啡。""咖啡吧。"秘书上咖啡的时候，因为急着与另一到访人员交谈，动作急躁地将咖啡啪的一声放置小李桌前，就一声不响、匆匆忙忙地又走出去了。

礼仪提醒：秘书的做法和说法对吗？为什么？

项目九　餐饮礼仪

案例导入

自古以来，中国民间就流传着“民以食为天”的谚语。吃饭是百姓心中一等一的大事，有很多有趣的故事都在餐桌上发生。

传闻，宋朝年间，浙江周边有座名寺香火鼎盛，每日来往的信徒络绎不绝。而此庙的住持为人势利吝啬，不愿意招待平常百姓，但又不可破坏了寺庙的规矩。于是他想出了个法子，将入庙的香客分为三等。他吩咐门口的小沙弥观察入门的香客穿着打扮及言谈举止。来者若是衣着华贵，前后侍从如云，那必定是达官贵人，就向门内喊道：“敬香茶。”住持便以上等茶叶引至内室款待；来者若是衣着简练，前后侍从较少，那必定只是商贾小吏，就向门内喊道：“敬茶。”住持便以中等茶叶引入偏殿招待；来者若是衣着朴素，无侍从跟随，那必定只是平凡百姓，就向门内喊道：“茶。”住持便以下等茶叶在大堂应付。

却说某日，苏轼因“乌台诗案”被贬后，云游四方经过此庙，想要入庙参拜。小沙弥看到苏轼孤身一人风尘仆仆的样子，便往门后喊道：“茶。”然后将苏轼指往庙内大堂。住持在大堂中间抬起眼看了看，发现来人果然是一副穷酸样，于是没好气地说道：“坐。”将一碗茶沫子水随手放在一旁。苏轼并不气恼，就坐在大堂与住持交谈。住持在交谈中逐渐发现眼前之人谈吐不凡，少说也是个秀才，于是招呼苏轼起身，带入偏殿之中，又吩咐小沙弥拿来中等茶叶沏了一碗茶交给苏轼，说道：“请坐，敬茶。”苏轼笑了笑，坦然受之。又一番交谈后，住持终于发现眼前的人就是大名鼎鼎的苏东坡，赶忙站起身来，躬身请苏轼走入内室，拿出来了上等茶叶，亲手沏了一碗茶给苏轼，说道：“请上坐，敬香茶。”苏轼依然笑了笑，与住持继续平静地交谈。临别之时，住持请求苏轼为寺庙题字。苏轼欣然许诺，挥笔写下了一副对联：坐、请坐、请上坐；茶、敬茶、敬香茶。住持看着对联羞愧地低下了头。

礼仪提醒：苏轼的平淡儒雅与住持的势利吝啬形成了鲜明的对比，体现出餐饮礼仪之中的核心价值并非功利，而是在于“仁”。“仁”是中国优秀传统文化的核心概念之一。《论语》中说：“克己复礼为仁。”“智者动，仁者静。”“仁”有尊重他人、敬爱他人、关照自身、淡然处世等丰富含义，作为核心价值追求贯穿餐饮礼仪的始终。

引言

饮食需求是人类最基本的生理需求。纵观世界历史，各民族在发展出独具特色的美味佳肴的同时，亦发展出了各自独特的餐饮文化。世界上的餐饮文化大致可以分为三类：一是由中华文明发源的中餐菜系，这是世界上最多人接受的餐饮文化，涵盖了中国、日本、韩国及周边东南亚国家，以中国菜品为代表；二是由欧陆文明发源的法国菜系，主要涵盖英国、法国、美国、澳大利亚等主要西方国家，以法国菜品为代表；三是土耳其菜系，又叫清真菜系，涵盖土耳其、印度等中亚、南亚国家，以及部分信仰伊斯兰教的地区，以清真菜品为代表。餐饮礼仪作为社会道德规范贯穿餐饮活动的始终，是各民族餐饮文化的突出反映。在现代社会，“设宴”“聚餐”更是重要的、基本的社交活动之一。要想更深入地领略各民族独特的餐饮文化，或是要想与人在宴席上更好地、更得体地进行交流，掌握基本的餐饮礼仪是必不可少的。

任务一 餐饮礼仪概述

《礼记·礼运》道：“夫礼之出，始诸饮食。”中华饮食文化源远流长，经过五千年历史的发展，在世界文化之林独树一帜。早在夏朝时期，我国就开始种植小麦、粟、黍、豆、高粱等丰富的农产品，传闻夏王“力能伸钩索铁，手搏熊虎”，能够带领族人狩猎野兽，驯养家畜，下海捕鱼。并且，夏朝已经有了用蔬果设宴祭祀的记载。商朝时，种植的农产品丰富，有稷、麻、豆、稻、麦、黍，驯养家畜的种类也丰富，有猪、狗、鸡、绵羊、山羊、牛、马、鹿。酒的种类增多，出现了白酒、黄酒，还出现了丰富的酒器。饮食时间逐渐固定为两餐制。祭祀的礼仪制度逐渐规范化，出现了用酒和肉食祭祀的现象，还出现了我国第一部记载烹饪的理论文章《吕氏春秋·本味篇》。周朝特别是西周时期，农业文明高度发展，形成了以谷物为主、肉食为辅的饮食风格，礼仪制度也终于以书面的形式固定了下来。《礼记·曲礼》中记载的餐饮礼仪已经非常详细：“凡进食之礼，左殽右胾；食居人之左，羹居人之右。脍炙处外，醯酱处内，葱渫处末，酒浆处右。以脯脩置者，左朐右末。客若降等执食兴辞，主人兴辞于客，然后客坐。主人延客祭：祭食，祭所先进。殽之序，遍祭之。三饭，主人延客食胾，然后辩殽。主人未辩，客不虚口。”而后经过历代的发展及与海外的交流，中华饮食品种不断丰富。西红柿、土豆、地瓜等食物传入中国，被纳入餐饮体系。中华文明逐渐发展出了以“仁”为核心的，强调“天人合一”“宾主和谐”的饮食理念，以鲁、川、粤、苏、闽、浙、湘、徽八大菜系为代表的中餐体系。

大洋彼岸的西方文明发源于地中海地区的古希腊。地中海温暖湿润的气候导致古希腊有较为高产的小麦和葡萄产出，近海的平原促进了畜牧业和海洋产业的发达。种种条件使得当时的人们酷爱面包、葡萄酒及奶制品。面包和葡萄酒从古希腊开始，在西方饮食文化中就已经具有举足轻重的地位。从柏拉图所写的《会饮篇》《法律篇》等哲学书籍中可以看出，"会饮"成为当时一大风尚，无论是学术讨论还是乔迁升职都要叫上亲朋好友一醉方休。后来西方人逐渐将酗酒视为一种禁忌，强调科学理性、注重营养平衡的膳食理念成为主导，西式厨房内甚至会以克为单位来称量食材而进行烹饪。

任务二 宴请的基本礼仪

无论中西，宴会自古以来都是重要的宾礼活动。在我国，伴随着"礼"被系统地书写成文字，宴请礼仪也同样形成了一套系统化的理论。《仪礼》中就有"乡饮酒礼""燕礼""公食大夫礼"等有关于宴请礼仪的详细记录。而西方文化在宴会上的礼仪形成较晚，直至中世纪，伴随着骑士制度的形成才初具规模。现代社会的餐饮活动具有丰富的形式。从进行的时间上可分为早餐、午餐、下午茶、晚餐、酒会、夜宵等；从同行的对象上可分为独行的快餐、与同事的工作餐、与亲戚朋友的便餐、与商务合作伙伴的商务接待、与外来宾客的正式宴席等；从活动目的上可分为派对、舞会、寿宴、婚宴、丧宴等。不同形式的餐饮活动有其具体的礼仪要求。例如，早餐时不宜安排生冷油腻的食物，在快餐厅不宜长时间占座，参加派对不宜穿着过于正式的服装，等等。一般来说，现代中西宴席宴请的礼仪均包括以下环节：确定主题与主要人员、场地策划、菜单设计、座次安排、邀请函编写及宴会结束相送。

一、明确宴会主题

无论形式繁简，宴会总有不同的目的或者主题。作为宴会主人，要做到明确主题，不同主题的宴会可以有不同的策划方式。例如，婚宴、寿宴可以参考酒店方的专业策划方案，而同学聚会则宜与参加聚会的同学共同讨论策划。还要明确宴请的对象，宴请的对象应该符合宴会主题。例如，与同事的工作餐就不宜邀请对方的家人，而寿宴、婚宴等则可以合请宾客府上全员。

二、场地策划

宴会的主题和赴宴人员人数基本确定后，就可以开始考虑宴会举办场地的选择。一方面，场地除了需要切合主题，还应该考虑其大小、设施及整体装潢氛围。场地不宜过大或过小。场地过大，宴会进行时宾客之间显得疏离；场地过小，则使得宾客之间过分拥挤。对于场地的硬件设施，需要考察其消防、卫生等安全设施是否达标。另一方面，作为宴会主人，必须保证赴宴宾客的安全和健康，保障宴会能够安全地进行。这就需要考察场地的灯光、舞台、桌椅乃至周遭环境等其他硬件设施。考察的标准除了设备的新旧美丑、能否提供舒适的就餐体验，还应着重考虑能否满足宴会主题的需要。例如，公司年会需要较大的舞台、良好的播音设施及较为庄重的氛围，而派对舞会则需要轻便的桌椅和较为轻松的氛围。

除了上述硬件设施，还需要对场地的软件设施进行考察。所谓的软件指的是场地的服务人员，包括厨师、服务员、司仪。对于举办宴会的场地——餐厅来说，厨师的重要性不言而喻。宴会主人自然需要对厨师班子的烹饪水平进行一定的考察，包括其可以烹饪的菜系、烹饪速度、烹饪口味等，力求带给宾客最好的饮食体验。而对于场地中的服务员班子，主要则是考察其服务态度，以及结合所策划的宴会规模考察服务员数量能否符合宴会的要求。至于司仪则是较为特殊的存在。司仪行业有其独特的、成熟的产业链，若有需要的话，可以在司仪公司中聘请专业司仪帮助策划和主持，而规模较大的酒店和餐厅也会有配套的司仪提供服务。司仪本身具有较高的礼仪知识与主持能力，属于宴会组织的顾问性质。作为宴会主人，应该及时就宴会主题、自身需求与司仪进行沟通。

三、菜单设计

根据硬件和软件的考察情况确定好场地后，就需要安排宴会的重点——菜单。对于菜单的安排虽然主要参考主人方的喜好，但也需要注意基本的礼仪，照顾众宾客的就餐体验。一方面，所安排菜品应与宴会主题相切合。例如，在商务接待等较为正式的宴会上，不宜安排烧烤、炸鸡等较为简便的食物，或是榴莲等有刺激性气味的食物；在寿宴等长者较多的宴会上，不宜安排辛辣生冷食物；在有小朋友参加的宴会上，不宜安排含酒精饮料。另一方面，除了与宴会目的契合，还应该做到合理搭配菜品。形式上，宴会前的茶点、冷盘、开胃菜、热菜、主食、餐后甜点、酒水，面面俱到为最佳；材料上，应做到荤素搭配，营养均衡；口味上，应做到酸、甜、苦、辣、咸各味道相对平衡。另外，菜单安排应该符合当地就餐习俗。例如，不宜在有些地区安排猪肉，部分地区忌讳菜品数量为单数，等等。中餐的上餐顺序应为：先上凉菜，酒水随后，后上热菜及主食，最后上甜点水果；西餐的上餐顺序应为：面包、凉菜、汤、海鲜、主菜、甜点。随着社会接受度的提高，越来越多餐厅开始提供不同菜系的菜品。如果想要在菜单设计上选用不同菜系的菜品混合，应该格外注重菜品间的口味搭配，必要时可以征求厨师的建议。

四、座次安排

除了菜品，在一些较为正式的宴会上，宴会主人还需要妥善安排自己及众宾客的座次。中餐宴会多使用圆桌。围桌而食，体现出中国人强调“天人合一”、重视家庭观念，既追求亲密无间，又重视尊卑秩序。而圆桌在摆放上，就须先分出主桌与客桌，主人落座的桌子为主桌，其余桌子为客桌。对于主桌的摆放，应注意“门面定位”“以右为尊”“以上为尊”，主桌应该距离门最远，应该摆放在场地的东面，主桌上的主人应该居于主桌的上座，正对场地门口，其余客人按照“以右为尊”原则依尊卑在主人旁落座。客桌也相应地围绕主桌放置。

西方宴会则多使用长方桌。两侧为客人，中间为主人，体现出西方优雅而严肃的骑士精神。长方桌的摆放也遵循“门面定位”的原则，主桌放置在离门最远的位置，不同的是，主桌应该在场地居中摆放，长桌短端的位置为主人席位，而与主人相对的另一头短端则为主宾位，落座女主人或是宾客中最尊贵的客人，其余客人则以与主人的亲近程度分别落座在主人的两侧。若邀请的宾客地位比主人高，主人应将主人席位让与宾客，自己落座于主宾位。

五、邀请函编写

做好场地、菜单、座次等基本的策划后，需要向参加宴会的宾客发帖告知。随着科技的进步，宴会请帖已不拘泥于纸质请帖，而是出现了电子请帖等多种形式。无论是纸质请帖还是电子请帖，首先需要保证宴会基本信息（包括时间、地点、主题、邀请人员等）清晰明了。其次需要提醒宾客依据主题做出相应的服装安排。为确保请帖能送达宾客手中，一般以面交请帖为最佳。最后，请帖措辞应该庄重、得体，不能咄咄逼人，亦不能过于随意和口语化。为确保亲近，可以在请帖发出后，以电联或登门面谈的方式再度邀约，确认宾客参加意向与具体参加人员。对方如应约参加，则应询问宾客有无忌口或其他需要帮助的情况；如若对方拒绝参加，也应该表示理解。邀请完所有宾客后，再根据具体情况调整宴会安排，调整座位或菜品等。

任务三　中餐礼仪

食客是餐饮活动中必不可少的活动主体。我们不一定会成为设宴待客的东家，但是每一天都在做一名食客。中国传统餐桌上尤为注重尊卑秩序。屠羲英《童子礼》中写道：“凡进馔于尊长，先将几案拂拭，然后双手捧食器，置于其上，器具必干洁，肴蔬必序列。视尊长所嗜好而频食者，移近其前，尊长命之息，则退立于旁。食毕，则进而彻之。如命之侍食，则揖而就席，食必随尊长所向。未食，不敢先食；将毕，则急毕之，俟食器于案，亦随置之。”在现代社会中，许多礼节包括拜礼等已经移风易俗，但是一些优秀传统文化依然流传了下来，成为当今餐饮礼仪的重要组成部分。作为食客参与中餐宴会时，有以下三点礼仪需要格外注意。

一、回应邀约

在收到中餐的宴席邀请后，首先要明确表达赴宴的意愿。如果拒绝对方邀约，应该措辞得当，表意明确，通过电联、登门拜访等方式以诚恳的态度表达自己的歉意。确定了赴宴的意愿后，应以适当的方式，正式、及时地给对方回复。如果是书面的邀请函，则应以书面的方式进行回复，回复的内容除了表达赴宴意愿及感谢之情，还应包括己方赴宴人数、有无忌口等基本信息，方便宴会主人进行安排。其次是确认时间、地点、受邀人员、宴会主题等基本的活动信息，并且相对应地进行准备：提前安排时间，了解场地位置，安排出行方式，提醒随行人员，准备出席服装，准备要携带的礼品，等等。最后，宴会举行当天，应该适当提前到场，先与宴会主人进行交流，当面表达感激之情，将礼品面交对方，再经由宴会主人安排入座。

二、正确使用餐具

筷子古称“箸”，是我国饮食文化的标志之一，具有丰富的文化内涵，相应地，它的使用也具有较高的礼仪要求。在摆放上，筷子应该保持整齐，并排架在筷架上，或是摆放在餐碟、餐碗上，切忌将两根筷子分开，或是将其插在食物、米饭之中。在使用上，筷子最佳的握法为：将筷子置于惯用手的拇指和食指之间，使用中指、拇指、食指三根手指轻轻拿住，无名指的指甲垫在筷子下面形成支点，中指和拇指发力夹取食物。不宜将筷子拿得过低或过高，以免在夹取食物时食物滑落。另外，使用筷子还应该避免以下几点：用筷子指人，用筷子翻弄食物，用筷子敲打其他餐具，吸吮筷子，用筷子搅动汤汁，在夹菜时触碰他人的筷子，筷子上粘住米粒饭渣，筷子在菜品上停留太久。他人夹取食物时，不能转动餐桌。在一些较为正式的宴会上，除了准备每人各自的筷子，还会准备全桌人共同使用的公筷。使用筷子时，除了应注意上述提及的礼仪，还应注意公筷不能混杂地用于不同的菜肴上，例如夹不辣菜肴的公筷不应该去夹辣的菜肴。

勺子的结构简单，主要用于盛饭或盛汤，需要注意的礼仪相对较少。除了不能敲打勺子、吸吮勺子、用勺子指人等与筷子相通的基本礼仪，需要特别注意的是，在使用勺子喝汤时不宜发出太大的吸嘬声，使用公勺舀汤或者舀饭时应该主动先为他人盛舀。

碗一般用于盛食物，而碟有骨碟和餐碟之分，就餐前应提前确认哪个为用于盛装骨头等食物残渣的骨碟，哪个为用于盛装食物的餐碟。如果为骨碟，则将碗放于其上，将骨头等食物残渣吐在骨碟边缘；如果为餐碟，则将碗放在餐碟前侧，避免用餐碟盛装汤汁较多的食物。在用餐时，非惯用的手上如没有餐具，则应该轻轻扶住餐碗或餐碟。

三、主动维护热烈的就餐氛围

与强调安静就餐的西餐不同，中餐就餐时讲究热闹，讲究在热闹中亲近团结、主客尽欢。因此，作为宾客，在宴席上应该主动向主人方敬茶或敬酒，主动交流联络感情，表达对其感谢之情，切忌自斟自饮、埋头吃喝，更忌讳使用手机、看书等专注自己的事情。围绕宴会主题而提出话题为最佳。例如，在婚宴上表达对新郎新娘的美好祝福，在寿宴上表达对寿星的祝福，在谢师宴上表达对老师的感激之情，等等。切忌在宴席上谈论低俗、格调不高的话题，也不能高谈阔论、喧宾夺主。

任务四　西餐礼仪

与中餐强调团结、亲密的围餐不同，西餐强调平等、独立，同桌的宾客各自分餐而食。西餐讲究轻声细语，在就餐时欣赏轻缓的音乐。相传13世纪以前，欧洲人认为不可以用餐具触碰食物，于是只用手触碰食物。直到16世纪以后，刀叉才从贵族间使用逐渐流传到平常百姓之中。包括餐巾、刀叉使用及“女士优先”等西方就餐礼仪，很大程度上是对中世纪以来欧洲贵族宫廷礼仪的延续。在现代社会中参加西餐宴会尤其要注意以下两点。

一、宴前准备

许多西餐宴会并不仅仅是聚餐，而是会在聚餐结束后进行舞会，此时服装的准备就显得尤为重要。中餐固然也讲究穿着得体的服装，但是西餐宴会或是舞会特别强调穿着正式的晚宴礼服以便在餐后可以进行交谊舞的活动。即便是宴会主人并未安排舞会，男士也应该准备含领带或领结的西装，女士则准备长裙礼服。参宴着正装，既是对主人的尊重，也是西餐宴会的一项基本礼仪，以免被宴会场地以衣冠不整为由拒之门外。

到达场地时，应该注意“女士优先”原则，为同行女士打开车门，打开餐厅大门，拉开座椅，让女士先行入座，等等。另外，与中餐不同，应约到场时通常不必为主人准备谢礼，不宜提着大包小包的礼物入宴。

二、餐具使用礼仪

落座后首先需要展开餐巾。餐巾通常放于餐碟或酒杯之中。餐巾或可在正式用餐时置于大腿上，亦可用其轻轻擦拭酒杯和餐碟后交给侍者。将餐巾扎入领口为幼童的用法，成年宾客不宜仿效。

西餐中，面包通常最先被端上来。面包一侧会有较小的涂黄油专用的黄油刀。在礼让主人先用后，应该注意使用时不能舔食或触碰黄油刀，不能用其切割面包，也不可涂抹过多黄油，在涂抹完成后将黄油刀交给下一名宾客使用。

西餐汤匙与中餐的勺子不同，多为金属制造，在使用时需要小心，避免碰撞汤碗发出声音，在喝汤时也应该保持端正，以汤匙小口舀食，不可发出太大的吸嘬音，切忌直接将汤碗端起来喝。西方甚至流传着一句谚语："若想被人讨厌，不妨喝汤时发出声音。"

虽然餐刀和餐叉不是西餐专用餐具（例如中餐吃水果或甜品也会有专门的小叉子），但是西餐发明了一套较为完整、适用性较强的使用刀叉的礼仪，所以在此主要介绍西餐的刀叉同步使用的餐桌礼仪。刀叉在摆放上亦讲求整齐，在进餐前应使二者并排放在右手侧，刀口朝内，叉尖朝上。在使用上，惯用手持刀，非惯用手持叉，有英式与美式两种使用方法，可以视个人喜好选择。英式使用方法为：手掌向下轻轻握住刀柄和叉柄，食指搭在刀背和叉口前；餐叉固定食物后每次只切割少许进行叉食。美式使用方法为：双手手掌相对，将刀柄和叉柄分别夹在双手食指和中指之间，拇指搭在刀柄和叉柄上；餐叉固定食物后将要切割的食物全部切割完后，将餐刀放下，惯用手使用餐叉叉食。与筷子、勺子的使用相似，用餐时不可碰撞刀叉，不可吸吮刀叉，不可用刀叉指人。另外，与人交谈时，应该将刀叉暂时放在餐碟上。如若用餐完毕，应该将刀叉呈"八"字形放在餐碟上，或是平直放在餐碟两边，或是用餐巾轻轻擦拭后并排放回餐碟右侧。

任务五　饮酒礼仪

酒水在现代餐宴中只是一种佐餐饮料，但是人类的饮酒文化几乎与人类历史文明一样久远。传闻，在我国夏朝时期，杜康已经发明了酿酒技术。历史上有关酒的诗词轶事更是数不胜数。在西方，古希腊就有了成熟的葡萄酒酿酒技术，狄奥尼索斯精神作为与理性主义相对的精神深远地影响着西方思想。中西文化中饮酒的礼仪都有各自独特的体系。无论中西，都在历史上有过对饮酒养生作用的论证，而今现代医学已经证明过量饮酒会损害人体健康。所以，有关饮酒礼仪，最重要的就是注重健康、适度原则，不可贪杯，不可喝醉失态，同样的，也不可以向其他宾客强行灌酒。

一、中式饮酒礼仪

中国酿酒文化源远流长，最先酿造发酵的为黄酒，酿造的原料为麦、曲、稻米、黍等，浙江、福建等东部沿海地区惯饮黄酒，其中又以绍兴酿造的女儿红最享有盛名。黄酒因原材料及技艺方面的限制，酒精度数较低，口味偏甜，随着社会的进步，地位逐渐被大米酿造的白酒所取代。白酒风靡于全国，并经过不同地区的发展，逐步细分为清香型、酱香型、浓香型等多种风味。至今，中式宴席上也以白酒为主。

周朝伊始，白酒饮用需要用尊、壶、觚、觯、角、爵等涵盖盛酒、斟酒、温酒等功能的一系列酒具。此时的酒具兼具祭祀礼具作用，随着酒艺的提升及政治环境的变化，酒器逐渐简化，到了现代，白酒杯已变成一只浅浅的小杯子。白酒酒精度数较高，所以不宜与其他酒或饮料同时饮用。白酒杯双手共持为最佳，惯用手的拇指与食指抓住杯脚，非惯用手托住杯底或挡在杯前。白酒一般会斟至全满。使用白酒杯饮酒时，尤为注重敬酒、碰杯的礼节：向他人敬酒时，特别是向辈分较高者敬酒时，应该有意识地将酒杯微微放低。准备的祝酒词应该庄重得体，特别是有长辈在场的宴席，不宜说类似“来来来，我敬大家一杯”这样较为随意的祝酒词。如果想通过起立的方式表达亲近或尊敬，应该提前向周围客人示意，动作得体轻缓，切忌碰到餐桌上的菜品、餐具，若敬酒的对象距离较远，则应该离座靠近其身前敬酒。相反，若受到宴会主人或其他客人的敬酒，则应该以与其相对应的方式主动、及时进行回应。

二、西式饮酒礼仪

西方人历史上喜爱葡萄酒和啤酒，而在现代蒸馏技术成熟后，出现了白兰地、威士忌、杜松子酒等种类丰富的高度数酒品，以及在不同酒类基础上调制的鸡尾酒。啤酒、白兰地等不同种类的酒水一般只会在派对、酒吧或是私下场合饮用。虽然有各自不同的鉴赏方法和鉴赏文化，但总的来说饮用氛围较为轻松随意，无特殊的饮用礼仪要求。正式宴会上，西方人依然以饮用葡萄酒为主。

葡萄酒以酿造葡萄的不同，可分为红葡萄酒、白葡萄酒和桃红葡萄酒；依据甜度可分为干型、半干型、甜酒。因为葡萄种类的不同、气候的不同、技艺的不同，可以说，不同的地区、不同的年份，酿造出来的葡萄酒风味都千差万别。目前较为有名、几乎成为世界品牌的葡萄酒有波尔多、勃艮第、香槟等。而葡萄酒以饮用时机不同分为餐前酒、佐餐酒、餐后酒。餐前酒亦叫开胃酒，就开胃菜而斟饮，一般饮用白葡萄酒等甜度较高的葡萄酒。在宴会主人示意后，客人举杯致敬后适量饮用。餐后酒与此相似，只不过是在上饭后甜品时饮用。唯一有所区别的是佐餐酒，用餐全程均可饮用的是佐餐酒。饮用时应小口品尝，不可牛饮，不可一边咀嚼食物一边饮用，也不可以过分摇晃酒杯醒酒。饮用葡萄酒一般使用高脚杯。高脚杯常见握法为：以惯用手的拇指和食指捏住高脚杯杯脚，中指、无名指和小指自然弯曲，轻轻抵住杯底。这样做可以保证酒杯稳固的同时，避免手掌与酒杯的接触，最大程度地保持葡萄酒的风味。饮用时除了可像餐前酒一般，将高脚杯微微举高向宴会主人或周围其余客人致意敬酒，还可以在向宴会主人举杯致意后，轻轻与身边客人碰杯饮用；如需向周围所有客人敬酒，应准备简短的祝酒词，不离座，手肘微微离开桌面，举起高脚杯，以眼神向其他客人致敬、示意，切忌大声喧哗、猜拳等行为。

结　语

在现代生活中，想要食之有味，必须做到食之有“礼”。良好的礼仪规范能够保证饮食活动的顺利进行。民以食为天，民以食为先，一个人的礼仪，决定着一个人在别人眼里的地位和印象，而饮食礼仪细节则是重中之重。宴请作为社会交往的常见形式和一种重要的交际活动，掌握规范的餐饮礼仪可以沟通宾主之间的感情，增进朋友间的友谊，达成商务伙伴间合作。对于上述纷繁的餐饮礼仪，一言以蔽之，“仁”也。餐饮礼仪既是对尊重他人、敬爱他人的“仁”的理念的追求，也是对“仁”的理念的践行。牢牢把握这一核心理念，相信无论是宴请还是参宴，无论是中餐还是西餐，我们都能在餐饮活动中展现自身风采，促进与他人的良好交流。

思考练习

1. 餐饮礼仪的核心是什么？谈一谈你的看法。

2. 简述最近一次宴请他人的策划安排。你认为还存在哪些可以改进的地方？为什么？

3. 简述中西餐饮礼仪之间的异同。

模拟实训

模拟实训一

假设你的外国朋友托尼打电话邀请你下周参加他的生日宴会。他在电话中提到了宴会时间是下个星期天，地点是他家旁边的西餐厅，而且宴会结束后在原场地继续进行自助酒会和舞会，希望你能够穿上正装、带上舞伴一起去参加。你在电话中答应了他的邀请，并且将此事告诉了你的男（女）朋友。你的男（女）朋友将作为你的舞伴一起去参加托尼的生日宴会，可是你突然想起来他（她）并不会使用刀叉，也并不怎么熟悉交际舞。

礼仪提醒：你应该为托尼下周的生日宴会做哪些准备？

模拟实训二

小王是一名白领，经过餐饮礼仪的一番学习后，他在商务接待上举止得体，让人如沐春风，受到公司同事及商务合作伙伴的一致好评。他因此结识了很多新朋友，为公司洽谈了多笔生意。但是他在日常工作餐中多次谈论不适宜的话题或是自顾自地玩手机，不顾及一同吃饭的同事的感受。有同事提醒他注意餐饮礼仪，他却认为，只有商务接待等正式宴会上才需要注重餐饮礼仪，工作餐等日常生活中不需要讲究餐饮礼仪。

礼仪提醒：你认为小王的想法正确吗？假如你是小王的同事，你会怎么做？

项目十　涉外礼仪

案例导入

2017 年 6 月 2 日，中国美术学院 2017 届毕业作品展落幕，一周的展览让师生们喜忧参半。高兴的是 5 月 26 日晚，网易直播上观看毕业展开幕式的人数突破了 100 万，这个数字是 2016 年的 15 倍。烦恼的是不少参展作品被损坏了。雕塑作品《石雕鱼群》大大小小 30 多条石雕鱼，展览第二天就少了一条；雕塑作品《1000 个彩色蜡块》原本排列得方正整齐，却被人改了“造型”，最上面的蜡块被叠放到了边上。虽然许多参展作品前都有“请勿踩踏”“请勿动手”的标识，并且有学生在展厅巡视，但是依然挡不住观众的“热情”，铜雕的手指竟然被摸得褪了色。清华大学美术学院毕业展上，有家长和孩子将作品拆解；贵州师范大学美术学院毕业展，展品被随意涂鸦等。美术展览不仅检验参展作品的水平和质量，同时也检验着观众的道德与修养。

礼仪提醒：随着对外开放和中国人民经济实力的提升，人们不仅在国内参观游览，而且在出国旅游时也有机会参观当地博物馆、展览馆、剧院、体育馆、名胜古迹等公共场所，这既能学习知识，又能提高文化修养。参观时应该更加注重遵守相关规则，不随意乱涂乱画、移动展品，要做到言行举止符合参观的礼仪要求。因为这不仅涉及个人形象，也关系国家形象。

引言

随着全球经济快速发展，我国涉外活动频繁，如何向对方表达友好、展示尊重，同时又能保持不卑不亢的国际交往形象？在相关国际活动中，涉外人员要掌握涉外礼仪的基本要素，了解和熟悉国际交往的规则，遵从国际交往的原则，才能展示自身的形象美；以平等友好的态度了解、尊重其他国家的礼仪与习俗，才能获得其他国家的认同和好感，形成良好的国际交往关系。

任务一　涉外礼仪概述

随着时代的发展、社会的进步，人与人之间的交流日益频繁，礼仪已经成为现代工作和生活中不可缺少的一部分。知礼、懂礼、习礼、用礼，已成为衡量一个现代人优秀的标准之一。进入21世纪，经济全球化的发展使得国家之间的相互影响和依赖逐渐提高，随着中国经济的发展，中国人有越来越多的跨文化交流的机会，涉外礼仪的重要性更加凸显。

一、涉外礼仪的意义

在世界各国人民进行交流的过程中，出现过各种各样的误解和沟通障碍，大多数问题既不是法律问题，也不是道德问题，而是涉及衣食住行、言行举止、待人处事等与日常工作生活密切相关的小问题。而这些所谓的小问题恰恰是礼仪规范和研究的范畴，不同肤色、不同民族、不同信仰的人，如何克服背景、心态、习惯等差异，遵循国际规范和惯例形式，是顺利沟通、良好沟通的保证，也是在全球化、国际化进程中各国人民的必修课。学习涉外礼仪对保证流畅沟通，展示美好的形象，具有重要的现实意义。

（一）保证流畅的沟通

在与国人打交道的过程中，礼仪可以提高自我修养，促进交流，展示风格。在与外国人交往时，遵循礼仪规范的必要性、价值和作用更加明显。因为各国的宗教、文化、历史、地理和习惯不同，一些在某个国家被视为正常或礼貌的行为，在另一个国家却可能会被视为轻率或无礼。如果每个人都按照自己的文化习惯去和其他国家的人交流，无疑会有很多问题和障碍。因此，了解世界各国人民的宗教习俗和礼仪禁忌，掌握和学习基本的外国礼仪就显得尤为重要。

涉外礼仪除了遵循国际公认的行为准则，还有一些内容是不具有普遍性的，比如不同国家和地区的宗教信仰、习俗和禁忌，它们因地而异，因人而异。宗教信仰、文化差异和风俗禁忌在涉外交往中须特别注意，否则很容易发生误会和冲突。因此，了解不同的风俗习惯是与不同文化背景的人顺利沟通的基本保证。

（二）展示美好的形象

礼仪不仅是一套需要普遍遵守的规范，还是对一个人内在素质的要求和个人行为规范的标准。它包含更多的个人内容，如着装礼仪、仪表、就餐礼仪等。在涉外交往中，一个人的行为不仅代表个人，也代表他所在的组织和国家。从这个意义上说，每个人在涉外交往中都不自觉地扮演着个人、单位和国家的形象代言人的角色。个人形象是个人素质的体现，是单位形象的展示，还是国家形象的代表。形象是系统的，不可忽视，要有主动传播和维护的意识。

礼仪在一个国家的形象中扮演着重要的角色。当一个外国人来到中国，他遇到的所有中国人都会影响他对中国的直观印象，比如边防警察、出租车司机、酒店工作人员、银行工作人员、医生护士、景区工作人员等。同样，当中国人出国时，所有的行为都会影响外国人对中国的印象。因此，我方人员应该掌握好涉外礼仪，向外国人展示自己和国家的美好形象。

二、涉外礼仪的概念与内容

（一）涉外礼仪的概念

礼仪是指人们在社会交往中由于宗教信仰、历史传统、风俗习惯、时代等因素的影响而形成的共同规范。不同国家和不同地区形成的礼仪规范大有区别，在一种文化中被认为是礼貌的行为和生活方式，在另一种文化中可能被认为是不礼貌的。涉外礼仪是指在长期的国际往来中，逐步形成的外事礼仪规范，也就是人们参与国际交往所要遵守的惯例，是约定俗成的做法。

（二）涉外礼仪的内容

任何礼仪行为都由主体、客体、媒介、内容、时间、地点、效果七大要素构成，它们共同构成了礼仪的内容与类别。任何礼仪类别如政务礼仪、涉外礼仪、服务礼仪、社交礼仪等都无可例外地包含大致相同的内容，如言谈礼仪、着装礼仪、餐饮礼仪等。最大的不同是实施礼仪行为的人不同，涉外礼仪的主客体是从事涉外交往的人。一般情况下，作为代表团的成员素质要求较高，并且出国之前最好要进行涉外礼仪培训，接受餐饮礼仪的训练，包括从邀请的回复、着装、吃相、谈吐、姿势、祝酒、赠礼等方面都要学习，才能保证访问顺利。

三、涉外礼仪的原则

（一）遵循规范

为了保证涉外交往的顺利进行，交往必须尊重和实践各国人民在长期涉外交往过程中形成的规范。这些规范有些是成文的，有些是约定的。所有从事涉外交往的人都必须尊重和遵守国际公认的准则、原则和做法。这既是尊重对方的表现，也是对自己的保护，是一种沟通成本最小化、沟通效益最大化的方式。

大多数规范、准则的内容是在英美文化的基础上形成的，如着装礼仪、讲话礼仪、用餐礼仪等。这与英国和美国是世界上发达国家及英语是世界上使用最广泛的语言密切相关。中国人在涉外交往中要遵循国际规范，如年龄、收入、健康状况、婚姻状况等在西方都是禁忌话题，为了保证交流的顺利进行，中国人在涉外交往中要遵循国际礼仪规范，不提年龄、收入、健康状况等话题。

有些规范是不分国家、不分民族的，是所有国家和民族共有的，属于人类共同的文明价值，如守时守信、尊老爱幼、文明待人、诚实善良、爱护环境等。这一部分内容的适用范围最为广泛，不仅适用于涉外礼仪，也适用于其他礼仪，是现代人基本素质和修养的体现。

要注意区分不同国家和民族的规范。特别是在与有着不同宗教信仰和民族习俗背景的人打交道时，最要注意的是不要违反对方的宗教和习俗禁忌，否则交流会遇到障碍。不同的宗教和习俗有不同的禁忌表现形式，因此需要认真学习了解，在涉外交往中谨慎对待。

（二）入乡随俗

世界各国由于国家、地区、民族和历史的不同，形成了各自的宗教、文化、语言、风俗习惯。入乡随俗是指在尊重规范的前提下，到一个地方，顺从当地的习俗。

涉外礼仪属于跨文化交际的范畴。入乡随俗要做到了解彼此的文化和习俗，尊重彼此的行为习惯，这将有助于建立良好的关系，减少摩擦和冲突。礼仪最普遍的原则是理解，即换位思考，为对方着想，以对方为中心。在共同沟通中互相理解可以增加好感，提升人气。如果不尊重对方的文化和习俗，无论是有意还是无意的，都有可能给对方造成伤害，给自己造成损失。客人入乡随俗，主人也需要对其尊重，本质上是要求双方互相尊重，不要把自己的习惯做法强加给对方。如果双方都能想到对方，靠近对方，那么沟通的困难就会小一些，成功的可能性就会增加。

（三）灵活有度

要学会根据实际情况灵活运用礼仪，而不是受其束缚。任何礼仪书籍或老师所给出的礼仪知识，都是在已知条件下对情况的描述和解释。但现实的工作和生活是丰富多变的，很多时候时间、地点、人等条件发生变化，原有的礼仪内容也需要相应调整。随着科学技术的进步和社会的发展及全球化的深入，人们的交流方式发生了很大的变化，礼仪的表现形式也发生了变化。有些礼仪形式逐渐被人们所抛弃，而有些新的礼仪形式悄然出现。随着时代的发展，中国人扬弃了传统礼仪中不合适的部分，不断融入国际社会，而一些新的礼仪也随着社会结构的变化而发展，如乘飞机礼仪、发送邮件礼仪、使用手机礼仪等，这一切都与新的交通工具和电子媒体的出现有关，要根据社会发展新变化做出调整。

（四）维护形象

在与人的交流中，每个人都在扮演着形象代言人的角色，在涉外交往中，这种作用更加明显，影响也更加深远。形象是一个系统的概念，个人形象与单位形象、组织形象、国家形象是相互契合的。别人往往通过个人的形象来理解或判断这个人所代表的国家的形象。正因为如此，普通公民的涉外交往具有重要的外交价值，每一个中国人都可以扮演公共外交大使的角色。涉外交往是一个更大的范畴和概念。因此，当事人应具有树立和维护形象的意识。从微观的个人出发，提高个人的素质和形象，比如穿着、言谈举止、礼貌对待他人。这样才能受欢迎，才能把事情做好，传递正能量，呈现出一种被尊重、钦佩和欢迎的优秀形象。

个人形象的好坏在涉外交往中的影响确实会被放大。因此，这不仅是一个人的素质问题，更是一个国家的形象问题。交际的跨国性是涉外礼仪的一大特点。当地人与外国人打交道是一种涉外礼仪。当前的国际体系是一个以主权国家为最基本单位的体系，人们在交往中无法回避公民的国家身份。因此，个人形象关系国家形象，这就是公民涉外交往具有公共外交价值的原因。

任务二　礼宾次序与涉外迎送礼仪

一、礼宾次序

在今天，国际交往更加频繁，面临多边性质的涉外迎送，涉外人员如果作为东道主，必然会遇到在同一时间、同一地点，需要同时迎送来自不同国家、不同地区、不同单位、不同部门、不同组织、不同行政职务级别、不同人数的外方人士的复杂情形。那么对东道主来说，如何根据有关各方来宾的具体身份，合情合理地安排迎送对方的先后次序或者位次，就显得尤为重要。

在多边性涉外迎送的具体实践中，礼宾次序具有一系列常规的排序方式。目前，在多边性涉外迎送的具体实践中，礼宾次序的常规排序方式主要有六种。这六种不同的常规排序方式，有时可以采用其中的某一种，有时则可以几种方式兼用。

（一）按行政职务排列

一般来说，在进行正式的官方交流时，如正式的政府活动、涉外活动、学术活动甚至军事活动，都可以按照宾客的具体行政职务顺序安排。在这种情况下，礼宾安排的顺序参考的标准是具体人员的行政职务级别，而不是性别和年龄。在迎送不再担任现职的外籍人员时，一般可以根据他们之前担任的最高或最后一个行政职务级别来排序。但是，如果他与现任者同时在场，则应将其置于现任者的后方，因为现任者负责实际工作。如需列出一人以上曾在同一时期担任同一职务的人，应先列出较早担任同一职务的人，其任职时间按先后顺序排列。在迎送多方团体时，通常不注意人数，而是根据负责人或领导的行政职务级别进行排序。

（二）按拼写顺序排序

当国际组织开展活动、举行国际会议或体育比赛时，最常见的做法是按照客人所在国家、地区、组织或单位的具体名称的字母拼写顺序来安排礼宾顺序。根据国际惯例，这里的字母顺序通常是指拉丁字母顺序，而不是国家的法定字母顺序，主要是为了凸显国家之间的平等。如果两个或两个以上国家、地区、组织和单位的名称以相同的字母开头，则以第二个字母的使用作为排序的基础。如果第二个字母仍然相同，则以第三个字母的使用作为排序的基础，依此类推。

（三）按到达顺序排序

也可以按照客人正式到达活动现场的具体时间来排序。在国际交流中，主要适用于一些具体的外交场合、非正式场合，以及以上两种安排使用起来比较困难的情况。

（四）按报名时间早晚排序

在某些情况下，客人也可以根据正式报名的具体时间参加活动。其主要适用范围是各种跨国商家、展览会、展销会等大型商业活动。如果上述安排都不适用，也可以使用这种安排。

（五）根据客主地位进行排序

在多方涉外迎送中，有时除了主人，难免会有国内其他组织或单位的人在场。这时就可以使用这种排序，来访方应该排在前面，国内其他单位的人排在中间，东道主方应该排在后面。具体来说，国外的人应该排在国内的人前面，国内其他单位的人应该排在东道主单位的前面。

（六）不进行正式的顺序排列

不进行正式的顺序排列实际上是一种特殊的安排形式，主要适用于不需要安排排序和难以安排的涉外迎送情况。

二、涉外迎送

无论做什么工作，都应该从头到尾认真负责，对待涉外迎送工作也应该如此。在涉外迎送的具体过程中，作为涉外迎送的具体起点和终点的迎送，要特别重视。在涉外迎送过程中，涉外迎送有别于普通的迎送。它不仅反映了我方的迎送水平，反映了我方的礼仪规范，体现了我方对外方的重视程度，也关系外方对我方迎送工作的第一印象和最终印象，影响着双边关系的发展。因此，无论是对招待会还是对宴会的迎送，涉外迎送无疑都被视为一种礼仪性的活动。具体来说，当事人要注意了解详情、确定时空、关注细节、熟知程序等方面。

（一）了解详情

从事涉外迎送的人员有必要对迎送对象的有关情况进行详细、具体地了解。要掌握具体细节，对于涉外迎送活动，具体包括外方情况、我方要求和他方反应三个方面。

1. 了解外方情况

为保证迎送工作顺利进行，取得双方满意的结果，我方有关人员首先要充分掌握国外的具体情况，这是我方迎送工作的基本保证。要充分把握国外方面的以下五个方面的细节。

（1）主宾的个人信息。主宾的简要情况，如姓名、性别、年龄、原国籍、单位、职称、党派、教育程度、宗教信仰、生活习惯、家庭状况、政治倾向、专业能力、性格、社会评价等，我方应该尽可能多地了解。

（2）客人的大致情况。在迎送活动中，我方相关人员也要注意客人的一般情况，如客人的具体人数、主要成员、性别、团队组成、负责人等。

（3）客人的总体规划。在访问之前，外方会制订一个具体的访问计划。我方要对访问计划有一定的了解，特别是对访问的目的、指导思想和总体安排有一定的了解。

（4）客人的具体要求。在迎送活动前和迎送活动中，我方要充分考虑外国集体和贵宾的要求。参考客人的个人意见，仔细倾听好的建议。

（5）客人来去的时间。我方应该充分了解客人的正式到达和离开时间，如具体的日期和相关的航班时间、火车的车次，并应核对，确保准确。

2. 明确我方的要求

在迎送外国客人的时候，我方负责招待外国客人的工作人员，应该充分了解我方的迎送政策和基本要求，相关人员要制订准备计划，还要注意应对各种突发情况。

3. 关注他方反应

为谨慎起见，我方在涉外迎送中也要注意其他方对我方的迎送活动的反应。首先是官方的回应，我方要密切关注各国和国际组织的官方表态。其次是人民的反应，我方也应该意识到公众和国际社会的反应。最后是媒体的反应，我方应及时把握各大媒体的相关报道，必要时予以回应。

（二）确定时空

在正式的涉外迎送过程中，迎来送往的具体时间与空间不仅限定了迎送活动的具体范围，还在一定程度上直接影响着活动的效果，因此主客双方都十分重视。在礼仪上，与涉外迎送中具体时空条件有关的规范主要包括以下两个方面。

1. 活动的时间

在涉外迎送的具体工作中，要高度重视时间。正式迎接和送别客人的具体时间应由双方事先正式约定并达成一致。各方都可以提出意见或建议，但同时必须耐心听取彼此的意见或建议；迎送的具体时间不仅要详细，而且要准确。一般情况下，各项活动的具体时间应标明年、月、日，采用24小时制计时，并应精确到以分钟为计时单位。每项活动不仅要规定开始时间，还要规定结束时间，同时要在安排和执行上留有适当的余地。

2. 活动的空间

迎送活动的具体空间通常是指举行迎送活动所使用的具体场所。与之相关的礼仪规则通常由主要的一方决定。通常，迎送客人的具体地点是由东道主决定的。一般情况下，迎送活动的地点应该比较开放。需要强调的是，在考虑迎宾场所的环境问题时，不仅要注意活动场地具体环境的质量，还要注意活动场地周围的环境，特别是沿途的环境。

（三）关注细节

在迎送外宾的具体活动中，我方工作人员既要顾全大局，分清主次、注意轻重缓急，又要从小事做起，特别注意具体细节。根据一般经验，我方迎送人员在具体的迎送活动中至少要特别注意气象、交通和安全这三个细节。

1. 气象状况

任何时候，气象变化都会对人类的正常活动产生一定的影响。对于迎送外宾的具体活动来说，气象条件更为重要。在这个问题上，要注意当地的气候变化规律。在具体安排迎送活动时，一定要充分了解当地气候变化规律，为突然的天气变化做好准备。在制订迎接外宾的具体计划时，一定要考虑可能变化的气象条件，为此制定应急预案。

2. 交通安排

无论举行什么样的迎送活动，交通问题都是无法避免的。一般情况下，迎送客人的交通由我方负责安排。在某些情况下，外宾如果自备交通工具，也应征得我方的同意。一般来说，具体的活动地点和客人的交通要以方便为主。为此，不仅要注意避免交通堵塞，还要避免正常的交通高峰期。必要时，可以报请有关部门批准实施适当的交通管制。

3. 安全形势

迎送活动往往是在公共场合举行的，有关部门和人员必须高度重视迎送活动的安全，通常需要注意采取必要的安全措施。

（四）熟知程序

在涉外迎送工作中，每一名具体从事迎来送往的工作人员，都应当熟知与迎送活动相关的具体程序。

1. 制定迎送程序

一般的涉外迎送活动，特别是需要举行专门仪式的涉外迎送活动，必须事先制定相关活动程序，确保各项迎送活动按部就班、有条不紊。在制定相关程序时应力求详细、具体、充分、全面。如果是重要的迎送活动，有关程序正式制定后，必须及时上报上级主管部门，并经上级主管部门正式批准才能执行。

2. 规范迎送程序

从规范化、正规化的角度来看，涉外迎送活动不仅需要制定必要的程序，还需要对相关程序进行必要的规范。欢迎和送别外宾的具体程序大致可分为正式程序和非正式程序。所有正式的欢迎仪式，特别是为欢迎国宾而举行的欢迎仪式，要求用正式的程序来说明欢迎工作的规格。目前，我国最正式的迎宾程序是外国国宾欢迎仪式。一般来说，来京的外国国宾抵达北京后，由中国政府代表团团长到首都机场迎接，并陪同到国宾馆留宿。然后在同一天或第二天，将在天安门广场人民大会堂东门外举行盛大而正式的欢迎仪式。仪式将包括一系列标准化的程序，如介绍、献花、礼炮、音乐、检阅和在人民大会堂举行的国宴。如果天气不好，仪式将在人民大会堂中央大厅举行。当来访的国宾离开北京时，我方的送别仪式通常是简化的，包括送别和道别的具体程序。出于对国宾的尊重，仪式上一般要升国旗、奏国歌、安排欢送队。在一些国家，护送国宾并通知外国使节到来是一种惯例。此外，各国在欢迎有外交关系国家的大使时，往往会举行正式的仪式，因为大使往往被视为一个国家在国际交往中的正式代表。

非礼仪性欢迎活动的具体程序属于非正式程序。欢迎、送别外宾的活动，由邀请单位负责人或者其正式代表组织。其程序通常应包括欢迎、见面、合影、宴会等。如果双方关系密切，互相熟悉，经常来往，可以根据具体情况，以其他能表达友好、友谊和尊重的形式，表达我方欢迎客人的喜悦和送客人的祝福。

3. 执行迎送程序

无论是制定迎送程序，还是对迎送程序的规范和简化，都是为了追求最佳的实施效果。因此，认真执行既定程序必须落到实处。迎送程序一经制定，有关人员应自觉地执行；在执行既定程序时，既要坚持原则，也要善于变通、灵活，有应对突发事件的能力。

任务三　涉外谈判与签字礼仪

在国际交往中，涉外人员因工作需要，往往代表国家和单位与外国人进行正式接触和讨论，就一些共同关心的实质性问题进行深入讨论，以便更好地维护自身的实际利益，在一些问题上达成共识，这就涉及谈判。如果有关各方高度重视谈判达成的共识，并希望其尽快付诸实施，那么谈判各方通常会尽最大努力使其重大成果固定化、系统化和书面化，形成正式的条约、协定和合同。鉴于其重要性，通常在正式条约、协议和合同形成后举行正式的仪式，这种仪式简称签字仪式。可见，在涉外交往中，谈判与签字往往是密切相关的。但是，在具体的礼仪运用中，又有一些特殊的要求。

一、涉外谈判

所谓谈判，又称会谈，是指有关各方为了各自的利益，以互谅、求同存异为目的，有组织、有准备地进行的正式磋商和讨论，以达成最终协议。在实践中，涉外谈判并不是一般的对话，而是有关各方都要有准备，有既定的政策，有明确的目标，讲究技巧和策略。虽然谈判讲的是理性、利益、技巧和策略，但这并不意味着它忽略了人的思想和情感在谈判中的作用。在任何谈判中，礼仪的运用尤其要重视，因为礼仪不但能体现自身的形象和品质，而且对谈判对手的思想和情绪也有一定程度的影响。一般来说，谈判礼仪的关键点涉及谈判的地点、谈判的座次、谈判的表现等。

（一）谈判的地点

在正式的涉外谈判中，具体谈判的地点非常特殊。它直接关系谈判的最终结果，涉及谈判礼仪的运用。具体来说，它涉及谈判的分类和具体的操作规则。

1. 谈判的分类

如果按照谈判地点的不同进行划分，那么涉外谈判可分为四种：主座谈判、客座谈判、主客座谈判和第三地谈判。主座谈判是指在主办单位所在地进行的谈判，这种谈判往往会使主办单位采取更大的主动行动。客座谈判指的是在谈判对象所在地举行的谈判，通常情况下，这种谈判显然对谈判对象有利。主客座谈判是指在双方谈判单位所在地轮流举行的谈判，这样的谈判对双方都比较公平。第三地谈判是指在谈判双方单位所在地以外的第三地进行谈判，这样的谈判比主人和客人之间的谈判更公平，也更少干扰。显然，以上四种谈判方式的优、缺点对于双方来说往往是不同的，所以每一方都会积极争取对自己有利的选择。

2. 操作的细则

对所有参与谈判的人来说，选择谈判的具体地点非常重要。在礼仪方面，各方在确定谈判地点时，一定要注意地点的协调。在讨论和选择谈判地点时，不能听任对手摆布，也不宜过于固执。各方表达意见，最后协商决定才是正确的做法。如果是谈判的东道主，要按照分工自觉安排谈判场地，履行好自己的责任。

（二）谈判的座次

在正式的涉外谈判中，各方在谈判现场具体的座次要求非常严格，对礼仪的要求也非常高。一般来说，正式谈判的安排可分为双边谈判和多边谈判两种情况。

1. 双边谈判

双边谈判是双方之间的谈判。在一般的谈判中，双边谈判是最常见的。双边谈判的座次安排有横桌式和竖桌式两种形式。横桌式座次排列是指将谈判桌水平放置在谈判室中，客人方面朝门坐，主人方背门而坐。除了双方主讲人在中间的座位，对方要根据自己的具体身份高低，各自从左到右、从高到低分别就座自己一方的座位上。在国内谈判时，双方主要发言人的右侧可担任副席，在国外谈判时应有口译员入座。竖桌式座次排列是指谈判桌垂直放置在谈判室中。具体安排应根据进门方向而定。客方人士就座右侧，主方人士就座左侧。其他方面则与横桌式座次排列相似。

2. 多边谈判

多边谈判指三方或三方以上的谈判。其座次安排可分为自由式和主席式两种形式。自由式是指双方在谈判过程中可以自由就座，无需事先进行正式的座位安排。主席式是指在谈判室中有一张正对大门的主席位，供各方代表发言时使用，其他的人则背对正门、面对主席之位分别就座。代表发言后也应退席就座。根据公约，在双边谈判中应设置姓名座位签，但在多边谈判中大多不需要。当需要设置姓名座位签时，应该确保在场的每个人都有一个，不能遗漏。姓名座位签应当用我方文字和外方文字打印，并确保本国文字面对自己，对方看到的是外方文字。

（三）谈判的表现

在正式的涉外谈判中，谈判代表的出席表现，特别是主要发言人的出席表现，往往直接影响到谈判的气氛。谈判者的现场礼仪表现最关键的方面是注重着装，保持风度，礼待对手。

1. 注意着装

参加谈判时，为了表示自己对谈判的高度重视，有关人员一定要注重自己的着装。参加谈判前，应仔细修饰个人仪表，尤其要选择得体的发型。男性应该刮胡子。在参加正式的谈判时，女性通常应该注意保持自己的妆容清新自然，建议穿着简洁庄重的服装，选择深色西装或正装裙、白衬衫、黑皮鞋。

2. 保持风度

每个谈判者在整个谈判过程中都应注意保持良好的风度。在谈判桌上，每一个想要成功的谈判者都应该冷静，这是所有优秀谈判者应该有的基本态度。谈判永远是一场利益的斗争，因此，各方都希望在谈判中实现自身利益的最大化。然而，根据谈判的性质，真正成功的谈判往往以有关各方的互让而告终。各方应相互受益，实现共赢。

3. 礼待对手

在谈判过程中，必须礼待对方。要做到人和事分开才能正确处理好谈判双方的关系，在谈判之外，对手可以成为朋友，在谈判中是对手，两者不能混淆。在涉外谈判的过程中，无论在什么情况下，谈判者都应该友好礼待谈判对手。即使与对方有严重的利益冲突，也不讽刺挖苦对方，要尊重对方的人格。

二、签字仪式

在涉外交往中，签字仪式既是对谈判结果的一种公开和固定，也是当事人对履行合同、协议所做的一种正式承诺。

（一）座次安排

从礼仪上讲，在举行签字仪式的时候，要尽可能地正式。最引人注目的就是签约仪式的座次安排。签约仪式上的座次安排具体有三种方式：并列式、相对式和主席式，分别适用于不同的场合。并列式座次是双边签字仪式最常见的形式。基本做法是将签字桌水平放置在房间内。双方参加仪式的所有人员在签字桌后面并排，双方签字人员面对正门在中间并坐，客人方在右边，主方在左边。相对式座次和并列式座次基本相同，主要区别是相对式座次会将参加签字仪式的双边随员移到签字人的对面。主席式座次主要适用于多边签字仪式。其操作特点是签字桌仍须在房间内水平摆放，签字桌仍须位于正对正门的桌子后面，但只有一张，且不固定就座者。在仪式中，包括签字人在内的各方都应背对正门，面朝签字桌就座。签字时，签字人应按规定顺序前往签字桌签字，签字后应回到原座位。

（二）基本程序

在具体操作的签字仪式上，宣布开始后各方有关人员应依次进入签字大厅就位。签署文件通常的做法是先在本方应保存的文本上签字，再在对方应保存的文本上签字。按照礼仪要求，在本方保留的文本上签字时，各方签署人应先签。文本交换时各方签署人应热情握手，互相祝贺，并交换自己用过的笔作为纪念，所有签字人热烈鼓掌，表示祝贺。各方人士在交换文本后，当场喝一杯香槟，并与他人一一敬酒，这是国际上常见的做法，以增加签字仪式的喜庆色彩。

任务四　出席宴会与馈赠礼仪

一、出席宴会礼仪

宴会是客人和主人一起用餐的正式而庄严的聚会。根据礼仪规则，宴会应该被视为一种高级的社交活动形式。在国际交往中，外方人员经常以宴会的形式招待客人，经常有被邀请赴宴的机会。但无论是吃中餐还是吃西餐，宴会的具体形式是庄重还是随意，涉外人员都要记住自己是在社交场合，要遵守礼仪，严格要求自己。

（一）餐前表现

所谓餐前表现，一般是指接到邀请后到用餐前的所有与宴会有关的行为。注意餐前的一切表现，力求使之礼貌、大方、得体，是宴会礼仪的基本要求。涉外人员必须注意以下几点。

1. 应邀赴宴

依照惯例，正式的宴会应以请柬邀约客人。请柬至少应当提前 10 天以上送达客人手上，以便对方提前进行安排。如果宴会是专门为某些特定对象而举行的，则主人在确定宴会的具体时间、地点与邀请对象时，需要与对方进行友好协商。接到邀请自己赴宴的请柬后，通常不论能否出席，都应当尽快决定下来，并应尽早向主人通报。因为在正式的宴会上，主人需要为全体出席者排定桌次与位次。一旦通知主人决定赴宴，此后便不宜再做变动。假如真的不能如约赴宴，也务必早日告诉主人，并为此诚心诚意地进行道歉。如果临时不能出席的话，亦须尽快告诉主人。事后，还应当登门向主人亲口道歉。

当主人邀请客人参加宴会时，如果请柬或口头通知有具体的要求，如是否带配偶、是否穿正装、应何时到达等，客人都要遵守。大型宴会，尤其是西餐宴会，往往邀请夫妇一起参加。如果客人的配偶缺席或尚未结婚，应该提前通知主人，可以邀请兄弟姐妹或秘书参加，但必须事先征得主人的同意。较正式的宴会，特别是在晚上举行的盛大宴会，对出席者的着装有规定。如果要求参加聚会的客人穿正装，通常男士应穿黑色或其他深色西装、中山装套装，女士应穿旗袍或其他适当、优雅端庄的裙装。在普通的晚宴上，可能没有特别的着装要求。即便如此，参加宴会的人也应该注意自我形象。在请柬上，宴会的具体地点和时间大多写得很清楚。如果发现没有这样的内容，需要提前打电话查清楚，这样才不会出错。

2. 抵达现场

聚会参与者的到达时间与他们对主人和其他参与者的尊重密切相关。一般来说，参加宴会既不宜晚也不宜早。迟到意味着漫长的等待，而早到则让主人措手不及、手忙脚乱。具体来说，宴会上的贵宾要准时到场。稍晚一点，不超过 5 分钟。其他参加聚会的人，如陪同人员，不能晚于主宾。通常这些人应该提前一两分钟或准时进入。被邀请参加规模大、人数多的聚会，没有必要给主人带礼物。如果参加亲友举办的小型宴会，如家宴、生日晚会，可以为主人准备一份小礼物。这时最合适的礼物当属鲜花。此外，一瓶葡萄酒也很受欢迎。

到达宴会现场后，应先到专门的衣帽间存放外套、帽子。在衣帽间时，男士要帮助其配偶或其他女性脱下外套，有时主人会亲自帮助客人脱下外套。在这种情况下，被帮助的人应该表达他们对帮助者的感谢之情。出席宴会的人走出衣帽间后，要主动向主人打招呼，感谢对方的邀请。如果男主人和女主人同时在场，他们应该先问候女主人，然后问候男主人。如果男主人正在与贵宾交谈或很忙，问候和感谢可以稍后进行。当主人或接待人员没有邀请或引导客人时，可以在不远的宴会厅外等候，在主人指定的地点集合，或在休息厅休息。当主人邀请大家入席时，根据宴会礼仪，主人和他的夫人及主宾应先入席，之后，其他的人可以根据安排依次就座。

3. 依次就座

无论是西式宴会还是中式宴会，餐桌的摆放都是非常讲究的。通常在每张桌子的中央都有一个姓名签。在每个人的座位前面，都有写着他们名字的座位签。这些细节将在邀请函上注明。就座时，不要主动与他人换座位，也不要在这个问题上与主人发生冲突；

应该从行进方向的左侧入座，拉座椅时，要用双手轻轻移动。与他人同坐时，应先请女士、长者入座。必要时，还须主动帮他们拉出座位，协助他们就座。不要坐得离桌子太近或太远，最好保持20厘米左右的距离。吃饭前不要移动桌上的任何器具，也不要和周围的人议论菜品。不能把带进宴会厅的东西到处乱放，不要将其放在桌子、地板或窗台上。

除了以上的餐前礼仪，涉外人员在宴会上还有以下三个细节需要注意。一是吃饭时不要东奔西走或找熟人打招呼。二是在宴会期间，如果没有重要的事情不能离开餐桌，否则会被视为对主人的不敬。需要离场时，应在离场前向主人说明，并为此道歉。三是吃完不要急于离开。离开现场时，应该再次感谢主人。如果来不及当面说，可以在事后打电话或写信表示特别感谢。如果参加家庭宴会，应在饭后至少停留15分钟，然后与主人交谈片刻，以示礼貌。

（二）席间的禁忌

宴会是一种高层次的社交活动，在宴会上的言谈举止要端庄、优雅、得体。要做到这一点，需要记住以下席间禁忌，以确保不会犯大的错误。

1. 吃饭时不要发出很大声音

在餐桌上吃饭和喝饮料时，每次一定要少量，慢慢享用。这样就不会产生太大的噪声。如果你忘乎所以，大声咀嚼，可能自己乐在其中，但这并不优雅，还会影响周围人的食欲。

2. 剔牙时不要毫无掩饰

不要在桌子上用牙签，如果要使用也不宜在公共场合使用。如要用牙线清洁牙齿，应用手或餐巾挡在口前作为屏障。剔出的东西要悄悄处理，牙签用完后要立即取出，不要长时间放在嘴里。

3. 餐桌上不要随处乱吐食物

如果吃到不适合吞咽的东西，应该用手或餐巾掩住它轻轻地吐在纸巾上，然后暂时把它放在自己的餐盘前，等待服务员拿走。不要把它吐在手上，或直接从嘴里拿出来，也不要悄悄吐在地上。

4. 每次入食不要过多

如果一次吃太多的食物，脸颊鼓起来，不仅会感到不舒服，也会让别人担心。所以吃东西、喝东西的时候，不要一次入食太多。

二、馈赠礼仪

民间交际中的送礼与收礼比较随意，而国际交际中的送礼与收礼则有其特殊性。在国际交往中，馈赠礼物的问题实际上包括送礼和收礼两个方面。无论从哪个方面来说，涉外人员都有一定的礼仪规范需要遵守。在正常情况下，我们通常不会主动向外方馈赠礼物；外方自愿向我方人员馈赠礼物时，我方可以酌情返还；在参加重大节日活动或公务访问时，可考虑馈赠纪念礼物；在任何情况下，我方涉外人员不得主动向外方索取礼物；在公务外事活动中收到的礼物，无论是送给集体的还是送给个人的，都要移交所在单位或部门。

（一）馈赠礼物

馈赠礼物是由一系列具体的环节组成的。我方人员在涉外活动中送礼时，通常会注意礼物定位、避免忌讳、遵守规则三个细节。

1. 礼物定位

礼物定位是指确定适合国际交流的礼物的特点。只有这样的礼物才能在国际交往中发挥应有的作用。在定位国际礼物时，应遵循以下五项原则。

（1）突出礼物的纪念性。赠送给外方的礼物，无论赠送的对象是集体还是个人，都要注意其纪念性。不应过于突出它的价格，而应强调它的纪念意义。在许多国家，在官方活动中给个人或组织送昂贵的礼物是不被允许的。在国外与新老朋友打交道时，没有必要一次又一次地送礼物。即使有必要给对方送礼物，送给外方一本画册、一套明信片、一张照片、一枚纪念章也会受到欢迎。

（2）明确礼物的对象性。在日常生活中，同样一种礼物，送给不同的对象，效果往往大不相同。礼物的对象性是指在国际交往中礼物的选择要根据具体的对象而定。这就要求在选择礼物时，一定要注意因人而异，因此，礼物的选择要针对不同的对象区别对待，礼物的选择要根据具体场合而有所不同。

（3）体现礼物的民族性。独特的礼物总是最受欢迎的，因此应该选择具有民族性的礼物。在外国人眼里，中华民族最具传统特色的东西往往是最好的、最受欢迎的。中国人眼中常见的布鞋、剪纸、窗花、二胡、笛子、中国结、油纸伞等，一旦送给外国人，往往会受到他们的青睐。

（4）关注礼物的时效性。有些礼物只在一段时间内比较流行，送出会达到预期的效果。但如果超出这个时间段，它的效果往往会降低。例如在2022年北京冬奥会前夕和期间，如果我方向外国访客赠送吉祥物冰墩墩作为礼物，会非常受欢迎。如果在这之后再送，对方可能不会对此产生什么兴趣。

（5）重视礼物的便携性。一般来说，在为外宾，尤其是远道而来的外宾选择礼物时，除了以上几点，还应考虑其便携性。即送给外方的礼物既要满足上述要求，又要便于对方携带。至少，它不会轻易被损坏，也不会给对方带来不必要的麻烦。一些原本不错的礼物，比如民间工艺精制的陶瓷，由于易碎、携带不便，不适合作为礼物赠送给外国人。

2. 避免犯忌

同样的礼物在不同的国家、地区和民族往往被赋予不同的含义。因此，在国际交流中为外方选择礼物时，要注意不冒犯对方的相关禁忌。根据一般经验，在国际交流中，下面几类物品不适合作为礼物赠送。

（1）一定数量的现金、有价证券和天然珠宝、贵金属饰物及其制成品。在许多国家，政府部门或公司和企业往往有明确的规定，禁止其工作人员在国际交往中接受现金、证券或实际价值超过一定数额的物品。

（2）药品、补品和保健品。中国人平时注重健康养生，但在国外，个人健康状况是隐私。如果按照中国的习俗，把与健康状况直接相关的药品、补品和保健品送给外国人，往往不会受他们的欢迎。

（3）带有明显广告标志的物品。许多外国人，特别是发达国家的外国人，注重个人隐私，如果将带有明显广告标志的礼物送给对方，往往会被对方理解为我方在进行商业宣传。

（4）冒犯受赠人的物品。赠送给外方的物品应当以不冒犯受赠人本人、国家、地区、民族或者所代表的单位为条件。要保证礼物本身，包括它的种类、形状、颜色、设计、数量、包装或含义，不触犯受赠人的个人、职业、国家或宗教禁忌，这样的馈赠才是成功的。

（5）珍稀动物及其制品。为了保护生态环境和珍稀动物，在国际交往中，大熊猫、东北虎、藏羚羊、蟒蛇、大象等珍稀动物的相关制品显然不适合作为礼物。与此同时，猫、狗等宠物制品也不应作为礼物赠送。

（6）违反社会规范的物品。在为外方人士选择礼物时，不要忘记遵守双方现有的社会规范、法律和道德。

（7）有关国家和行业机密的物品。我方工作人员要有高度的国家安全和保密意识。在与外方人士打交道时，要注意国家安全。未经批准，不得将有关国家和行业的内部文件、统计数据、情况总结、技术图纸、生产专利等机密泄露给外方。

3. 遵守规则

我方工作人员在向外方人士赠送礼物时，通常要自觉遵守国际社会普遍采用的赠送六项规则。

（1）了解受赠人具体情况。对于不同国家、地区、民族、阶层、年龄、职业、教育程度和文化背景的外方人士，应选择不同的礼物。

（2）选择适宜的赠送礼物。这个问题与前一个问题有明显的因果关系，但又不能完全被前一个问题所取代。因为适用于涉外活动的礼物的选择不仅要因人而异，还要考虑到赠送礼物人的能力、双方的关系及赠送礼物的具体场合。

（3）理清赠送礼物的目的。我方人员向外方赠送礼品，既不是为了贿赂、收买、拉拢对方，也不是为了讨好对方。我们的根本目的一直是向对方表示尊重、友好和善意。

（4）考虑赠送礼物的时机。在涉外活动中，双方对这一问题的处理方式各不相同。当涉外人员作为客人时，通常应在主人和客人开始会面时，向主人赠送礼物。当作为主人时，通常在告别宴会上向客人赠送礼物。

（5）决定适合赠送礼物的地点。涉外往来礼品应在办公室内或在公众面前赠送，以示严肃；私人交往的礼物应在私人住宅或无人在场的情况下赠送，以表明双方关系密切、友谊深厚。

（6）考虑赠送礼物的具体方式。我方工作人员应该注意受赠人的身份。在公务活动中向外方赠送礼品时，最好由当时在场的我方地位最高的人士亲自赠送。注意礼物的包装。在国际交往中，礼品包装一直被视为礼品不可分割的一部分。精心包装礼物不仅能提升礼物的档次，还能显示出对收礼人的认真和尊重。准备一个礼物介绍，应尽可能向受赠人说明礼物的来源、特点、用途、目的和意义。

（二）接受礼物

在国际交往中，外方人士经常向我方人员赠送礼物。在这种情况下，涉外人员的在场表现和反应就显得非常重要。一般情况下，涉外人员在收受外方礼品时应做到欣然接受、启封赞赏、拒绝有方和有来有往。

1. 欣然接受

外方人士向我方人员赠送礼物，我方人员通常应当场欣然接受。在这个时候，我方人员最合适的行为应该是立即以愉快和慷慨的态度接受外方的礼物，不能假装客气。在现场接受外方赠送的礼物时，我方人员要面带微笑，站起来，先用双手接受礼物，然后与对方握手，正式表示对对方的衷心感谢。

2. 启封赞赏

在国外，特别是在许多西方国家，人们在接受礼物时大多习惯立即打开礼物包装，拿出来仔细欣赏一下，然后表示感谢，这在国际上已逐渐演变为受赠人接受礼物的一项重要礼仪。在国际交往中收到外方的礼物时，如果涉外人员不开封或对礼物只字不提，就会被理解为对礼物不屑一顾，会给赠送礼物的人员造成感情伤害。

3. 拒绝有方

在实际交往中，外方人士所赠送的礼品，我方人员并非来者不拒。一般而言，外方人士如果赠予我方人员的物品违法、违禁、违规、有辱我方人格和国格、有伤风化、有悖社会公德、有碍我方正常执行公务或有害于双方关系，我方人员均应坚辞不受。在拒收外方的礼品时，我方人员应阐明其具体原因，有礼有节，不卑不亢。若发现对方确无恶意，则还须在拒收礼品的同时向对方致以必要的感谢。

4. 有来有往

一旦收到外方的礼物，应在适当的时间将适当的礼物当作回礼赠送给对方。礼物的性质和等级，一般可以与对方的礼物相同或相似。在接受礼物之后，应该真诚地感谢对方。除了当场正式感谢赠送礼物的人，还可以在事后再次表达心意。通常的做法是在一周内再次写信、发邮件或打电话感谢对方。另外，也可以在与对方再次见面之后，提及自己喜欢对方送的礼物。

任务五　参观游览礼仪

参观游览是一种常见的休闲方式。在假期里，人们经常利用闲暇时间去公园和其他景点参观游览、娱乐和休息。同时，参观也是接受教育、开阔视野、陶冶情操的好方法。在大多数情况下，参观游览活动是由个人自发开展的，而不是有组织的集体活动。尽管如此，作为一名涉外人员，无论以何种方式参观游览，都必须注意社会公德，遵守必要的参观游览礼仪。参观过程中应遵守适当的行为准则。它主要包括三个方面：观前准备、以礼待人和保护环境。

一、观前准备

出门前一定要做好必要的准备。由于参观游览是一种休闲活动，服装一般以休闲服为主，妆容也应尽量简单。参观游览之所以需要便装淡妆，主要是由它的休闲性质决定的。此外，它还能使人们在参观游览时无拘无束、方便行动，真正度过一段美好时光。

（一）对服装的要求

在参观时，不仅可以穿牛仔裤、运动服、休闲服，还可以穿背心、短裤，戴棒球帽和太阳镜，甚至穿上夹克、健美裤等。只要不干扰他人，不违背社会公德，且适合休闲参观游览，在着装方面可以自由选择，不必像上班那样。也不必盛装打扮，因为这样不仅与参观游览的轻松气氛和周围的山水花草不协调，而且容易损坏衣服，还会给自己的活动带来不便。参观游览时所穿的鞋应首选游览鞋，因为它不仅时尚、美观，而且合脚、轻便、防扎、防水、防滑，高跟鞋则是不合适的。

（二）对妆饰的要求

参观游览时，要着轻装，甚至可以不化妆，不佩戴饰品。如有必要进行一些修饰，也要选择淡妆，少带饰物。通常朴素装扮与参观景点之美更协调，但有组织的参观游览通常要求参与者盛装打扮。因为这往往是在公园或其他园林、景区举行的一种特殊形式的聚会活动，所以不能与普通的参观游览混为一谈。

二、以礼待人

在参观游览中，自得其乐之时也不应忘记所处的地方仍然是公共场所，所以在与人相处时一定要以礼相待。

（一）替人着想

在参观游览的时候，如果不是独自一人，要有意识地关心照顾一起来参观游览的同伴，处处想着他们。在参观游览过程中，要主动照顾同伴，及时为他们安排休息，根据他们的兴趣选择合适的景点和活动。即使对方让我们选择或者一切由我方决定，我方也要坚持优先考虑对方。和同伴一起参观时，要时刻保持好心情，不要对同伴的计划过于挑剔，更不要抱怨。

如果没有特别的原因，在游览过程中不要离开团队，尤其不要不告而别，以免让同伴担心。如果在游览时分散活动，要按约定好的时间到达指定地点，不要让别人等待很长时间。即使一个人去参观，也应该对别人有礼貌，不要放纵自己，要对其他游客友好，不要制造麻烦。参加文娱活动时，如有必要，要排队等候，注意先后顺序，不要插队。

（二）与人方便

在参观游览时，提倡与人方便。主要注意以下四个方面。

1. 问路

参观游览时，经常需要问路。这个时候最好找工作人员，注意礼貌。对于对方的回答，应该表示感谢。如果对方不知道，就说："没关系，谢谢。"当别人问到自己的时候，也应该热心地尽力帮助。

2. 休息

休息的地方要尽量与他人保持距离，以免给对方造成不便。当需要坐在别人旁边时，先微笑着问："可以坐吗？"如果外方人员这样询问，我们应该高兴地回答："请坐。"不要多占一个座位，也不要抢占别人的座位或在座位上睡觉。

3. 拍照

拍摄时，要避免与他人争抢好位置、好角度。这时应该互相谦让，按照顺序。一些文物和建筑是不允许拍照和使用闪光灯的，这些规定应该认真遵守。当需要帮助时，应该礼貌地询问，结束后谢谢对方，不要随意给陌生人拍照或录像。如果有必要，要先征得对方的同意。

4. 自律

不要尾随或偷听别人谈话，要注意公共道德。

三、保护环境

参观游览的地方大多是公共场所。这里的一山、一水、一草、一树都属于公众。因此，在游览的同时要保护环境，应该成为每个人真正自觉的行动。环境保护应该付诸行动，而不是空洞的口号，必须从我做起，从现在做起，从小事做起。

（一）爱护公物

爱护公共财产是社会公德的基本要求之一。作为一名涉外人员，在游览时应格外小心。大到公共设施、文物，小到花草树木，都要严格遵守有关规定，不准乱摸、乱碰、践踏破坏，不准在以上任何地方乱涂乱画。不要攀爬公共场所的树木和雕塑，尤其是花园。大多数公共场所都有草坪。有些公园允许游客步行、坐下和躺下，而有些则严格禁止踩踏。当在允许进入的草坪上时，不要做任何可能破坏草坪的事情，如果草坪周围有围栏或悬挂“禁止进入”的标志，无论是否有人监督，都不要进入草坪。

不要捕获、恐吓或伤害公共花园的鸟兽，也不要私自投喂饲养在室内的珍禽异兽。不得在公共园林挖土、移植植物、破坏奇花异石、挖古藤根、捉鸟捉鱼。为了保护建筑和景观，部分园林通常会要求游客在参观前更换外套和鞋子，或购买专用的眼镜、帽子和套鞋，此时应该配合。

（二）注意安全

参观游览时要有安全意识，尽量防止事故的发生，组团或陪同他人参观时也要注意安全。要注意禁区，不要单独进入危险区域。在湖畔、江边游玩和登船游玩时，不要恣意追逐，以防船翻入水中。如果岸上有禁止游泳的告示，不要下水“探索”。不要去野外湖泊和河流戏水。不要进行攀岩、跳岩、滑翔等危险性较大的运动，尤其不要独自进入人少的地方。拍照、录像或观察动物时，要注意避免发生意外。

吸烟者、野炊者要特别注意，离开时一定要检查有无明火或未熄灭的灰烬，不要留下隐患。要把废弃的东西扔进垃圾箱，如果附近没有垃圾箱，要把它们打包带走。进入消防区域，必须严格禁止生火、吸烟和携带易燃物品。应注意食品卫生，防止食物中毒，不吃不明菌类、野菜和鱼虾，避免食用各种生食。不要在陌生人的引导下前往不安全的地方，不要随意吃他们提供的食物和饮料。

（三）相关细节

在参观游览过程中，每一位涉外人员都不能忽视以下三个相关细节。

1. 不要吸烟

吸烟不仅会污染公共场地特别是花园的新鲜空气，还容易引起火灾等事故。在禁止吸烟的名胜古迹内绝对不允许吸烟，也不要随地吐痰，这可以防止传播疾病，也是文明的表现。

2. 不要乱扔垃圾

参观游览时，不要乱扔果皮、纸屑、烟头、塑料袋、包装盒、易拉罐、饮料瓶等，尤其不要扔进山涧、沟壑、湖泊、水池、下水道、动物饲养室等。如果在旅游过程中吃零食，吃完后要有意识地把垃圾放在一起，然后将垃圾分好类放入垃圾桶中，并且就地清理环境。

3. 营造安静的氛围

参观游览时不要大声喧哗、嬉笑玩耍，不要随身携带录音机到处播放。在公共场所，特别是花园聚会、唱歌、跳舞、玩游戏时，要自觉调低音量，以免打扰他人。

任务六　舞会沙龙礼仪

一、舞会礼仪

在国际交往中，舞会是一种常见的社交形式。它有时作为一个简单的活动单独安排，有时在其他重要活动之后安排。许多外国人喜欢参加舞会。它实际上是一种社交聚会，参与者互相邀请跳舞。舞会通常在晚上举行。与文艺晚会和体育表演相比，交际舞不仅涉及范围更广，而且在其特定的形式上也更加轻松活泼。在组织舞会或参加舞会时，对相关礼仪要求要有所了解，才能做到举止得体。

（一）组织者的工作

组织者的工作是否细致、周到、规范，直接关系舞会的成功与否。至于舞会的时间，可以分为举办时间和持续时间两个方面。举办时间最好是考虑周末、节假日、宴会之后和庆祝活动之后。持续时间一般在 2 ～4 小时，不能超过午夜。在向外宾发出聚会邀请时，要在上面注明聚会的持续时间。无论是为外宾安排一场专场舞会，还是邀请对方参加我方的舞会，都要尽量选择条件更好、档次更高、更正式的场地作为舞池。一般来说，舞池要比较宽敞，舞池的地板最好打蜡，以保证其平整。如果条件允许，最好安排乐队进行现场伴奏。在舞池周围，安排足够的桌椅。灯光、音响、乐器、空调等设备必须提前调整好。组织舞会时，必须控制好人数。在为外宾组织一场特别的舞会时，一定要把重点放在外宾身上。在邀请外宾参加我方的晚会时，也要尽量安排一些外宾的熟人到场。考虑到交际舞是由一男一女组成的，大多数外国人忌讳和同性跳舞，一般建议邀请他方配偶同时参加。邀请未婚或配偶不在身边的，也应欢迎对方带一名异性到场。要选择节奏明快清晰、旋律悠扬的曲目，而且要在舞曲的整体编排上做到有张有弛。

（二）参加者的表现

参加正式舞会时，必须注重礼节。参加聚会前，应稍微修饰一下自己的外表，注意口腔卫生，不吃有异味的食物，着装要比较正式，并且适合跳舞，不宜穿着休闲的衣服参加聚会，女士们要化一点妆，男士们不能在现场吸烟，跳舞时不要戴口罩、墨镜。我方工作人员要照顾好外宾，特别是贵宾及其配偶。按照惯例，主人和客人要跳第一支舞。此外，男主人应与没有舞伴的女外宾一起跳舞，或为她们介绍舞伴，女主人应该尽量照顾好所有的客人。男主人应轮流邀请其他女外宾，其他男外宾应争取与女主人跳一支舞。当男士邀请女士时，如果她的丈夫或父母在场，就应该先问候他们。请舞时，男士应该立正向女士致意，并正式口头邀请，等对方同意后，再陪对方到舞池。如果对方不同意，也不能勉强。跳完舞后，男士首先要感谢女士，然后送她回原位，在问候她的亲戚后离开。男士在选择舞伴时不要和别人争抢，和女士跳舞时，一定要注意正确的舞蹈姿势，不要用力拥抱对方。虽然女士有权拒绝邀请跳舞的男士，但她不应该拒绝太多次或采取过激的态度。一般来说，拒绝一个男士后，不要立即接受另一个男士的邀请。女士在和男士跳舞时，不要靠在他们身上。无论跳舞与否，在场的任何人都不能在舞厅里大声吵闹或喝醉闹事。

二、沙龙礼仪

沙龙就是社交聚会，最初是17世纪西欧贵族、资产阶级讨论文学、艺术或政治问题形成的。近年来，随着改革开放，沙龙这种外交聚会形式逐渐进入我国。沙龙有很多种类型，这取决于人们讨论的中心话题或他们在聚会上参与的主要活动。具体来说，以亲朋好友、同事、同学之间保持联系为目的的称为交际沙龙；以学术讨论为主要内容的称为学术沙龙；主要用于接待来访者，意在相互了解、加深了解的称为联谊沙龙；由文艺爱好者发起并参加的称为文艺沙龙；以休闲、娱乐为主要活动形式的称为休闲沙龙。时下最流行，同时也是对涉外人士的实际工作最有影响、最有帮助的，则当数交际沙龙和休闲沙龙。下面重点介绍交际沙龙和休闲沙龙的基本礼仪。

（一）交际沙龙

交际沙龙主要是让参与者保持联系和相互交流。其具体活动形式可以是灵活多样的。通常涉外人员经常有机会参加的座谈会、晚宴、庆典、联欢会、节日晚会等，其实大多属于交际沙龙。

1. 组织礼仪

一般情况下，交际沙龙的地点、时间、形式、主持人、参与者等都要事先约定好。它可以由一个人提出和提议，也可以由所有参与者讨论和决定。

（1）组织地点。举办交际沙龙应选择条件较好的客厅、庭院、酒店、餐厅、写字楼的专用房间。它至少应该宽敞，通风良好，温度适中，采光正常，环境幽雅，无噪声，不受外界干扰。

（2）相关时间。持续时长一般2～4小时。为了不影响正常的工作和学习，交际沙龙适合在周末的下午或晚上进行。

（3）沙龙形式。这应该针对特定的目的而选择。如果只是想见面聊天，那么应该选择一个更轻松的聚会、联欢会或者节日派对；如果想正式地讨论和研究，可以选择座谈会、研讨会等形式。当然，在实践中，这些形式也可以相互交叉使用。

2. 参加礼仪

去参加交际沙龙前，要对自己的仪容、衣着进行必要的装饰。男性通常要理发、刮胡子，换上西装或休闲西装，而女性则需要打理下发型，化淡妆，选择旗袍、连衣裙等衣服。作为主人，男女主人的穿着应该尽可能与他们的身份相称。在交际沙龙上，涉外人士必须了解并遵守以下基本礼仪。

（1）遵守约定。参加沙龙时，涉外人员应遵守时间，按时赴约。不应该无故迟到、早退。参加交际沙龙通常也不建议过早提前到。准时到达，或者晚到 3～5 分钟，都是常态。万一有事难以按时到达，或者不能去，需要提前通知主人，并向大家道歉，如果迟到太久，必须向主人和所有人致歉。

（2）尊重女性和老人。在包括交际沙龙在内的各种社交场合，要尊重、照顾、理解、帮助和保护女性和老人，并积极为他们解决问题。

（3）体谅主人。涉外人士在参加沙龙活动时，应当设身处地地时时处处为主人着想，尽量不要添麻烦，并尽可能地对其施以援助之手。

（4）虚心交友。参加非专题性的交际沙龙时，要主动与他人进行交流。在同他人交谈时，应当表现得诚恳虚心。同时还应当扩大一下自己的交际范围，除了与老朋友交谈，还应借此良机，尽量去认识更多的新朋友。

（5）谨言慎行。在参加主题性交际沙龙时，既要如实表达自己的观点和主张，又要宽容大方，善于请教他人。在这种沙龙中，集思广益、取长补短、开阔视野、增长知识更为重要。因此，涉外人员要多听、多记、多请教、三思而后行。应该避免争强好胜，发言时不要含糊其词或居高临下。

（二）休闲沙龙

在交际沙龙中，节日聚会、联欢会具有一定的娱乐休闲功能，但交际功能所占比例较大。而休闲沙龙的具体形式更多。常见的有游园会、郊游会、音乐会、小型运动会、俱乐部聚会等。对于涉外人员来说，非正式的沙龙和正式的社交场合在本质上没有区别。但在休闲沙龙中，要以玩为主，表达随意与自然。

1. 适应角色

涉外人员要想在休闲沙龙里玩得很舒心，不必穿着时装、正装和夹脚皮鞋，以及象征身份和地位的首饰，可以换上适合休闲沙龙环境的牛仔裤、运动服、休闲服，穿上便于运动的休闲鞋，才能真正适应此时此地的角色。

2. 懂得技巧

涉外人员在参加休闲沙龙时，一方面要懂得玩的技巧，另一方面要学会选择玩的内容。在休闲沙龙所玩的内容，应当既高雅脱俗，又使人轻松、愉快。例如打纸牌、下象棋、打网球、举办小型音乐演奏会，都是休闲沙龙宜于优先选择的内容。并且要保证在玩的同时，严守国家法律，严守社会公德，不可以为图一时之乐而贸然犯险。

3. 以玩为主

涉外人员在休闲沙龙里，应当表现得以玩为主，不要表现得急功近利。有经验的涉外人士都懂得，该工作时认真工作，该休息时就要放松休息，此时应当以“休闲”为主，以“交际”为辅，不要将二者倒置。

结　语

通过本项目的探讨，我们剖析了涉外礼仪的基本原则、具体表现形式及其在不同文化背景下的差异与融合。这些分析不仅揭示了涉外礼仪在促进国际沟通方面的关键作用，还为我们理解全球化时代下跨文化交流的复杂性提供了新的视角。

在此过程中，我们发现涉外礼仪不仅仅是外在行为的规范，更是内在文化价值观念的体现。它要求我们在尊重他国文化习俗的同时，也要积极展现本国文化的独特魅力，实现文化的双向交流与互鉴。这种双向互动不仅有助于消除误解和偏见，更能促进不同文明之间的和谐共生与共同发展。此外，涉外礼仪的灵活性与适应性也是在实践中必须重视的问题。我们需要保持敏锐的洞察力，不断学习和适应新的国际礼仪规范，以确保在国际交往中始终保持得体、专业和高效。

思考练习

1. 假设你出境旅游到某公园参观游览，遇到同是中国人的游客试图采摘一朵鲜花，为了及时阻止他又不引起冲突，此时你应该如何做？

2. 假设你在乘飞机时正低头看书，坐在你前排的西方乘客放低椅背时没有提醒你，导致你头部被撞伤，为了在维护自己权益又不发生激烈争吵，此时你该如何做？

3. 在苏丹人家做客，主人会用亲自宰杀的肥羊待客，但不给客人吃羊肉，而是把生羊敬到客人面前。主人用小刀把肝切成片，撒上辣椒和香料，请客人吃。按照苏丹人的规矩，这是隆重的待客方式。如果客人不吃，便是看不起主人，主人会不高兴。假设你到苏丹人家做客，面对这种情况会如何礼貌回应？

模拟实训

模拟实训一

分两个小组模拟一场双边涉外谈判。

礼仪提醒：注意地点、座次、着装等基本礼仪。

模拟实训二

模拟一场交际型沙龙。

礼仪提醒：注意时间、形式、地点、仪容仪表等组织礼仪和参加礼仪。

项目十一　中国礼俗

案例导入

据民间传说记载，春节“福”字倒贴的习俗起源于清代恭亲王府。“福”字指福气、福运，寄托了人们对幸福生活的向往，对美好生活的祝愿，“福”倒了，寓意着在新的一年幸福已到，福气已到。

春节前夕，府上的大管家写了好多“福”字让下人去贴，下人不识字，就把“福”贴倒了。恭亲王的福晋发现后很生气，想重重责罚这个贴倒“福”字的下人。管家知道后便解释说：“奴才常听人说，恭亲王府福到了，如今‘福’真的‘倒’了，此乃天意，是吉兆。”管家借用“倒”字的谐音来解释，恰好满足了福晋希望佳节接福气的心愿，因此，福晋不仅没有惩罚下人，还赏赐了五十两银子。这件事逐渐在当地老百姓之中流传开来，一时之间，“福”字倒着贴成为一种大流行。

礼仪提醒：春节贴“福”字的习俗在中国由来已久，春节倒贴“福”字的故事表达了人们对美好生活的祝愿，没有“福”字的春节，亦缺少了年味。

引言

从古至今，每个人都希望自己生活在一个文明礼貌的社会，也希望自己遇到的人文质彬彬，更希望自己能够在所处的社会中受到尊重。简而言之，人们希望自己生活在一个注重礼仪的社会。礼仪是人类为了维持社会的正常秩序而施行并遵守的一种行为规范，礼仪既表现为一种外在的行为方式，也表现为一种内在的或更深层次的精神内涵。中国自古就有“礼仪之邦”的美称，中华文化博大精深，就其礼仪制度与风俗来说，我们也可以把中国的传统文化称为“礼仪文化”。礼仪原本是民间的风俗习惯，因统治者的统治需要把一些风俗习惯固定下来上升为礼制。自古以来由儒家倡导的礼制反过来影响民众的生活方式和风俗习惯，从而造成礼制下沉，礼制下沉就是通常所说的礼俗。中华民族由56个民族组成，每个民族都有各自的文化活动和风俗习惯，正是这些不同的文化构成了多姿多彩的中华文化。自20世纪80年代以来，西方美学思想被大量译介到中国，自此中国的学者一直致力于美学研究和学科建设的本土化探索。在1989年和1990年的民族理论研究会上有学者提出民族美学的概念，接着在1998年广西第五届民族美学研讨会上，广西美学界提出建立民族美学学科和流派的设想。在少数民族的礼仪习俗板块中，本项目以藏族和壮族为例作简要介绍。

任务一　中国礼俗概述

一、礼和礼俗

中国自古以来被称为“礼仪之邦”，礼仪的出现，标志着我们的祖先摆脱了原始的愚昧和野蛮进入了高度文明的社会。礼俗先于礼仪，礼仪来源于礼俗，关于礼俗的概念，值得我们深究。

礼俗，由“礼”和“俗”组成，从历史发展的长河来看，先有俗，再有礼。俗，即习俗，习俗是人们日常生活中周期性自发组织的某种活动。例如清明节，每年4月4日—6日的某一日，人们通过扫墓祭奠祖先、缅怀先烈，扫墓一年一次，是一种周期性的活动，因而扫墓是一种特定的习俗。礼，即礼仪，通过规范和约束人们周期性的某种活动，并使它具有一定的流程和形式，同时被社会所认可。再以清明节为例，人们每年扫墓祭祖，扫墓这一活动在不同的地方有不同的习俗。有的地方祭祀祖先需要在清明节的前几天进行，还要看“日子”，也就是大家常说的选择良辰吉日；有的地方只能在清明节当天进行扫墓活动。清明节前后扫墓的习俗被社会所认可并且广泛流传了下来，若问村里的老人，清明节为什么有扫墓的规定，老人家会告诉我们："跟随先辈，代代传承。"由此可见，礼俗是一种约定俗成的，有规范形式的，被社会中广大人民群众所认可的，代代相传的，有周期性的一种礼制活动，即礼仪性的习俗或者具有习俗性的礼仪。

在日常生活中，常听到身边的人说民俗、风俗等词，民俗、风俗和礼俗有什么区别和联系呢?

民俗是一种纯粹自发的民间习俗。九州大地各个地方的自然环境不同，人们的穿衣打扮、饮食习惯、行为习惯也各式各样，但人们都各自按其特定的习俗活动，代代流传下来。人们无意识的自然习俗构建了具有本地特色的民俗。比如，每年农历三月初三，在其他地方是一个平凡而普通的日子，但是在壮乡则被俗称为"三月三"，是一个具有广西民族特色习俗的日子。"三月三"这天是歌的海洋，壮乡人会举办具有地方特色的歌圩，歌圩的表现形式之一是山歌擂台赛，大家你方唱罢我方登场，好不热闹。热情的壮乡人还会在这天蒸好香喷喷的五彩饭，煮熟彩蛋，做好各种色香味俱全的小吃，招待远方来的客人。

风俗是通过环境的影响所形成的习俗。孔子曾用风和草的关系来比喻风和俗的关系，即因环境而形成的民性民情由"在上者"的引导，"端正"成为风俗，成为一种教化，也就是我们常说的"化民成俗"。如端午节是中华民族的传统节日，端午吃粽子、赛龙舟的习俗与纪念屈原有关。两千多年沉淀的爱国精神已经融入中华文化的血液中，被每一个中国人所颂扬。端午节历经千百年的坚守，具有强大的道德感召力，成为每个中国人文化自信的基石。

因而，民俗、风俗、礼俗都有一个相同的特点，以"俗"为奠基。"俗"，行之既久便成俗。它们的区别为民俗是民间无意识的自然自发的习俗；风俗是在民俗的基础上对习俗进行的价值评判，风俗包含一定的教化作用；礼俗是对民俗中一些自发的行为加以组织和规范，使其具有仪式感，最后成为一种礼仪。

对民俗、风俗、礼俗的分类只是一个约略的说法，事实上在现实生活中，三者互相交叉，你中有我，我中有你，是很难分开来的。我们谈到三者的特点，只是通过一种大概的说法来概括，即民俗是自发的，风俗是有意识的，礼俗是有仪式的。民俗、风俗、礼俗所指的范围和层次也是有所不同的。它们三者由宽到窄，从低到高，是一个有层次感的发展过程。

在民俗、风俗、礼俗当中，礼俗在中国的地位最显著、最突出、最重要。中国号称"礼仪之邦"，"礼仪三百，威仪三千"的思想贯穿整个封建社会，甚至影响着现代社会。在中国，诗、书、礼、乐的核心也在一个"礼"字，诗书以礼记，音乐以配礼，礼是"天之经，地之义"的存在，礼的活动遍及全社会，礼的意蕴深入人心，礼的表达最有人情味。

中国不仅是一个法治社会，还是一个礼治社会，中国古代历来的统治者也主张用礼来治理中国，因为“礼禁于未然之前，法施于已然之后”，礼可以调节人与人之间的关系，礼能起到法不能起的作用，礼治与法治相辅相成。

作为21世纪的当代人，我们很有必要学习礼俗，只有学习礼俗才能知道什么是美俗，良风美俗是打开礼俗社会的大门。学习礼俗，不仅可以认识到良风美俗的社会影响和陈规陋习的危害，还可以弘扬优秀的中国传统文化，弃除封建糟粕，更可以明是非、知礼教，对现代社会的礼俗革故鼎新。

二、礼俗的特性

先秦以来，礼俗的内涵与礼的内涵就有所不同。礼俗只限于社会普遍使用的礼仪风俗，国家礼制并不是礼俗，如皇朝官府的上层典礼便不涉及习俗。社会常用的礼，也就是人们常用的“六礼”。《礼记·王制》篇中说：“六礼：冠、昏、丧、祭、乡、相见。”（昏，婚礼；乡，乡饮酒礼）人们生平活动所行的礼，便在这“六礼”当中了。

1. 礼俗具有社会性和伦理性

礼俗，横向表示人与人之间的互动参与，纵向表示人生全貌。王侯将相、平民百姓，谁也离不开礼俗的影响。这体现了礼俗具有广泛的社会性。礼俗还体现了“人情客礼”的伦理，主要是促进亲朋好友之间的关系，这也是与礼俗相融之后的伦理文化。

2. 礼俗具有民族性和地区性

礼俗是民俗礼仪。民俗礼仪指各种风俗习惯。风俗习惯是在一定的环境中经常重复出现的行为方式，它普及于社会和群体之间并深深植根于人们的内心。中华民族的礼俗是各个民族和各个地区相互交流、相互融合之后形成的，体现出中华民族礼俗的整体性。但是，各个民族和各个地区在长期的社会实践中又保留着自己的民族特色和地方特色，在整体中体现着自己原有的礼俗，这体现出中华民族礼俗的个体性。风俗习惯也是人们价值观的一种体现方式，风俗习惯的形式多样，内容复杂，几乎每一个民族、地区，甚至是一个小小的村落都可能形成自己的风俗习惯，但总的来说，中华民族礼俗是整体性与个体性的统一，是普遍性与特殊性的统一。

3. 礼俗具有综合性

中华民族礼俗在历史的长河中经久不息，历久弥新，它用自己宽大的胸怀容纳了不断涌现出的新事物，并在变化中不断地发展，最终构成一个庞大而又复杂的体系。礼俗是礼仪的一种特殊形式的表现，礼俗的含义随着时代的变迁、人们交往的增加和社会的发展而不断变化，礼俗成为当今社会生活和交往中不可或缺的一部分。

任务二　汉族传统礼俗

一、节日礼俗

（一）春节

1. 春节的由来

春节是汉民族古老又活跃的传统节日。在民间，“春节”有“老历年”“旧历年”“大年初一”“过大年”等不同的称谓。辛亥革命以前，中国通用的是历代祖先流传下来的单一的农历制年份计算法，因而，在古人眼中，“春节”还有“元旦”“元辰”或者“元日”的叫法。根据《尔雅·释天》记载：夏曰“岁”，商曰“祀”，周曰“年”。可以看出夏商西周时期对春节的定义是不一样的，一直到西汉，“春节”才被正式地确定下来，每年农历的正月初一为一年的开始日。此后，每年的农历正月初一便成为中华民族最隆重、最有意义的传统佳节，“年”的味道从此深深植根于人们的心中。1911 年 10 月 10 日孙中山领导的辛亥革命推翻了清王朝的统治，此后在中国实行世界通用的公历制，并规定公历的 1 月 1 日为“元旦日”，传统的正月初一改称为“春节”，也就是春节之始。这次对春节的改动得到了人们的认可，从此，过新年和过元旦有了明确的区分，一直延续至今。虽然新年和元旦有了新的含义，但是在老百姓眼里，春节的年味远远超过了元旦的年味。一个普遍的现象就是，从腊月开始至正月十五的这段时间里，人们忙着“盼年”“备年”“迎年”“过年”，大街小巷张灯结彩，处处可以感受到过年的喜庆氛围，相比较而言，元旦就没有这般热闹了。

春节传统习俗的起源，可以追溯到上古时期。传说，在远古时期，有一种可怕的怪兽，名字叫“年”，在每年的腊月三十这天，它便出来祸害人间。一次，“年”来到一个村庄里，看到几个小孩子在比赛舞牛鞭，牛鞭发出的清脆的响声对“年”来说很是刺耳，吓得它赶紧逃到了河边。在河边，“年”又感觉到妇女们晾晒的红色衣服很是刺眼，这让“年”感到很是害怕。于是，它决定晚上再出来寻找食物。到了晚上，“年”拖着疲惫的身子来到了另一座村庄，但是它发现这里家家户户灯火通明，屋里的灯光照得“年”头晕目眩，恍恍惚惚，“年”怕极了，灰溜溜地跑回了自己的地方。这件事在民间传开来后，人们便每年在这天穿着颜色鲜艳的衣服，聚集在篝火旁边，并时不时地往火里扔青竹，青竹发出“噼里啪啦”的声音，以此来吓跑“年”。“年”在第二年又跃跃欲试来到村庄周围，但还没有靠近村庄便被吓跑了，后来“年”再也不敢出来祸害人间了。因腊月三十晚上“年”被赶跑了，第二日清晨人们高兴地互相道平安。渐渐地，这个习俗被流传了下来。

关于春节的起源，在民间还有另外一种传说。在原始社会，古人在年终的时候会举行庆祝农业丰收的报谢典礼，称为“蜡祭”。每年春节来临之时，每家每户举行祭祀，庆祝一年复始，万象更新。根据范晔《后汉书》记载：“冬季之月，星回岁终，阴阳以交，劳农大享腊。”人们过春节时祭祀祖先，祭祀百神，希望来年五谷丰收，家庭幸福美满。在过年期间，人们不下地劳作，而是在家休息，亲朋好友团聚，共享天伦之乐，为开年的劳作休养生息，迎接新一年的到来。

2. 汉族过春节的方式

扫年，也就是大扫除的意思。年前，家家户户都要进行扫年的活动，房屋的里里外外都要打扫得干干净净，寓意为扫除晦气、秽气、穷气等不好的风气。扫年这一习俗起源于古代的一种宗教仪式，主要是为了祛除人们的病疫，后来渐渐地被人们沿袭下来，最终演变为迎接新年的一项重要活动。关于这项习俗，古人也有记载，宋代吴自牧《梦粱录》言：“士庶家不论大小家，俱洒扫门闾，去尘秽、净庭户……以祈新岁之安。”

换门神。过年，换门神是必不可少的一项礼俗。门神在以前是武将的形象，据民间传说记载，以前的门神是神荼和郁垒，因其样貌彪悍，所以用他们来除害。唐代以后，秦琼和尉迟敬德成为新的门神，一直流传至今。据民间传说记载，唐太宗生病时，病糊涂了，听到外面鬼的叫声，于是他命令秦琼和尉迟敬德穿着战甲在门外守候，当夜唐太宗安然度过，再没有听到奇奇怪怪的声音。于是，次日，唐太宗便命画匠画下秦琼和尉迟敬德二人穿着战甲的画像挂在宫门口辟邪除害。后来，这件事渐渐由宫里传到民间，人们在过年时纷纷效仿皇帝的做法。渐渐地经过历代沿袭，这一习俗便流传了下来，直至今天人们过年时还会在大门上贴上秦琼和尉迟敬德的画像。后来，又流传了在门上贴“福”字的习俗。

贴春联。春联在以前被称作桃符，由明太祖朱元璋赐名为春联后，一直使用至今。清初陈尚古在《簪云楼杂说》中记载：“帝都金陵，于除夕前，忽传旨公卿士庶家，门上须加春联一副。”春联又称对联，是一种特殊形式的诗句，遵循平仄之韵，上联和下联平仄相协，读起来很顺口，对联的字数一般控制在 3 ～ 15 个字。以前贴春联的时间也有讲究，须在除夕下午三四点前张贴。过年贴春联不仅有喜庆过大年的意味，还有辟邪驱鬼的寓意。

张贴年画。年画由门神画演变而来，是汉族特有的绘画艺术之一，宋朝时年画和门神分流，年画正式进入厅堂居室。如今中国现存最早的年画是宋版新印的《隋朝窈窕呈倾国之芳容》，也就是大家常说的《四美图》，画上有古代四大美女王昭君、赵飞燕、班姬、绿珠。中国的年画分布甚广，明中叶以后，全国各地遍布刻印年画的作坊。在历史的长河中，年画逐步形成了不同的艺术风格和明显的地方特色，像天津杨柳青、河南开封朱仙镇、陕西凤翔、四川绵竹、河北武强等都久负盛名，各有千秋。

除夕团圆饭。除夕夜是农历年最后的一个夜晚，据许慎《说文解字》记载，“除”有“去”的含义，表示新旧交替的意思，“夕”指太阳落山之后的时间，即夜晚，“除夕”意味着今晚过去，旧的一年便除去，明日是新一年的开始。“除夕”可以追溯到秦汉以前，在一年的最后一天，人们敲锣打鼓驱逐疫疠之鬼，杀鸡宰羊祭祀祖先，祈求新的一年幸福美满。除夕夜大多数地方要包饺子，寓意团团圆圆，也有一些地方会备一桌丰盛的佳肴，第二天再包饺子。比如甘肃庆阳就保留了这样的习俗，除夕之夜准备一桌丰盛的菜肴，正月初一包饺子。尽管各地包饺子的时间略有不同，但是过年吃饺子是汉族人由来已久的习俗。

守岁迎春。守岁迎春是我国流传了两千多年的文化习俗。据晋朝周处《风土记》记载：除夕之夜，各相与赠送，称为“馈岁”；酒食相邀，称为“别岁”；长幼聚饮，祝颂完备，称为“分岁”；大家终夜不眠，以待天明，称曰“守岁”。清朝潘荣陛在《帝京岁时纪胜》中记载：“闻爆竹声如击浪轰雷，遍乎朝野，彻夜无停。”直至今天，除夕夜守岁的习俗仍然流传着，家家户户灯火通明，只为迎接新的一年的到来。一些农村地区，在新旧交替之际要在庙里给神灵烧香，既表示对神灵的敬畏，也祈求在新的一年平平安安、风调雨顺，比如甘肃陇西农村地区就保留了这样的习俗。

拜年与舞狮。拜年是中国民间的传统习俗，是人们辞旧迎新、相互表达美好祝愿的一种方式。古代有拜年与贺年两种习俗：拜年是给长辈叩岁，贺年是平辈之间互相道贺。拜年的习俗在唐宋时期比较流行，宋代孟元老在《东京梦华录》中写道，“十月一日年节，开封府放关扑三日，士庶自早相互庆贺”，从而记载了北宋汴京拜年的习俗。明中叶陆容在《菽园杂记》中说：“京师元旦日，上自朝官，下至庶人，往来交错道路者连日，谓之‘拜年’。然士庶人各拜其亲友多出实心。朝官往来，则多泛爱不专……”清末柴萼在《梵天庐丛录》中记载：“男女依次拜长辈，主者牵幼出谒戚友，或止遣子弟代贺，谓之拜年。”正月初一至十五便是拜年的最佳时间，人们见面要说新年好，要说吉祥话，一些禁忌的话是不能说的，会被认为不吉祥。

社火是春节一项重要的习俗。社火是西北地区一些地方的非物质文化遗产，是高台、高跷、旱船、舞狮、舞龙、秧歌等的通称，具体的活动因地区不同而有差异。北方的社火也称“射虎”，是汉族的一种民间艺术形式，它随着古老的祭祀活动产生，年代相当久远。“社”是指在祭祀或节日里迎神赛会上的各种杂戏、杂耍的表演，“火”具有红红火火、热闹非凡之意。在中国西北，每年春节，各个乡镇的群众自发组织各种形式的社火，规模从几十人到上百人不等。陆游在《游山西村》中写道：“箫鼓追随春社近，衣冠简朴古风存。”可见，社火在民间的热闹与时间绵延之久。随着人类社会的发展进步，汉民族的社火习俗从本质来看不仅表达了对神的敬畏，更演变成了内容积极健康、形式活泼、名目繁多、内容生动有趣的文化娱乐活动，赋予了社火以新的内涵。

（二）端午节

“端”是事物的开始之意，与“初”字意义相同，因而五月初五又称“端五日”。除此之外，还有“重五”“端阳”的称谓。在唐朝，为了避讳唐玄宗出生的五日，因“五”与“午”同音，唐朝大臣提议将“端五”改为“端午”，玄宗皇帝听了之后采纳了这个提议，此后“端午”的说法便流传开来，一直流传至今。

民间关于端午节的起源有各种各样的说法，但最为普遍的说法是端午节是为了纪念战国时期的著名诗人屈原。据史书记载，战国时期楚国大夫屈原因遭受谗言被楚王流放到了江南。在流放期间，屈原写下《离骚》《天问》等传颂至今的佳作，表达了他的政治抱负及怀才不遇的情感。屈原在听到楚国京城郢都被秦国大将白起占领，国君狼狈出逃时，痛感山河破碎而自己无力拯救国家的危亡，最后以死明志，跳入洞庭湖东南的汨罗江。楚国百姓听闻屈原跳江后，争先恐后地划船打捞，希望能挽救屈原的生命，但最后空手而回。于是，百姓便把粽子投入江中让鱼虾吃，希望鱼虾吃饱之后不要再吃屈原的尸体，进而形成一个传统节日，历代沿袭了下来。

端午节的习俗有很多，南北方各有差异，但是吃粽子的习俗南北方基本是普遍盛行并流传至今。粽子在不同的地方有不同的特色，南方的粽子多以咸粽子为主，北方的粽子多以甜粽子为主。如广西的粽子各式各样，有桂花粽、蛋黄粽、板栗粽、五仁粽、叉烧粽等，但口味基本上是咸的；在甘肃省的大部分地区，人们喜欢吃糯米粽，粽子本身并不是甜的，只是人们吃粽子时给它表面涂抹一层蜂蜜，粽子的味道变得甜而不腻，这种吃法在当地很受欢迎。

端午节还有一个很重要的习俗，那就是赛龙舟。南方地区湿润多雨，因而这项活动在南方比较盛行。端午节赛龙舟是一项深受民众喜爱的文化体育活动，广西的南宁、桂林、梧州等城市的龙舟赛颇有盛名，前来参赛的群众除了本地的居民，还有外国游客，场面十分壮观。

下面这首诗写出了广西端午的盛况。

桂林风谣（一）

（明）曹学佺

楚粤流皆仰，湘漓水自分。
易生阶面草，难度岭头云。
素节龙舟竞，冥搜鼠穴熏。
水东街最盛，游女曳罗裙。

（三）中秋节

中秋节是流传于中国各个地区汉民族的民间传统节日。在我国，秋季指农历的七月、八月、九月这三个月，农历八月十五日正好是三个月最中间的一天，所以得名“仲秋”或者“中秋”。中秋节的月亮是一年之中最圆的，每年的这一天家人们都要聚在一起赏月亮、吃月饼，所以中秋之夜也象征着团圆之夜，出门在外不能回来的游子也以月亮来寄托自己对亲人的思念之情。

关于中秋节的起源，民间有“嫦娥奔月”的神话传说故事。相传，嫦娥是后羿的妻子，后羿是射下九个太阳、解救民间疾苦的大英雄。后羿和嫦娥是一对相濡以沫的夫妻，他们的生活幸福美满，让人羡慕。一天，后羿无意中从一位仙人手中得到一包长生不老的仙药，回家后便将此药交给嫦娥保管。但这件事被后羿的徒弟逄蒙得知，于是在八月十五这天，他趁着后羿带领其他弟子出去打猎的时机，便闯入后羿家中寻找此仙药，嫦娥迫不得已自己吞了这药。吞药之后，嫦娥身体变得轻飘，就在这时院子里的一只白兔跳到嫦娥的怀中，随着嫦娥一起飞上云天。传说玉皇大帝封嫦娥为广寒仙子，并将月亮上的广寒宫赐给嫦娥居住，那只白兔便是后来一直陪伴嫦娥左右的玉兔。后羿打猎回来得知此事后，并没有怪罪嫦娥，相反非常思念自己的妻子，晚上后羿在院子中摆上贡品，寄相思于天上的一轮圆月，盼望自己与嫦娥早日团圆。村里的父老乡亲得知后羿的事情后非常同情，于是大家都在自家的院子里摆上贡品，希望后羿夫妇早日团圆。于是，此后每年八月十五的夜晚就有了祭月、拜月、赏月的习俗，一轮圆月也被赋予了团团圆圆的寓意，中秋夜家人团聚也成了良风美俗。

中秋节吃月饼的习俗，古往今来一直都有。吃月饼这一习俗的起源在民间有很多种传说，比较通行的是月饼为圆形，象征团团圆圆，寓意着一家人的团聚。明代田汝成《西湖游览志余》中记载："民间以月饼相遗，取团圆之意。"因而，在中秋佳节之际，月饼也成了亲朋好友之间互相赠送的最佳礼物。

二、饮食礼俗

最早的礼可以从人们的饮食中找到一些线索，根据《礼记·礼运》记载："夫礼之初，始诸饮食。其燔黍捭豚，污尊而抔饮，蒉桴而土鼓，犹若可以致其敬于鬼神。"可见，中国的礼和文化最早产生于饮食之中。礼在饮食行为的基础上衍生出来，又因礼约定俗成为人们遵循的一种行为规范，所以在饮食文化中礼与俗相辅相成，不可分割。

古人认为人类需要吃喝，神灵也需要吃喝。因而古人通过最原始的方式把自己认为最珍贵的东西毫无保留地祭祀给神灵以求得神灵的庇佑，中国饮食文化和祭祀文化的雏形便从这里开始了。中国饮食文化与中国传统文化的起源密不可分，二者存在着千丝万缕的联系。

根据文献记载，中国的饮食文化起源于燧人氏时期，形成于周秦时期，最初以谷物蔬菜为主要食物。春秋战国时期占主导地位的农作物是稷，为五谷之长。在当时，主食的制作方法比较简单，稀饭用煮的方式，干饭用蒸的方式。但是这个时期对菜肴的制作已经比较精细了。《孟子·告子章句上》记载："鱼，吾所欲也；熊掌，亦吾所欲也。二者不可得兼，舍鱼而取熊掌者也。"这句话可以体现出人们对于美食制作的高要求，当时美味佳肴已是普遍现象。汉代，中原和西域打开国门，互相通商，饮食文化也得到相互交流的机会，汉代的饮食文化也因此变得多样起来。汉代还引入了许多种类的蔬菜水果，比如石榴、葡萄、黄瓜、芹菜、莴笋、苜蓿等。唐朝是我国古代封建社会繁荣发展的鼎盛时期，也是我国饮食文化发展的重要阶段，这个时期菜肴的制作相比于前面各个朝代来说烹饪方法明显增多，菜品的做法更加精细，口味也是各种各样。唐朝著名的谏臣魏徵喜欢吃醋芹，醋芹是把芹菜腌制成酸菜，再加入五味调料品制成，所以唐太宗在宫中设宴时会特别赐一碗醋芹给魏徵，以此表示皇帝对臣子的恩宠。唐朝的菜肴有档次之分，如高档菜是宫廷专用菜，中档菜为唐朝官员食用的菜，低档菜为普通平民百姓食用的菜。高档菜以唐中宗时期，韦巨源在家中设的“烧尾宴”为代表。韦巨源升任尚书左仆射时向唐中宗进宴，当时宴会上的58道菜是罕见的美味佳肴，可以说是当时市场上高档菜的代表。到唐玄宗时期，杜甫在《自京赴奉先县咏怀五百字》中写道唐玄宗与杨贵妃在华清宫里享用美食的场景，从诗句“劝客驼蹄羹，霜橙压香橘”中，可以看出宫廷菜的精致与高档。

随着政治经济文化中心的南移，南宋都城从中原迁到杭州，中原地区由伊斯兰教传入的清真食品也随着此次迁移来到南方，西北和中原饮食的到来促进了宋代饮食行业的繁荣兴盛。吃羊肉在当时成为一种潮流，羊肉的营养价值也极高，上到达官贵族下到平民老百姓都吃羊肉。北宋政治家王安石在《字说》中解释“美”字时说到，美，从羊从大，大羊为美。现在清真的羊肉名小吃，可以一直追溯到宋代。

到了清朝，饮食行业得到进一步发展，地方菜系也愈加明显。“八大菜系”的出现代表了我国各个地方的不同风味菜系，这些菜系还有不同的优美典故或者传说，成为我国饮食文化的一个重要部分。

我国饮食文化发展的巅峰便是满汉全席。满汉全席是清代满汉皇室贵族及官府设宴用的盛大筵席，民间很少见。满汉全席有中国古代宴席之最的美称，它的规模空前盛大，步骤繁杂，品种和口味兼顾了南北方，数目多达三百多种，可以说满汉全席聚集了天下饮食的精华，是我国几千年饮食文化发展演绎的结晶。

郭沫若说：“礼，大言之，是一朝一代的典章制度；小言之，是一族一姓的良风美俗。”可以看出，在当代社会礼和俗构成了一个整体，饮食文化成为礼的起源之一，礼与俗的相互关系形成了一个独特的饮食文化系统。

三、婚姻礼俗

同其他具有悠久历史的少数民族一样，汉族的婚姻礼俗也经历了原始的婚姻形态，如血缘群婚、族外群婚等，直到周代才大体上形成传统的婚姻礼俗。婚姻礼俗是人一生中的大礼，古往今来人们都很重视。《礼记·昏义》记载，婚姻“敬慎重正，而后亲之，礼之大体，而所以成男女之别，而立夫妇之义也。男女有别，而后夫妇有义；夫妇有义，而后父子有亲；父子有亲，而后君臣有正。故曰：昏礼者，礼之本也”。

经过漫长的发展，婚姻形式虽然多种多样，但是处于主体地位的还属聘娶婚，即明媒正娶的婚姻形式，这种婚姻形式得到了广泛的认可。从周代开始，就形成了一套完整的婚姻习俗，即传统的婚姻六礼。

纳采，婚姻礼俗的第一礼。男方长辈聘请媒人到女方家里提亲，如果女方家同意了，男方家则再请媒人带着礼物去女方家。根据史书记载，周代以前因为社会地位不同，人们携带的礼物也各不相同，直到西周时，才逐渐统一，用雁作为礼物，象征着爱情的忠贞，秦汉以后礼物便多了起来，现代社会礼物更是数不尽数，但都有着吉祥和美好的寓意。

问名，婚姻礼俗的第二礼。女方接受纳采时的礼物，表示女方同意了这门亲事。接下来就要问清楚女子的生辰八字及生母的情况，以便男方回去占卜婚姻的吉凶。古人有五行相生相克和属相相合相冲的说法，现代社会已移风易俗了。

纳吉，婚姻礼俗的第三礼。第三礼也是婚姻礼俗的主要阶段。在问名之后，男方要拿着女方的生辰八字在祖庙进行占卜等一系列活动来预测婚姻的吉顺。如果一切顺利，意味着预测的最终结果为吉兆，此时男方就要备上礼物去女方家里定亲，这便是纳吉。

纳征，婚姻礼俗的第四礼。男女双方在纳吉后就算正式确定了婚约，接下来男方要向女方家下聘礼，这个过程就叫纳征，也称纳成。《仪礼》记载："征，成也，使使者纳币以成婚礼。"只有经过纳征，男方才可以迎娶女方进家门。至于聘礼，周代的时候以玄纁和俪皮为聘礼，取象征寓意。玄纁象征阴阳齐备，合乎天地；俪皮象征配偶成双，是对新人的美好祝福。玄纁和俪皮作为聘礼，是美的象征。周代以后，玄纁和俪皮被其他金钱财物所取代，所以纳征又被称为"纳财"。

请期，婚姻礼俗的第五礼。男方家在下完聘礼后，要通过男女双方的生辰八字进行占卜，确定合婚的吉日，选择好吉日后，要带着礼物告知女方家，并请求女方家的同意。请期的方式有口头和书面两种形式，一般世家大族多用书面形式，也就是我们熟知的"下婚书"。请期确定之后，男女双方就要为婚嫁事宜准备了。

亲迎，婚姻礼俗的最后一礼。亲迎，在民间一般被称为迎亲，是成亲之日举行的最隆重、最热闹、最烦琐的婚礼大典。早期，迎亲多在黄昏，所以迎亲队伍以黑色为主进行装束，"迎阴气入家宜于夜，夜，阴时也，车服皆尚黑，黑亦阴，正与时相称"，后来逐渐被红色所代替。迎亲当日，新郎驾车去新娘家，新娘的父亲出门迎接新郎，行礼之后新娘随着新郎出行。新娘到新郎家时，新人要设宴共食，行共牢、合卺的礼仪。一系列礼仪之后一直到翌日清晨新娘给公婆敬完茶之后才算真正的礼成，新娘就是男方家里的正式成员了。

周代的婚姻六礼主要在贵族士大夫阶层中实行，一般的平民百姓家中通常会从简。但是，这六礼是中国古代社会一直到现代社会婚姻礼俗的基础，此后婚姻的基本流程和礼仪从这六礼的基础上演变而来。

四、祭祀礼俗

祭祀行为的前提是有可供人们膜拜的神灵。在人类社会的童年时代，人们相信世界上的任何一种物体，不管是生物还是非生物都有灵魂，这些灵魂都具有灵力，既可以造福于人类也可以降祸于人类，于是在这种万物信仰之上衍生出对神灵的崇拜。

根据考古发现，在距今 1.8 万年前的北京山顶洞人的尸体周围有赤铁矿粉和一些殉葬装饰品，可见在当时就已经出现了原始的神灵崇拜和葬礼。在新石器时代，根据相关的文字资料记载，出现了祖先崇拜和社崇拜（土地神），殷周已经形成了较为完善的祭祀流程。

祭祀，简单来说，就是把人类自己认为珍贵的贡品供奉给神灵，以求得神灵的庇佑，消除灾祸带来福运。也就是说，把人和人之间报答酬谢的关系延伸到了人神之间，人们希望神灵赐福保佑自己，然后再奉上贡品以报答神灵。古代社会特别看重祭祀，并将祭祀列入“国之大事”，形成一套特定的礼俗。

祭天神。汉族敬仰天神，认为天神是人类的主宰者，凡人的生死富贵皆由上天注定，因而对以玉皇大帝为代表的天神给予最高的礼遇和敬畏，所以衍生了祭祀天神的各种风俗及祭祀礼仪。根据民间传说，每年的正月初九是玉皇大帝的诞辰，玉皇大帝是天地之间至高无上的神，是天地共主，手里掌握着天地间万事万物的生杀大权，有着至高无上的权力，同时玉皇大帝也是一位极其威严的神仙，因此，凡间的人们要在玉皇大帝诞生这天举行盛大的祭祀典礼来庆祝。在福建、台湾、云南等地的祭祀活动规模盛大，热闹非凡，同时也会有来自天南海北的善男信女来敬香拜神，以图吉利。

祭太阳公公。根据汉族的民间传说，每年农历的三月十九日是太阳公公的诞辰，人们要在这天为太阳公公举行诞辰祭祀。早在远古的时候，汉族的祖先崇拜是太阳神，在每天的日出、日落时分人们举行简单的祭拜仪式。直到西周以后，周朝统治者创造了名为“天”或者“天帝”的最高神仙，并认为自己是天的儿子，称自己是周天子，所以，从西周以后日神崇拜渐渐衰落。但由于太阳决定着四季的变化，因此祭祀太阳神的活动便在立春、春分、立夏、夏至、秋分等这样的节气举行。《礼记·月令》记载：“立春之日，天子亲帅三公、九卿、诸侯、大夫以迎春于东郊。”“立夏之日，天子亲帅三公、九卿、诸侯、大夫以迎夏于南郊。”“立秋之日，天子亲帅三公、九卿、诸侯、大夫以迎秋于西郊。”“立冬之日，天子亲帅三公、九卿、大夫以迎冬于北郊。”可见，西周时期，虽然祭祀没有以前隆重，但人们对太阳神的祭祀还是很重视的。到唐中叶，民间把二月初一作为太阳公公的诞辰来举行祭祀，如今，这一习俗仍在汉族的一些地区保留着。

封禅。封禅是古代帝王祭祀天地的一种典礼，封为祭天，禅为祭地。古代帝王认为自己是天子，即天的儿子。古代帝王的封禅之地一般在泰山，泰山是五岳之长，泰山山顶是离天最近的地方，在此祭拜既表示了祭拜者的诚意也显示了人间帝王受命于天帝的象征。泰山属于东岳，太阳每天从东方升起，万物从东方开始，因而新登基的帝王都来泰山山顶向天神地祇报功告成来取得天对自己统治地位的认可。后来，禅（祭地）也在泰山附近的云云山、亭亭山等地方举行。古人认为，天在上面，地在下面，天属阳，地属阴，所以举行祭天的仪式要比祭地的仪式更为隆重。封禅的典礼各朝各代有所不同，但古代帝王对封禅的热衷并没有随着时间的流逝而消减，各朝各代都是隆重举行。因封禅典礼隆重且兴师动众耗费大量钱财，所以在南宋以后，皇帝不再去泰山封禅，而是将封禅与郊祀合二为一。郊祀也是一种祭祀天地的典礼。不论是封禅还是郊祀，都是古代帝王在人们对天的崇拜之下，用“天命转移”来解释自己统治天下的合法性，来安定民心和巩固自己统治者的地位。

祭社稷。社代表土神，稷代表谷神，古代社会以农业为本，因此人们很重视与农业相关联的一些祭祀活动。社稷祭在西周时由大宗伯管理，由小宗伯建设社稷坛。周王的社稷坛是用五色土铺成的，即东青、南赤、西白、北黑、中黄，五个方位象征着五方。在历史文献中，江山社稷指代的是国家，因为社稷坛的使用或者废弃象征着一个国家的兴衰，所以祭祀社稷意义深刻。根据《礼记·祭法》的记载，祭祀社稷不仅是君王的事，古代社会的各个阶层也都会参与进来。如书中所述："王为群姓立社，曰太社；王自立为社，曰王社；诸侯为百姓立社，曰国社；诸侯自立为社，曰侯社；大夫以下，成群立社，曰置社。"在各个阶层的祭祀中，民间的祭祀最为热闹。祭祀之日，全村全社的人们不再干活，专心参加祭祀活动，这天人们还专门为祭祀准备了食物，有社饭、社糕、社饼等。在乡间的各大社坛附近，人们在祭祀之后还会一起把酒畅饮，鼓瑟笙箫，热闹非凡。这种民间祭祀活动源于先秦，发展于秦汉，唐宋时比较普及，元代民间的大规模祭祀活动受到限制，于是祭社稷慢慢地走向衰落但并没有消亡，直至今天，祭社稷仍然存在于汉族的一些地区，依然有迹可循。

国家公祭日，是指一个国家为纪念曾经发生过的重大民族灾难而设立的国家纪念活动，由国家权力机关决定设立。第二次世界大战结束后，主要参战国政府陆续设立国家级哀悼日，即以国家公祭的形式纪念在惨案中死难的国民，以增强当代人对国家遭受战争灾难历史的记忆。在中国，从2014年起，以立法的形式确定每年的12月13日为南京大屠杀死难者国家公祭日，公祭仪式在侵华日军南京大屠杀遇难同胞纪念馆举行。国家公祭日既是对群众的尊重，也是对生命的敬畏。国家公祭日的出现表明国家的意志、信念和情感正与普通人的情感相容，也是政治文明进步的表现。

任务三 少数民族礼俗

一、藏族

藏族主要聚居在西藏自治区，以及青海省的海北、黄南、海南、果洛、玉树等藏族自治州和海西蒙古族藏族自治州，甘肃省的甘南藏族自治州和天祝藏族自治县，四川省的阿坝藏族羌族自治州、甘孜藏族自治州和木里藏族自治县，云南省的迪庆藏族自治州。

（一）藏族服饰美学特点

服饰是人类社会生活的产物，从它出现的那一刻起就被赋予两种功能，即实用和审美。藏族服饰的结构样式和花纹饰品在不同的地区有不同的特点，因而它的审美性也各有差异。

藏族服饰虽各有差异，但总体相差无几。西藏地域广阔，人们生活在不同的地方，藏族服饰也因此分为藏北型、藏南型、贡布型、康巴型及寺庙型。各地服装虽有细小的差别，但总的来说藏族妇女服饰的样式、种类多于男性，且男女服装的差异比较明显。

藏北牧民服。藏北地区是一片广袤无垠的大草原，生活在这里的牧民为了方便生活起居大多选择皮袍样式的服装。牧民的皮袍比较宽大，夜间可当作被子使用，又因皮袍的袍袖宽敞，夏天气温高的时候人们脱下一只袖子露出臂膀来调节体温，久而久之，一只袖子的装束成为藏北服饰的特色，形成一种特别的美学服饰，给人带来不一样的审美体验。当然，皮袍最为显著的特点便是腰间的小饰品，有鼻烟壶、银元、小刀等不同的装饰品。牧民男女服饰的区别之一在于镶边的颜色，男士的服装镶黑色的边，女士的服装镶彩色的边或者水獭边。牧民过节日时要盛装出行，因此对于服装的面料使用要求极高，一般情况下皮袍用的是上等的毛绒氆氇或者毛料做面子，用羔皮做里子，这也是牧区最考究的一种服饰。

藏南褚巴服。藏南以日喀则、山南及拉萨地区为例，这里的气候温和湿润，生活在这里的人们穿着都比较轻快。藏南地区的藏袍称为“褚巴”，其中男士多穿夹袍，女士多穿瘦袍和长袖衫，腰间系着细条纹的邦典，给人一种端庄典雅的美感，藏袍本身是典雅的化身，所以平常的服饰便可以当作舞台服饰使用。褚巴的原料有氆氇、呢绒，也有绸缎、皮毛，它的襟左大右小。褚巴服也很适合在西藏高原骑着马去旅行，白天既可以束带为衣，晚上也可以解带当被，防寒保暖。藏南地区的男女藏袍都是大襟服装，其中女式藏袍比男式藏袍的花色种类要多。这里的人们在藏袍下多喜欢穿衬衫，其中男士衬衫高领居多，且颜色大多是白色，女式衬衫翻领居多，且颜色丰富，衬衣上还有花色作为点缀。他们的衬衫袖子要比其他地区的长，平时可以卷起来，在节日时放下长袖，方便随风起舞。藏南地区还有一种名为“察”的藏袍，是一种提花皮面的袍，男士在节日或者其他喜庆的日子多穿此类服饰。

贡布古休服。贡布地区界于藏南谷地与横断山区之间，原始森林居多，雨量充沛，为了适应这样的气候条件，长期劳作之下的人们用历代劳动者的智慧创造了一种名为“古休”的服饰。传说古休服是贡布地区人们为了纪念英勇的贡布王而专门设计的特殊服饰。古休服多以黑色的氆氇缝制，没有领子和袖子，下身分为前后两摆，用金银和织锦绣图案作为装饰，散发着古雅之美。

藏东康巴服。康巴人的服饰有雍容华贵之美。康巴的藏袍多长袍且款式大方，白天可遮体，晚上可御寒。袍，在康巴话中叫作“葛热”，有男女之分，冬夏之别，农牧区之差。藏袍分为春夏袍和冬袍，冬袍较厚，冬天既可以保暖，也可以展现其雍容华贵的价值。根据藏文史料记载，藏族服饰镶边的习俗最早是由打仗时奖励的绶带演变而来，功绩越高，绶带的数量越多，后来随着历史的发展演变成一种装饰品，既美化了服饰，又彰显了富贵之气。

各个民族的服饰都可以从美学的角度研究，其中藏族服饰体现出的美学特点尤为明显。服饰是人类社会生活的产物，它虽与一定时代的政治经济文化息息相关，但服饰的美与不美是与民族风情密切相关的。藏族服饰的艺术特点从不同的方面体现出来，因而呈现在人们面前的艺术美也是各个方面的。如藏族服饰的花纹和色彩呈现出递增排比的规律，这样构成的颜色非常醒目，给人一种奔放豪壮之美。藏族服饰的色彩对比也很强烈，给人一种协调统一的和谐美。

（二）藏族饮食文化

藏族是一个神奇的民族，更是一个充满智慧的民族，在历史的长河中，藏族不仅发展出了绚丽多彩的服装艺术，还形成了独具特色的饮食文化。藏族的饮食文化也蕴藏了待客之道，去过西藏的人也都感受过藏族人民的热情好客，无论你来自何方，来到西藏都能体会到藏族饮食文化的无穷乐趣。

西藏地处高寒地区，它的畜牧业是西藏的经济支柱。西藏自然条件复杂，牲畜的种类也有很多，如牦牛、黄牛、绵羊、山羊等，农作物主要有青稞、小麦、玉米、水稻、油菜、土豆等。在藏族地区，糌粑、酥油、茶叶、牛羊肉被称为西藏饮食“四宝”。

糌粑，藏族人的一种主食，糌粑的出现体现了藏族这个古老民族先人们的智慧。在西藏，糌粑在饮食中占据着重要的地位，民间有句俚语：“红糖再香，不如糌粑久长。”在西藏，糌粑是人们生存下去的主要食物，也是招待客人的主要食物，被称为藏族人民的“快餐”。糌粑的魅力在藏族独有，节日里，人们通过撒糌粑的方式表示祝福，盛大节日时，人们还要往火里投糌粑，有首民歌唱道：“你点燃雪笆，我燃起糌粑……”可以看出糌粑在藏族人心目中的神圣地位。

酥油，糌粑的灵魂伴侣。酥油，是从牛奶和羊奶中提炼出来的一种黄油，是藏族每个家庭不可缺少的一种食品。《本草纲目·兽部》记载：“酥乃酪作，其性与酪异。然牛酥胜羊酥，其牦牛酥复胜家牛也。”藏族人们最喜爱食用颜色金黄、味道芬芳的牦牛酥油。酥油的用途也有很多。西藏寺庙里面常年不熄的灯就是用酥油作燃料；在医学上，酥油也可以用来止血；在高寒地区，也可以通过涂抹酥油来保护皮肤，增加体内热量；等等。糌粑和酥油是藏族人民最方便食用的食物，也是他们出门随身携带的食物。

饮茶。因高原的自然环境和生产生活方式，藏族人养成了饮茶的习惯。西藏新鲜的蔬菜水果相对平原较为缺乏，平时人们难以摄足人体所需的维生素，大量饮茶可以适当地补充人体缺失的维生素。据《白史》和《汉藏史集》记载，7世纪末藏王都松芒波杰（676—704）在位时，从中原引进茶叶和瓷器，此后藏族人普遍开始饮茶，逐渐形成了自己的风格并养成饮用酥油茶、甜茶和清茶等独具特色的习惯。勤劳的藏族妇女起床后的第一件事便是打酥油茶，人们早上可以什么都不吃，但酥油茶不能不喝。酥油茶里的茶汁特别浓，喝后既能起到生津止渴的作用，也能产生大量的热量，是一种预防感冒的优质饮料。

饮酒。藏族人喜好喝酒，酿酒技术始于佛教传入之前，直到唐朝文成公主入藏带来先进的酿酒技术后，青稞酒的酿造工艺才逐渐形成。此后，青稞酒的酿造技术代代相传，且青稞酒家家自酿、人人皆饮，形成西藏固有的风俗习惯。青稞酒在藏语中被称为“羌”，它含有多种矿物质成分，营养价值极高。饮青稞酒有诸多规矩。如主家用青稞酒招待尊贵的客人时，在饮酒之前主家要用指头沾杯中酒并连弹三下，寓意邀请天神、地神和龙神共同享受琼浆玉露。此外还有唱祝酒歌的习俗等。饮用青稞酒的习俗是藏族人们创造出的独特藏族酒文化，它的魅力享誉世界。

肉食。藏族人喜欢吃肉，多以牦牛肉和绵羊肉为主。藏族人不吃山羊肉和狗肉，老一辈的藏族人还不吃鱼肉，他们认为鱼是龙或者水神的化身，吃不得。藏族常见的肉食有手抓肉和风干肉。

（三）藏族建筑特色

西藏的民族风情多姿多彩，经过历史的发展，居住在“世界屋脊”的人们建造出了带有本民族特色和地方色彩的建筑，这是我国建筑历史上的一份宝贵遗产，具有极其重要的研究价值和美学价值。

帐篷建筑。几千年来，藏区的牧民都是择草而牧，择水而栖，没有固定的住所，所以草原上的牧民便以帐篷作为住所。帐篷结构简单，易于搬迁，样式多样。在草原，帐篷有黑色牛毛帐篷、白色牛毛帐篷、黑顶白围帐篷、白布帐篷、悬幕帐等，它们外形美观，结实耐用。

民居建筑。在西藏，由于独特的生产方式和自然条件，藏民族的建筑展现了自己独特的魅力，彰显了因地制宜和就地取材的民族特色。如今，西藏的民居建筑常见的有藏北的帐房、藏南谷地的碉房、雅鲁藏布江流域林区的木板屋和阿里的窑洞等。

寺庙建筑。西藏的寺庙建筑在民居建筑基础上发展而来，它的建筑结构体系、图案装饰、花纹彩绘等都具有很高的审美价值。寺庙建筑经过从公元 7 世纪松赞干布时期一直到清代顺治年间的发展，取得了辉煌的成就。这些成就使得西藏的寺庙建筑不仅在我国的建筑史上，而且也在世界的建筑史上占据了极其重要的地位。

（四）藏族歌舞之美

藏族是一个擅长歌舞的民族，自古以来，藏族的歌舞美学渗透在生活的方方面面。西藏，有“歌舞的海洋”的美誉。藏族人不但能歌善舞，而且性格也很开朗，社会娱乐活动更是丰富多彩。这些活动的渗透不仅与藏族的社会历史、宗教意识、经济生活、文化艺术等息息相关，还充分体现了它本身的民族个性和鲜明的地方特色。从文字记载和壁画中发现，在吐蕃使迎接文成公主入藏及桑耶寺开光大典的仪式中，藏族人们都举办了大型的歌舞活动来庆祝，同时歌舞美学的渗透也给这些大型活动增添了活力。西藏的歌舞种类繁多，比较流行的有“果谐”“堆谐”“勒谐”“热巴”等，这些歌舞有的抒情优美，有的粗犷豪放，都表达了藏族人们热烈奔放的情感。歌舞美学的嵌入和形象美学的融入，也为歌舞活动增添了色彩。

二、壮族

壮族是一个历史悠久的民族，也是我国少数民族中人口最多的民族，主要分布在广西南宁、柳州、百色、来宾、崇左、防城港、贵港等地。壮族的语言称为壮语，属于汉藏语系壮侗语族壮傣语支，分北部方言和南部方言。

（一）壮族文化艺术内容丰富且形式多样

左江崖壁画是壮族先民在两千年前创造的艺术瑰宝，这些壁画分布在左江及其支流明江两岸的石山峭壁上。左江崖壁画也被称作花山岩画，具有很强的艺术价值和科研考古价值。花山岩画分布广泛，作画难度较大，画面雄伟壮观，在国内外都比较罕见。2016 年，花山岩画成功入选《世界遗产名录》，成功填补了我国岩画类遗产项目的空白。

壮锦是壮族传统的工艺美术作品，它花色品种多样，图案美观大方，美学价值极高。壮锦质地精良，花纹图案鲜艳亮丽，与蜀锦、云锦、宋锦并称中国四大名锦。壮锦用途广泛，过去常用来做床单、被罩、围裙、背带、腰带、手提包、头巾等。壮锦也分为织锦和绣锦两种，织锦的用途很多，姑娘们常常把自己精心制作的织品作为礼物送给自己心爱之人，来表达自己美好的爱意。现在，壮锦作为具有浓厚民族特色的旅游纪念品，远销全国各地。

（二）壮族文学作品丰富多彩

壮族的文学作品丰富多彩，其中神话故事、民间传说、山歌等具有民间文学特色的作品被广为传颂。壮族文化中得到人们公认的人文始祖有两位，一位是创世女神米洛甲，另一位是创世男神布洛陀。布洛陀是壮语的译音，是无所不知、无所不能的祖公。在壮族神话中，天地分为三界，天上面被称为上界，地面上被称为中界，地下面叫作下界。布洛陀在壮族神话中是一位上知天文、下知地理的智慧老人，也是壮族的智慧祖神。布洛陀掌管中界，因为布洛陀无所不能，所以壮族人们都很钦佩并称为他“通天晓”，举荐他成为头人。一直以来，布洛陀在壮族及其先民的心目中是一座丰碑，他的存在超越时空，植根在人们的内心深处，并形成独特的布洛陀文化现象。布洛陀文化是一个体系，不仅具有丰富的文化内涵，而且更有着重要的历史价值、文化价值、学术价值和美学价值，值得人们深究。

壮族人素以能歌著称，擅长通过歌声来表达自己的生活和斗争，抒发思想感情，传承文化。每年农历三月三是壮族人民传统的唱歌节日，也称歌圩节，这天广西各地都会举办不同形式的歌圩活动。歌圩的由来已久，而关于歌圩是如何形成的，不同的地方有不同的传说。有的地方说是为了对歌择偶，有的地方说是为了祈祷丰年，有的地方说是为了纪念歌仙刘三姐，等等。实际上，三月三的歌圩是一个综合性的活动。比如：祭祀，传统的大型歌节举行之前要进行祭拜仪式，祭拜生育神、蚂拐、布洛陀、刘三姐等，祭台一般会设置在岩洞或者田峒上；对歌寻偶，青年男女为引起互相注意进行山歌对唱；

赛歌赏歌；各种娱乐商贸活动，有抛绣球、抢花炮、斗鸡、斗鸟、耍壮拳、师公戏、采茶等活动。总之，三月三是一个集祭祀、社交、择偶、娱乐、商贸于一体的综合性节日，它为壮族人们抒发情感、开展社交、学习山歌、展示歌才提供了一个强有力的平台。歌圩这天人们尽情投入，它满足了人们对美好精神生活的追求，体现了人们对美的向往之情。三月三是壮族文化的重要体现，已被列入国家级非物质文化遗产名录。

（三）壮族干栏式建筑

根据《太平寰宇记》记载，“俗多构木为巢，以避瘴气”，故屋子又有“巢居”之称。晋代张华《博物志》中讲道：“南越巢居，北朔穴居，避寒暑也。”干栏式建筑是为了应对高温潮湿的天气和蛇虫猛兽的攻击及洪水的危害而建的。壮族人大部分居住在祖国西南的山地和丘陵地带，这里的气候是典型的亚热带气候，温暖又潮湿，为了适应这种环境，壮族人创造了独具民族特色的建筑——干栏。干栏又称高栏、阁栏、麻栏，在壮语中，“干”是“上面”的意思，“栏”是“房屋”的意思，所以干栏指上面的房屋、上面的房子。干栏多为土木结构，依山而建，有全栏式和半栏式。干栏分为上层、下层和阁楼三部分。上层住人，是“前堂后房”的建筑；下层饲养家畜及堆放木料柴草等；阁楼主要用于存放粮食和家具，还有隔热的作用。随着时代的发展，现在壮族的干栏已经实现了人畜分居或者楼房式建筑。干栏式建筑凝聚了壮族人的建筑智慧，体现出具有本民族特色的独特美。

（四）壮族饮食特色

壮族地区有一种壮家人特别喜欢的饮食——五色饭，也叫作五色糯米饭，五色由黑、红、黄、白、紫五种颜色组成。壮族人对五色糯米饭十分喜爱，把它看作吉祥如意和五谷丰登的象征。在每年三月三歌圩节和清明节等传统节日，壮族人会制作好看的五色糯米饭来招待客人或者祭祀祖先。五色糯米饭中的白色是糯米饭本来的颜色，其他的四种颜色是用红蓝草（红）、黄母花（黄）、枫叶（黑）、紫蓝草（紫）四种植物的汁液浸泡得来的。五色饭不仅美观，给人一种活泼的感觉，而且还有一定的药用价值。红蓝草能生血；黄母花能清热凉血；枫叶经加工后食用有利于强筋健骨、裨益肠胃。

广西地处亚热带地区，气候炎热，又因地理环境的影响，这里的壮族人在夏天特别喜欢喝粥，在农村壮族人晨起煮粥是一件必不可少的事，早中晚大多以喝粥为主，喝粥时，就着已经腌制好的酸萝卜、酸豆角、酸木瓜等酸菜是十分美味的。

壮族人不仅喜欢将米熬成米粥，亦喜欢把米制作成米粉，米粉的种类比较多，其中桂林米粉、柳州螺蛳粉闻名于全国。米粉是否美味，取决于卤水，“卤水是米粉的灵魂”，所以卤水也成了吸引顾客的一种秘密武器。

在广西，米粉还在农村婚俗中扮演着重要的角色。祖辈常言：“一碗米粉定终身。”可谓是古朴而又简单的相亲习俗。在过去，青年男女喜欢在街头巷尾相亲，如若男方相中女方，就会当着媒人的面请女方吃一碗米粉。如果女方接受了这碗米粉就代表着男女有意，这门亲事基本可以定下来了；如果女方不接受这碗米粉，则表示这门亲事没有着落。所以米粉不仅是一碗吃食，还承载着青年男女的美好愿望，起着传情达意的作用，是青年男女幸福生活的开始，是“美”的烙印。

（五）壮族服饰特色

善良淳朴的壮族人民生活在祖国的南疆。在两百多年以前，壮族男子上穿对襟、无领短衣，下穿宽腿裤；壮族女子上穿无领、左衽、绣花绲边短衣，下穿百褶裙，头扎绣花巾。近百年来男女服饰才改为自纺、自织、自染的深青色的长裤和有领短上衣。壮族服饰是勤劳壮族人民智慧的象征，蕴藏着丰富的文化内涵，服饰的图案纹样有画龙点睛的作用，体现了不同的审美情趣。图案的设计和取材通常来源于生活，为了满足自身对美的追求和期盼，壮乡人民把具有顽强生命力和美学韵味的事物融入服饰之中，创造出具有民族特色的图案。经过历史的变迁，壮族服饰最终演变为独具一格的壮锦文化，成为壮族文化的一个缩影和社会变迁的一面镜子，它承载着社会文化的变化，是无字史书，在传承中华优秀传统文化艺术的同时也能给后人美的感觉。

结　语

中华民族源远流长，创造了上下五千年的灿烂文化，形成了高尚的道德标准、完整的礼仪规范和优秀的传统美德。进入现代社会后，中国传统礼仪教育受到了很大的冲击，传统礼仪教育对人们的礼仪影响逐渐减小，甚至一些民族地区的风俗习惯也被渐渐遗忘。然而，一个国家、一个民族要想屹立不倒，文化必须得传承下去。礼仪习俗作为我国传统文化的一个重要组成部分，对社会历史产生了广泛而深远的影响，涉及社会生活的各个方面。作为21世纪的中华儿女应义不容辞地继承中华优秀传统文化，了解中国的传统节日及少数民族的风俗习惯，也应根据时代的发展为传统文化习俗礼仪融入新的元素。中国56个民族有着多姿多彩的审美文化，同时也是世界艺术宝库中的瑰宝，具有共通的美学意义。

思考练习

1. 简要说明藏族的礼俗。
2. 简要描述你所了解的“三月三”习俗。
3. 从美学的角度赏析壮族的服饰。

案例分析

案例分析一

西藏并不产茶，因为这片土地冰雪覆盖且地处高寒。中华人民共和国成立之后，一些海拔较低的地区种茶取得成功，然而西藏产的茶叶市场占比微乎其微。虽然西藏不产茶，但藏族人酷爱饮茶，也酷爱饮茶的茶具——木碗。《情人般的木碗》中唱道："丢也丢不下，带也带不走。情人是木碗该多好，时刻揣在怀里头。"这首情歌不仅唱出了热恋中男女的矛盾心情，也生动道出了藏族人和木碗的关系。

礼仪提醒：藏族人酷爱木碗，那木碗在平民、贵族、寺院、说唱艺人等人之中有着怎样的故事呢?

案例分析二

中华民族是一个有着56个民族的大家庭，有着共同的民风民俗。但是，各兄弟民族因地理条件、文化传统、生活习性、心理素质等的不同而民族风格不尽相同，形成了特色鲜明的春节年俗，其活动丰富多彩。例如，"除夕"在撒尼语中叫"思搓期"。对撒尼族人来说，除夕之夜供祖和吃年饭是一件肃穆的事，但过了除夕夜之后，从正月初一到正月十五的这半个月内撒尼族人会尽情欢乐。比如：初一晚上举行篝火晚会，载歌载舞；初二祭山神；初四送火星，驱除灾害；等等。每年春节初二午后，撒尼族人会把牛牵出来，绕着寨心走几圈，在牛的额头戴红布扎的花朵，喂牛吃米饭和肥猪肉。

礼仪提醒：撒尼族人给牛戴红布扎的花朵、喂米饭和肥猪肉有什么寓意?

项目十二 外国礼俗

案例导入

在2014年9月举行的男篮世界杯小组赛中，美国男篮和新西兰男篮在第三轮比赛中相遇，在双方球员入场，举行完升国旗、奏国歌的开场仪式后，新西兰男篮全体队员跳起了传统的毛利舞。夸张的面部表情，孔武有力的肢体动作，配上一致的吼叫口号，让现场的一众美国男篮球员目瞪口呆。虽然美国男篮在比赛中取得胜利，但在赛后，双方的球员依旧相互握手致意。美国男篮的教练也表示很尊重新西兰球员开场前的传统，表示这是很有特色的赛前仪式。

新西兰毛利舞是毛利人的战舞，因此所有球员表演起来表情和动作都很夸张，而且12名球员动作一致，再配上音乐和口号，显得气势十足。毛利舞原来是战争开始前举行的仪式，主要有鼓舞士气、凝聚人心、震慑敌人的作用，随着发展，现已成为新西兰国家文化的重要组成部分。新西兰各支国字号球队，包括篮球队、足球队和橄榄球队等，都会在赛前表演这样的毛利舞，一方面提升自己的气势，另一方面起到震慑对手的作用。

毛利人是新西兰的少数民族，虽然在欧洲殖民的过程中有大量的欧洲仪俗传入，整个社会的交往方式和社会性活动以欧洲礼仪习俗为主，但也保留了大量的传统习俗。除了毛利舞，还有极具特色的碰鼻礼。碰鼻礼是毛利人和部分新西兰人接待朋友时的见面礼仪，即主人的鼻尖与到访客人鼻尖相碰，礼遇的等级随着碰鼻次数的增加而愈显尊贵。碰鼻礼中蕴含着远古修身文化的奥秘。毛利人民保存着祖先们的这个认知，以这种礼仪方式保存着祖先的智慧，这也与当今时代倡导的“同呼吸，共命运”的理念存在着时空上的不谋而合。

礼仪提醒：毛利舞在世界体育赛事中频繁亮相，既鼓舞队员士气又传播民族的特色文化，展现不同国家的习俗和风貌，在国家形象宣传和文化传播方面具有重要作用。

各地区、各民族的礼俗是当地居民在繁衍生息过程中创造的具有地域特色和民族特色的文化，展现着本地区、本民族的特殊性。随着全球化进程的加速，尤其是信息时代的来临，各地的礼俗文化更广泛地走入世界人民的视野，成为展现国家、民族风貌的特色名片。

引言

数亿年的大陆板块构造和漂移形成了当前地球七大洲、四大洋的海陆板块布局，也形成了不同的地理环境、地貌等特征，人类在进化的历史中也由于气候、地理条件、迁徙等各类生存条件的差异形成了不同的人种，分布在除南极洲以外的六个大洲。分布在不同区域的人通过聚居形成群落，随着群落文明的不断发展，国家的形态逐步出现。当今全世界有200多个国家和地区，有上万个民族的80余亿人共同生活，每个不同地理单元的民族依托区域内的地理、气候、土壤、水文等各类条件，创造出丰富多彩、形式多样、特点鲜明的民族文化，形成了不同区域形态各异的礼仪习俗。

本项目将国外礼俗通过有人类居住的六大洲进行分类，是从地理意义上进行的划分，这种划分可以较好地体现出文化习俗和礼仪产生的地理文化特性。本项目探讨国外礼俗的基础逻辑是人类聚居的地理条件决定生存方式，生存方式决定其文化特性和思维方式，由此分布在不同地理单元内的民族和国家创造出特点鲜明的礼仪风俗。即地理条件是决定人类生存和文明产生的土壤，也就是地理环境决定了人类的生存方式的差异，如人类靠海生存、生活，选择以捕鱼为生的海洋文明，在平原地带则产生以种植业为主的农业文明，在草原生存的群落形成了游牧文明，在不同文明类型的基础上产生了各自的文化礼俗。

这种按照大洲板块的分类也有明显的不足，主要体现在以下几个方面。一是不同的大陆板块内存在相同的地貌、地形、气候等条件，形成的文明形态具有共性，这很难体现出按照大陆板块进行分类的区别。二是国家形态的形成、国家大小不同和国家间的文化竞争力、影响力大小有别，这也造成了文化体量和传播范围的差异。三是随着全球化进程的加快和文化的传播，尤其是国际标准礼仪的出现使得各大洲国家礼俗呈现出趋同的特点。由于以上限制，本项目探讨的礼俗重点会关注各大洲文化体量较大、特色鲜明的礼俗，即更注重具有民族性的国家礼俗的探讨。

任务一　亚洲其他国家礼俗

亚洲全称是“亚细亚洲”，是全世界七大洲中面积最大、人口数量最多的洲，亚洲的面积约占陆地总面积的30%左右，人口约占世界人口总数的55%，其中，中国和印度两国人口总和超过28亿。亚洲一共有48个国家和地区，按照地理区域划分为东亚、西亚、中亚、东南亚、南亚和北亚。亚洲由于地形、气候、物产等条件相对优越，在工业文明兴起前，世界的重心都在亚洲，因此，亚洲各国创造了灿烂的文明，世界性宗教，如佛教、基督教、伊斯兰教等，都诞生于亚洲。中国在2000余年时间里，也建立起系统的儒家文化体系，对世界文明产生了重要影响。本项目介绍的礼俗是在不同核心文化影响下形成的具有民族性和地域性的文化现象，不同国家的不同表现形式，在本书只做简单介绍，其间的差异性受到地理因素、宗教信仰和群体文化认同的影响，在这里不做具体分析。

一、节日礼俗

（一）中秋节

农历八月十五日，是中国传统的中秋佳节。受中华文化的影响，中秋节也是东南亚和东北亚一些国家尤其是生活在当地的华侨华人的传统节日。虽然同为中秋，但各国习俗不同，多样的形式一并寄托着人们对生活的热爱和对美好未来的憧憬。

在日本，农历八月十五的夜晚被称为“十五夜”。日本人在这一天同样有赏月的习俗，在日语里称为“月见”。日本的赏月习俗来源于中国，在1000多年前传到日本后，当地开始出现边赏月边举行宴会的风俗习惯，被称为“观月宴”。与中国人在中秋节的时候吃月饼不同，日本人在赏月的时候吃江米团子，称为“月见团子”。由于这个时期正值各种作物的收获季节，为了对自然的恩惠表示感谢，日本人要举行各种庆祝活动。

（二）元旦

1. 印度

印度的新年从每年10月31日起，到下个月5日，其中第4天为元旦。在这一天，人们提着精制的小灯，拿着红粉包，出门向老人和亲友拜年。见面道喜后，互相将红粉涂在对方额头上，表示抬头见喜。年轻人则把红墨水装进水枪里，射到亲友身上，称为“洒红”，表示吉祥如意。而在印度南部一些农村地区，每逢元旦这天，家家户户都会传出哭声。走近一看，人们的脸上充满了泪水，看样子非常难过。其实，这些印度人并非真的遇上什么苦闷的事情，而是他们用哭来迎接新年。据说在印度，哭和笑都可以表达印度人对于新年的祝福。这些人之所以用哭来迎接新年，主要是表达对人生的感叹。旧的一年过去了，新的一年即将到来，或许在前一年，家中突遇变故，有些事情让他们非常烦躁，所以印度人用哭来表示对旧的一年怀念，同时振作精神，迎接新的一年，为家人创造更好的生活。

2. 日本

日本人特别重视新年，每年的12月29日—1月3日为全国休假日。日本人把12月31日称为“大晦日”，也就是除夕日。除夕晚上，日本人称为“除夜”，他们祈求神灵托福，送走烦恼的旧年，迎来美好的新年。除夕午夜，城乡各处庙宇分别敲钟108下，以此驱除邪恶，日本人则静坐倾听“除夜之钟”，钟声停歇就意味新年的来到。人们便离座上床睡觉，希望得一好梦。元旦早上，家人围坐在一起，互相讲述除夕夜里做的梦，以测吉凶。日本人称元旦初一为“正日”。在正日，小辈须先去父母那里拜年，向父母问安，然后到亲友家拜年。

（三）泼水节

泼水节，是中国傣族、阿昌族、布朗族、佤族、德昂族等少数民族和中南半岛某些民族的新年节日。节日期间，人们相互泼水祝福，并举行拜佛、赛龙舟、放高升、点孔明灯等活动。泰国、缅甸、老挝等国都在每年4月中旬欢度此节。

1. 泰国

每年的4月13日，是泰国的泼水节，又称“宋干节”，历时3天。宋干是梵文，意为“太阳运行到白羊座，即新的太阳年开始”。泼水节这几天也是泰国一年中最热的时候。节日前要清扫屋里屋外，焚烧旧衣服，以避晦气。节日当天要到寺庙中堆沙塔，插彩旗献花，祈求五谷丰登。当晚将浸有花瓣的香水洒在长辈的手臂上、背上，表示对长辈的美好祝福；之后长辈再将水淋在晚辈的头上，表示来自长辈的祝福。

2. 缅甸

泼水节也是缅甸人民的传统节日，类似中国的春节。一般在4月中旬举行，通常历时3～4天。按照缅甸风俗，节日期间，不分男女老少，可以互相泼水，表示洗旧迎新之意。讲究的人，用香樱桃花枝，从银钵中蘸取浸有玫瑰花瓣的清水，轻轻地向别人身上抖洒。普通人喜欢整桶整盆地泼，甚至用水管喷浇。小孩用水枪向大人喷，也不会被责骂。人们被泼得越多越高兴，因为水象征着幸福。缅甸泼水节的来历传说不一。在泼水节期间，缅甸人要向寺庙施舍日常用品和食物，村民们在神树下把施舍的东西集中起来，再由男人们送到寺庙。

（四）春节

1. 越南

越南的春节从每年农历腊月廿三灶王节开始，过年的气氛一直延续到整个正月，用越南的民间说法就是：正月是“吃喝玩乐”的月份。按越南民间传说，腊月廿三这一天，在地上的各路神灵都要回天上去报告这一年的情况，灶王爷是主管一家的生活之神，也要上天汇报这家一年的情况。灶王爷一走，就没有神在家看管了，这个时候，就可以洒扫庭除，改建家里一些不敢动的地方，准备过年了。这一天也称为“入除”。这与中国民间关于灶王爷的传说显然同源。为了好好送灶王爷上天，让灶王爷汇报的时候高抬贵手，人们都会去放生鲤鱼——灶王爷的坐骑。

2. 韩国

韩国是一个遵从传统的国家，春节就是以祖先崇拜和孝思想为基础的节日，是祭祖祈愿家庭平安的一天。春节期间，韩国到处充满欢乐和吉祥的气氛。韩国春节的传统风俗有很多，有岁妆、岁画、福笊篱、赶夜光鬼等传说。至今流传下来的习俗有祖先祭拜、岁拜、德谈、“掷木四”和跳板等。韩国人春节有专门的食品，统称为“岁餐”。流传至今最具代表性的春节料理是“米糕片汤”。

二、社交礼俗

（一）日本

日本的礼仪在影视作品和文学作品中给人们留下深刻印象。在日常交往中，日本人见面都互致问候，脱帽鞠躬，眼睛向下，表示诚恳。初次见面时要互相鞠躬，交换名片，一般不握手。如遇女性，她们主动伸手才可握手，但不可以用力或久握。如需谈话，喜欢在休息室或房间里，一般不愿意在走廊里长谈。经常使用自谦语，贬己抬人。见面时常说“打扰您了”“拜托您了”“请多关照”等礼貌用语。日本人在公共场所忌讳大声喧哗或吵闹，在一般场合谈话声音轻，很少大笑，特别是女性，即使遇到很高兴的事也往往用手掩嘴轻轻微笑，否则会被认为失态、少教养。

（二）泰国

泰国人见面时通常双手合十于胸前，稍稍低头，互致问候。合十分三种：小辈见长辈双手举得较高，一般到前额；平辈相见举到鼻子高度；长辈对小辈还礼到胸前为止。双手举得越高，表示尊敬的程度越深。泰国人认为头是人最神圣的部位，随意摸别人的头被视为莫大的无礼。递物品时，切忌将物越过人的头顶。他们认为右手是清洁的，左手是肮脏的，递送东西给别人须用右手，正式场合双手奉上，用左手则会被认为是鄙视他人。在泰国，坐时跷腿是不礼貌的，把鞋底对着别人，意即将别人踩在脚下，也被认为一种侮辱性举止。

三、餐饮礼俗

日本人在用餐之前和之后都要高声表达两种感受，在用餐之前要说“我要开始用餐了”，在用餐后要说“谢谢您的款待”。吃面时，日本人直接从汤碗把面吸啜入口，并会发出响声，这样表示面食很美味，也是对厨师表示赞赏的一种方式。而吃寿司时，就习惯赤手拿着寿司浸一浸豉油，然后直接放入口中，不会用筷子来吃寿司的。在喝酒时也会发出很大的咕噜声音，表示好喝。

任务二 欧洲国家礼俗

欧洲，也称作“欧罗巴洲”，名字源于希腊神话的人物“欧罗巴”。欧洲是世界面积第六、世界人口第三大洲，仅次于亚洲和非洲，99%以上人口属欧罗巴人种，是人种比较单一的大洲。欧洲是人类生活水平较高、环境及人类发展指数较高与适宜居住的大洲之一。

欧洲是近代资产阶级革命的发源地，也是工业革命的摇篮，尤其是两次世界大战前后，欧美创造的世界礼仪标准随着工业文明和生产方式的传播在全球范围内普及，欧洲各国的礼仪水平相比一些国家要更系统、更完备。由于地域文化和欧洲各民族文化的影响，欧洲国家礼仪具有明显的西方色彩和本国特色。此外，欧洲普遍信奉基督教，宗教礼仪及其变式也是欧洲仪俗的重要组成部分。

一、节日礼俗

（一）圣诞节

1. 英国

圣诞节是基督教的宗教节日，对于传统的英国人来说，圣诞节意义重大。孩子们会挨家挨户唱古老的圣诞歌报佳音。人们还会悬挂上冬青和槲寄生作为和平与和解的象征。当然也是为了能够在槲寄生下彼此亲吻，因为据说这样会给家庭带来富足。英国的圣诞装饰一般色彩比较丰富，装饰比较绚烂。传说圣诞老人会通过烟囱带来礼物，所以每个传统的英国家庭都会为他准备水果派和一杯雪莉酒。

2. 法国

在法国，圣诞节也相当重要。在圣诞前夜的食物中包含着一些典型的法式特色菜，比如鹅肝、牡蛎、龙虾和蜗牛，当然香槟酒也是必不可少的。绝大多数家庭都会准备树桩蛋糕。它代表了壁炉的温暖，人们以此来欢迎耶稣的降临。除此之外，人们还会在这一天到田野撒上灰，代表着幸运和下一年的丰收。圣诞节当天，圣诞老人会带来树桩蛋糕等礼物。在12月26日，法国人就会重返工作岗位。

（二）新年

1. 西班牙

在西班牙，除夕夜有一个传统，在与家人吃完丰盛的晚餐后，西班牙人会在午夜以前聚集在钟楼广场上。午夜时分，当新年钟声开始响起时，西班牙人要在听到每一下钟声的同时吞下一颗葡萄，一共吞下12颗葡萄。如果成功吞下12颗葡萄，那么接下来的

12 个月将充满幸福和繁荣。

2. 英国

元旦前一天，英国人家家户户都必须做到“瓶中有酒，橱中有肉”；若没有丰富的酒肉，来年便会面临贫穷的厄运。新年打井水也是英国流传已久的风俗，据说第一个打到井水的人是新一年的有福之人，打来的水则是吉祥之水，所以元旦一大早，人们就争先恐后地拎着桶，向井边进发。在除夕的深夜，英国人常常带着糕点和酒出去拜访，不敲门，直接走进亲友家中，一起快乐度岁，迎接新年。

二、社交礼俗

（一）英国

英国人待人彬彬有礼，讲话客气，“谢谢”“请”字不离口。对英国人讲话也要客气，不论他们是服务员还是司机，都要以礼相待，请他们办事时说话要委婉，不要使人感到有命令的口吻，否则可能会遭到冷遇。英国人对于妇女是比较尊重的，在英国，“女士优先”的社会风气很浓。按英国商务礼俗，宜穿三件套式西装，打传统保守式的领带，但是勿打条纹领带。英国人的时间观念很强，拜会或洽谈生意前必须预约，准时很重要，最好提前几分钟到达。

（二）法国

法国是一个浪漫的国度，法国人在社交礼仪上非常讲究，主要有以下特点。

一是爱好交际，善于交际。对于法国人来说，社交是人生的重要内容，没有社交活动的生活是难以想象的。二是诙谐幽默，生性浪漫。法国人在人际交往中大多爽朗热情，善于雄辩，高谈阔论，好开玩笑。受传统文化的影响，法国人不仅爱冒险，还喜欢浪漫的经历。三是渴求自由，纪律较差。法国人不大喜欢集体行动。与法国人打交道，约会必须事先约定，并且准时赴约，但是也要对他们的姗姗来迟有所准备。四是自尊心强，偏爱“国货”。法国时装、美食和艺术在世界范围有着广泛影响，因此法国人拥有极强的民族自尊心和自豪感。在人际交往过程中，法国人所采用的礼节主要有握手礼、拥抱礼和吻面礼。

三、餐饮礼俗

（一）德国

德国人的日常饮食不甚讲究，以吃饱肚子、简便省时为原则，但一遇宴请，他们则表现出训练有素的饮食文明和就餐规矩。德国人在宴会上，注重以右为上的传统和女士优先的原则。德国人十分重视餐桌旁的坐姿。按照他们从小养成的习惯，坐在餐桌旁应始终保持上身笔直，除了席间小歇，身体还不能靠在椅背上。两臂要尽量贴近身体，以免影响旁边的人。胳膊肘不能放在餐桌上，一般只是手和手腕以上部分放在桌面上。吃东西时身体可以略略前倾，但头部应尽可能保持挺直，不能弯到盘子上面，应始终用叉子和汤匙将食物和汤送入口中。

（二）法国

法国人宴会座位遵守女士优先的原则，坐右座、靠里坐，男士要主动为女士移动椅子让女士先坐，入座或离座均应从座椅的左侧走为宜，桌次的尊贵高低依距离主桌位置的远近而定，右高左低，桌次较多时一般摆放桌次牌。吃西餐均使用长桌，同一桌上座位的高低以距主人座位的远近而定，男女交叉安排，以女主人的座位为准，主宾坐在女主人的右上方，主宾夫人坐在男主人的右上方。吃西餐，切忌发出声音，每次送入口中的食物不宜过多，在咀嚼时不可主动与人谈话。对自己不愿吃的食物直接放在盘中即可。吃鱼、肉等带刺或骨的菜肴时，不要直接往外吐骨刺，应用餐巾捂嘴轻轻吐在纸上放入盘内。如盘内剩余少量菜肴时，不要用叉子刮盘底，更不要用手指相助食用，应以小块面包或叉子相助食用。吃面条时要用叉子先将面条卷起，然后送入口中。吃剩的骨头、肉屑、果皮等，应放在食盘的右角。

任务三　美洲国家礼俗

美洲是“亚美利加洲”的简称，位于太平洋东岸、大西洋西岸。美洲位于西半球，自然地理分为北美洲、中美洲和南美洲，面积占地球地表面积的 8.3%、陆地面积的 28.4%，美洲地区拥有大约 9.5 亿居民，占世界人口总数的 13.5%，是唯一一个整体在西半球的大洲。北美洲和南美洲，以巴拿马运河为界，主要有美国、加拿大、巴西、阿根廷、墨西哥、乌拉圭等国。

一、节日礼俗

（一）感恩节

感恩节，西方传统节日，也是美国人合家欢聚的节日。感恩节假期一般会从 11 月的第 4 个星期四持续到星期天。感恩节起源于美国，是为了感谢印第安人帮助美国人渡过难关而举行的一种庆祝活动。其意义在于表达对上帝的感恩，同时感谢印第安人对移民的帮助与祝福。现在的感恩节已经演变成一个融合多元文化的节日，除了对上帝和印第安人的感恩，还增加了家庭团聚、分享感恩的事及传统的庆祝活动。

1. 美国

初时感恩节没有固定日期，由美国各州临时决定。1941 年，美国国会正式将每年 11 月第 4 个星期四定为“感恩节”。每逢感恩节这一天，美国整个国家都非常热闹，家家户户在为这一天做准备，火鸡是必不可少的一盘美味，还准备一些传统的菜肴，例如西葫芦、奶油洋葱、土豆泥等。每家的成员力争从天南海北归来，一家人团团围坐在一起，吃着美味火鸡，畅谈往事。

2. 加拿大

加拿大和美国的感恩节不在同一天，因其纬度比较高，谷物成熟的季节比较早，加拿大人主要感谢上天给予的成功的收获。加拿大人的感恩节主要以庆丰收，感谢大自然、上苍赐予丰沛的阳光与甘露，让谷物生长为感恩主题，并无任何宗教色彩，因此，加拿大的感恩节早于美国，庆祝活动是在 10 月的第 2 个星期一。加拿大人也会一家人团聚一堂，享用烤火鸡和南瓜派。

（二）圣诞节

圣诞节是西方传统节日，作为耶稣的诞辰来庆祝。圣诞节是西方世界及其他很多地区的公共假日。

1. 美国

12 月 25 日圣诞节，是美国最大、最热闹的节日。可以说从感恩节过后，美国人就开始为圣诞节忙碌起来。圣诞节的许多风俗来源于《圣经》中的传说。根据耶稣诞生在夜里这种说法，圣诞节的庆祝活动从 12 月 24 日夜间开始，午夜时分达到高潮，这一夜就被称为圣诞夜。美国人通常通宵达旦地举行庆祝。他们有的聚在酒馆、舞厅、俱乐部中尽情欢乐；有的全家共进丰盛的晚餐，然后围坐在壁炉旁享受天伦之乐；信徒们在灯火通明的教堂里，参加纪念耶稣诞生的午夜礼拜。

2. 加拿大

在加拿大，圣诞节被视为家人团聚的时刻。许多家庭会在圣诞节前夕或节日当天举办盛大的家庭聚会。家人们会一起吃美食、交换礼物、唱圣诞歌，共度欢乐时光。此外，孩子们通常会像英国的孩子一样，挂上长袜，期待圣诞老人给他们带来礼物。圣诞节是关爱他人的时刻，在这个特殊的节日里，加拿大人也会参与各种慈善活动。例如，在一些城市，人们可以参加圣诞慈善跑、义卖会等活动，为需要帮助的人们筹集善款。还有许多人会参与“圣诞帮助行动”，为弱势群体提供食物、衣物和礼物，帮助他们度过温馨的圣诞节。

二、社交礼俗

（一）美国

美国的特殊发展历史，形成了美国商人一般具有的性格外露、自信、热情、坦率和办事利索的特征。美国由于其国民来源广而且流动性很强，因此在礼俗上随便的成分很大。在穿着、手势等很多问题上都没有太多的讲究。在美国，男子之间见面都是握手，如果关系很熟，妇女之间、男女之间都可亲吻面颊。与美国妇女见面握手时，应让对方采取主动。在美国一般不爱用先生、太太、小姐、女士之类的称呼，而认为对关系较深的人直呼其名是一种亲切友好的表示，从不以行政职务去称呼别人。为避免不必要的麻烦，男子不要给妇女送香水、衣物、化妆品等。美国人在日常生活中喜欢开玩笑，但与美国商人交往，涉及生意时说话必须慎重，因为他会认为你的话是算数的。跟美国人打交道时，应注意穿着打扮，免得让对方产生不良印象。拜访美国人时，进了门一定要脱下帽子和外套，美国人认为这是一种礼貌。出入公共场合时化艳妆，或是在大庭广众之下当众化妆、补妆，不但会被美国人视为缺乏教养，而且还有可能令人感到“身份可疑”。

（二）加拿大

加拿大人在日常交往中，对关系普通者，一般握手致意作为见面礼节，亲友、熟人、恋人或夫妻之间以握手或亲吻作为见面礼节，分别时也行握手礼。加拿大人跟外人打交道时，只有在非常正式的情况下才会对对方连姓带名一同加以称呼，并且彬彬有礼地冠以“先生”“小姐”“夫人”之类的尊称。在一般场合里，加拿大人在称呼别人时，往往喜欢直呼其名，而略去其姓。对于交往对象的头衔、学位、职务，加拿大人只有在官方活动中才会使用。与加拿大土著居民进行交际时，不宜将其称为“印第安人”或“爱斯基摩人”。前者被认为暗示其并非土著居民，后者的本义为“食生肉者”，因而具有侮辱之义。对于后者，应当采用对方所认可的称呼，称为“因纽特人”。对于前者，宜以对方具体所在的部落之名相称。

三、餐饮礼俗

（一）美国

在人际交往中，美国人有时会请亲朋好友到自己家里共进晚餐。美国人看重的是这一形式本身，而在实际内容上不甚讲究。在美国，人们请客之时只准备两三道菜，是极为正常的。用餐的时候，美国人一般以刀叉取用。在切割菜肴时，他们习惯于先是左手执叉、右手执刀，从左至右将其切割完毕，然后，放下餐刀，将餐叉换至右手，右手执叉而食。美国人用餐时要注意以下六条：其一，不允许进餐时发出声响；其二，不允许替他人取菜；其三，不允许吸烟；其四，不允许向别人劝酒；其五，不允许当众脱衣解带；其六，不允许议论令人作呕之事。

（二）加拿大

加拿大人在食俗上与英美人相似。由于气候寒冷，他们养成了爱吃烤制食品的习惯，这是他们的独特之处。加拿大人用刀叉进食，极爱食用烤牛排，尤其是八成熟的嫩牛排，习惯在用餐后喝咖啡、吃水果。在加拿大，赴宴时最好到花店买一束鲜花送给主人，以表达自己的谢意。在餐桌上，男女主宾一般分别坐在男女主人的右手边。饭前先用餐巾印一印嘴唇，以保持杯口干净。进餐时，左手拿叉，右手拿刀，刀用完后，放在盘子边上。吃东西时不要发出声音，不宜说话，不要当众用牙签剔牙，切忌把自己的餐具摆到他人的位置上。加拿大人认为正确、优雅的吃相是有风度的体现。

任务四　非洲国家礼俗

非洲，全称为“阿非利加洲”，位于东半球西部，欧洲以南，亚洲之西，东濒印度洋，西临大西洋，纵跨赤道南北，面积大约为3 020万平方千米（土地面积），占地球总陆地面积的20.4%，是世界第二大洲。最新估计，非洲人口超过14亿，约占世界总人口的1/6。非洲是世界上民族复杂的地区。非洲大多数民族属于黑种人，其余属白种人和黄种人。非洲有60个国家和地区，分为北非和撒哈拉以南非洲，撒哈拉以南非洲又分为中非、东非、南非和西非。

一、节日礼俗

（一）非洲解放日

非洲解放日是世界性节日，为每年5月25日。这是在1963年召开的非洲独立国家首脑会议上确定的。1963年5月22—26日，31个非洲独立国家的元首、政府首脑和代表，在埃塞俄比亚首都举行了非洲独立国家首脑会议，于5月25日通过了《非洲统一组织宪章》，并决定将这一天定为“非洲解放日”。此后，每年的5月25日，非洲国家的人民都举行各种形式的纪念活动，以动员全非洲人民团结起来，为反对帝国主义和殖民主义做坚决的斗争，为整个非洲的独立和解放而斗争。

（二）撒哈拉狂欢节

撒哈拉联欢节，每年12月在撒哈拉沙漠边缘的杜兹镇举行，开幕式富有特色。身披盔甲的壮士，横枪立马在前开路，由100个峰骆驼组成的队列紧随其后，最后面是身着民族服装、表演民族舞蹈的妇女和儿童的行列。

联欢节有两项主要比赛，一是被称作杜兹国际能力与耐力比赛的赛马，二是被称为“麦哈里”的骆驼赛跑。赛马是一项十分艰难的比赛。马匹光彩照人，骑手们策马奔驰在跑道上，全程经过四道用杜兹当地优质毛织品做成的“兽医门”。跑道坎坷不平，延伸在沙漠中，穿过黄沙和森林。骆驼赛跑是撒哈拉联欢节的传统节目之一。骆驼平时给人的印象是安稳、迟钝，在你追我赶、一决高低的赛跑表演中却一反常态，犹如插上了翅膀，疾跑如飞，时速可达60千米。比赛场上，身着民族服装的骑手们一挥鞭，骆驼便如离弦之箭，在人们的呐喊声中向终点飞奔而去。广场上悬挂的各种标语牌、宣传画，体现着人们的愿望。

（三）非洲世界遗产日

非洲世界遗产日由联合国教科文组织第38届大会（2015年11月）确定。这一天是世界人民，特别是非洲人民庆祝非洲独特的文化和自然遗产的日子。

虽然非洲在《世界遗产名录》中的代表性不足（非洲遗产约占总数的12%），但这些遗产中属于濒危世界遗产的比例很高（39%）。由于气候变化、社会动荡等各种不稳定因素，非洲的许多奇观都有可能失去其杰出的价值。因此，为了让子孙后代能继续享有这些不可替代的遗产，对它们的保护比以往任何时候都更加迫切。联合国教科文组织致力于发掘非洲文化和自然遗产在减少贫困、凝聚社会及推动可持续发展和创新方面的巨大潜力。通过这一国际日，教科文组织期望提高全球对非洲遗产的认识，特别是青年对该方面的关注，并在地方、区域和全球层面加强相关合作。

二、社交礼俗

（一）埃及

在人际交往中，埃及人所采用的见面礼节，主要是握手礼。与跟其他伊斯兰教国家的人士打交道时的禁忌相同，同埃及人握手时，最重要的是要注意忌用左手。除握手礼，埃及人在某些场合还会使用拥抱或亲吻礼。埃及人所采用的亲吻礼，往往会因为交往对象的不同，而采用亲吻不同部位的具体方式。其中最常见的形式有三种。一是吻面礼，它一般用于亲友之间，尤其是女性之间。二是吻手礼，它是向尊长表示敬意或是向恩人致谢时用的。三是飞吻礼，它则多见于情侣之间。埃及人在社交活动中，根据交往对象行过见面礼节后，往往要双方互致问候。“祝你平安”“早上好”“晚上好”等，都是他们常用的问候语。在打招呼或问候时，埃及人讲究年轻人要首先问候年长者，位低者要首先问候位高者，步行者要首先问候骑乘者，一个人要首先问候多数人。同样是为了表示亲密或尊敬，埃及人在人际交往中所使用的称呼也有自己的特色。在埃及，老年人将年轻人叫作“儿子”“女儿”，学生管老师叫“爸爸”“妈妈”，穆斯林之间互称“兄弟”。这一类做法，往往并不表示二者具有血缘关系，而只是表示尊敬或亲切。

（二）南非

南非社交礼仪可以概括为“黑白分明”“英式为主”。也就是受到种族、宗教、习俗的制约，南非的黑人和白人所遵从的社交礼仪不同；白人的社交礼仪特别是英国式社交礼仪广泛地流行于南非社会。以目前而论，在社交场合，南非人所采用的普遍见面礼节是握手礼，他们对交往对象的称呼则主要是“先生”“小姐”“夫人”。在黑人部族中，尤其是广大农村，南非黑人往往会表现出和社会主流不同的风格。比如，他们习惯以鸵鸟毛或孔雀毛赠给贵宾，客人得体的做法就是把这些珍贵的羽毛插在自己的帽子上或头发上。

三、餐饮礼仪

在非洲很多地方，吃饭都是用不上桌椅的，非洲人吃饭是用手抓的。吃饭的时候大家围成一个圈，用右手抓食自己面前的饭菜。在吃饭的时候，不能将饭菜洒到地上，这一点是非洲人的忌讳。非洲饮食文化认为长者为尊，在长者离开的时候，晚辈们要静静地等候，要是离席的话，必须向父母行礼才可以。此外，还有“客随主便”的说法，客人要等主人吃完饭才能一起离开。在不少地方吃饭也有着严格的礼仪，甚至吃的东西都有严格的规定。比如，吃鸡的话，当家人吃鸡脖、鸡肝，而鸡头、鸡爪、鸡翅则留给孩子。在一些大型的宴会上，宾客和男人们吃的是牛肉，而妇女则是吃杂碎，这些都是要分开煮食的。

（一）埃及

埃及在饮食上严格遵守伊斯兰教的教规，斋月里白天禁食，不吃一切忌物，也不吃红烩带汁和未熟透的菜；吃饭时不与人谈话，喝热汤及饮料时禁止发出声响，食物入口后不可复出，而且忌讳用左手触摸食具和食品。埃及人办喜事时喜欢大摆筵席，除了邀请贵宾亲友，有些平时与主人无甚交往者也可光临，同样也会受到热情款待。习惯上是先摆出巧克力和水果，然后诵《古兰经》，吃肉汤泡馍、米饭与煮肉，最后上点心和小吃。埃及人请客，座席也讲究身份及等级，主人还习惯用发誓的方式劝客人多吃，自始至终非常热情。菜肴越多越好，哪怕是原封未动地端上来又端下去，宾主都十分高兴，因为这是慷慨好客的标志之一。

（二）南非

饮食习惯上南非人同样是“黑白分明”的。当地的白人平日以吃西餐为主，他们经常吃牛肉、鸡肉、鸡蛋和面包，并且爱喝咖啡与红茶。在一般情况之下，南非黑人的主食是玉米、薯类、豆类。在肉食方面，他们喜欢吃牛肉和羊肉，但是一般不吃猪肉，也不大吃鱼。与其他许多国家的黑人有所不同的是，南非的黑人不喜欢生食，而是爱吃熟食。前往南非黑人家中做客时，十分好客的主人一般都要送上刚刚挤出来的新鲜的牛奶或羊奶，诚心诚意地请客人品尝。有的时候，他们则会献上以高粱自制而成的、风味独特的啤酒。遇到这种情况，不论自己渴不渴，爱不爱喝，都一定要大大方方地尽量多喝一些，并且最好一饮而尽。若是百般推辞，坚决不喝一口，主人必定会很不高兴。

任务五　大洋洲国家礼俗

大洋洲的陆地总面积约占世界陆地总面积的6%，是世界上最小的一个大洲。除南极洲，它还是世界上人口最少的大洲，位于太平洋中部和中南部的赤道南北广大海域中，在亚洲和南极洲之间，西邻印度洋，东临太平洋，并与南北美洲遥遥相对。

大洋洲跨南、北两半球，从南纬47°到北纬30°，横跨东、西半球，从东经110°到西经160°，东西距离1万多千米，南北距离8 000多千米；由一块大陆和分散在浩瀚海域中的无数岛屿组成，包括澳大利亚、新西兰、新几内亚岛（伊里安岛）及美拉尼西亚、密克罗尼西亚、波利尼西亚三大岛群。

大洋洲有14个独立国家，其余10个地区尚在美、英、法等国的管辖之下，各国经济发展水平差异显著。澳大利亚和新西兰是发达国家，其他岛国多为农业国，经济比较落后。工业也主要集中在澳大利亚，其次是新西兰。在地理上划分为澳大利亚、巴布亚新几内亚、新西兰、美拉尼西亚、密克罗尼西亚和波利尼西亚六区。

一、节日礼俗

（一）元旦

1. 澳大利亚

元旦是澳大利亚的传统节日之一，在每年的1月1日庆祝。这是一个标志着新年开始的重要时刻，人们会以各种庆祝活动和传统习俗来迎接新的一年。元旦的焰火表演是庆祝活动的重头戏之一。在悉尼市中心的悉尼港桥上举行的焰火表演是全球最著名的表演之一。每年都有数百万人聚集在悉尼港边，观看这一壮观的表演。焰火表演一般分为午夜和晨曦两场。午夜的焰火表演是最引人注目的，烟花绚烂多彩，将整个城市点亮。澳大利亚不仅在悉尼举办焰火表演，其他主要城市如墨尔本、布里斯班和珀斯等也会举行类似的活动。这些焰火表演吸引了来自世界各地的游客，他们会和当地居民一起倒数计时，并欢庆新年的到来。

2. 新西兰

元旦到来时，新西兰各地的城市和城镇都会举办盛大的庆祝活动。其中最受欢迎的节目之一是焰火表演。在午夜时分，人们会聚集在公园或海滩上观看灿烂的焰火燃放，这是新的一年的象征。一些城市还会举办音乐演出、舞蹈表演和其他艺术活动，为市民提供娱乐和欢乐。此外，许多社区还会组织元旦游行，游行队伍中有各种各样的表演者，包括艺术家、音乐家、舞者等。游行路线经过城市的主要街道，吸引了大量的观众。人们可以在游行中欣赏到当地文化的展示，感受到节日的喜庆氛围。

（二）圣诞节

1. 澳大利亚

澳大利亚圣诞节起源于欧洲的基督教传统，但由于澳大利亚地理位置及气候的特殊性，圣诞节在这里有着独特的庆祝方式。欧洲移民将他们的文化和传统带到了澳大利亚，但这些传统也适应了当地的环境和气候。因此，澳大利亚圣诞节成为一个独特而有趣的节日。在圣诞节时期，澳大利亚各地会设立圣诞市场，人们可以购买到各种节日礼品、美食和手工艺品。澳大利亚的地方社群和学校会举办圣诞音乐会，以欢庆这个特殊的节日。一些主要城市会有盛大的阅兵仪式和烟火表演，吸引着成千上万的游客。

2. 新西兰

在新西兰，圣诞节气氛非常浓厚。城市和小镇都会布置圣诞灯饰和装饰品，商店和商场也会张贴圣诞节广告，赠送特别优惠券。人们还会在家里或公共场所设置圣诞树，并在树上挂上彩灯和装饰品。在新西兰的许多城市和小镇，还会有圣诞节游行和音乐会等活动，具有非常浓烈的圣诞节氛围。而且，这些活动都可以参加。例如，可以去奥克兰参加圣诞节游行，或去基督城参加圣诞节音乐会、观看烟花表演。

二、社交礼俗

（一）澳大利亚

澳大利亚人很讲究礼貌，在公共场合从来不大声喧哗。在银行、邮局、公共汽车站等公共场所，都是耐心等待，秩序井然。握手是一种相互打招呼的方式，拥抱亲吻的情况罕见。澳大利亚社会上同英国一样有“女士优先”的习惯。他们非常注重公共场所的仪表，男士大多数不留胡须，出席正式场合时西装革履，女士是西服上衣、西服裙。澳大利亚人的时间观念很强，约会必须事先联系并准时赴约，最合适的礼物是给女主人带上一束鲜花，也可以给男主人送一瓶葡萄酒。

（二）斐济

对斐济人打招呼时，一般应按他们的习惯，先相互一笑并挑一下眉毛，然后再施握手礼。斐济有些岛上的人相互见面的礼节方式比较独特。他们习惯先伸开手掌，然后用一只中指互相勾一勾，以表示礼貌之意。斐济一般礼仪有以下几点：一是恭敬、友好的态度；二是进屋时按习惯要脱鞋；三是称谓与问候；四是用微笑和扬眉来相互问好，握手也是恰当的礼节；五是约会要准时；六是遵守时间；七是款待与馈赠，送礼是受欢迎的；八是不要未经邀请就去斐济人的家里访问；九是不要公开赞美某样东西，这可能会使物主不得不把它送给你；十是交谈时可以谈谈个人的经历，但炫耀自己的才智并不十分合适。

三、餐饮礼俗

（一）澳大利亚

澳大利亚人在饮食上以吃英式西菜为主，其口味清淡，不喜油腻。澳大利亚的食品素以丰盛和量大而著称，尤其对动物蛋白质的需要量更大。他们爱喝牛奶，喜食牛肉、猪肉等。他们喜喝啤酒，对咖啡很感兴趣。澳大利亚人就餐时一般主人坐在离厨房最近的位置上，其余的人坐在主人指定的座位。如果是男士，在落座前要看一下右边的女士是否已经坐下，如果她还没有入座，要帮她把椅子调整到最佳位置并请她入座。席间谈话不应涉及个人私事，有关政治、宗教等谈论必须持谨慎态度，否则很可能无意中冒犯到别人，最好是等别人开始话题后再谈。在正式的宴会上，上菜从坐在男主人右侧的女宾开始，吃完一道菜后，需要将餐刀和餐叉平行放在盘子的右侧，如果餐叉的叉齿向上，意味着侍者应该拿走这个盘子。如果上的菜很新奇，则应效仿女主人的吃法。

（二）新西兰

新西兰人主要饮食为西餐，并且恪守左手持刀，右手持叉的习惯，口味比较清淡。对于肉食、乳制品的需求较大，爱吃肉，喝浓汤，茶和酒都是新西兰人日常生活中必不可少的。新西兰人在用餐时，要用刀叉取食，忌讳在吃饭时频繁交谈，谈话一般在饭后进行。如果被邀请去新西兰人家里做客，那么主人请吃饭时，务必准时到达，新西兰人很守时，也不喜欢客人迟到。如果你被邀请拜访他人，通常主人会招待你喝饮料或进餐。如果邀请是早午餐、午餐和晚餐，那么通常是丰富的一餐。如果此邀请是喝茶则必须进一步澄清，因为“喝茶”可意味着上午茶、下午茶和傍晚茶，若在傍晚就被视为一同共进晚餐。所谓的上午茶和下午茶通常是喝茶和咖啡，也会尝试主人调制的饼干或蛋糕等小食。拜访主人时，必须按门铃或敲门，等待主人开门后才进入，主人请坐下后才坐下比较有礼貌。新西兰人若被邀请吃晚餐，通常会带点小礼物给主人，例如花、酒和巧克力。

结　语

数亿年的大陆板块构造和漂移造就了当前七大洲和四大洋的地理分布格局，人类因进化、迁徙散布于全世界除南极洲外的各个地理单元，地理环境和气候环境的差异使人类在生存发展中创造出了多元灿烂的习俗和礼仪，这些礼俗差异是不同人种、不同地理环境、气候和人类适应自然过程中的行为等因素共同塑造的。基督教、伊斯兰教和佛教将宗教礼仪和禁忌带给世界，并与当地礼俗融合形成了不同的宗教仪俗；以地理大发现为起点的全球化进程加速了全球经济的联系，为各大洲的礼俗传播提供了契机；当前处于信息全球化的时代，让各大洲礼俗传播突破了时空的限制，共同熔铸成当前广泛交融、多元并存且各具特色的礼俗分布格局。

思考练习

1. 中秋节礼俗在亚洲很多国家都存在，且在习俗方面大同小异，形成这种现象的原因有哪些？